亚洲夏季风西北缘千年尺度环境变化

——猪野泽晚第四纪古湖泊学研究

李　育　张成琦　周雪花　编著

科学出版社

北　京

内 容 简 介

猪野泽位于亚洲季风边缘区祁连山东段北缘，属石羊河尾闾湖，自20世纪90年代以来，一直是晚第四纪全球变化研究的热点区域。本书是兰州大学资源环境学院古湖泊研究小组对河西走廊地区近20年来研究成果的总结，同时也结合了其他小组对猪野泽的研究进展，全面反映了该区域过去全球变化的研究成果。本书分为8章和附录，主要内容包括：绪论、猪野泽及其所在石羊河流域自然地理与社会经济概况，猪野泽晚第四纪地貌学、地层学与年代学研究，流域性碎屑矿物及可溶性盐类矿物传播与沉积，千年尺度古植被与古生态、流域性有机地球化学过程、猪野泽及石羊河流域千年尺度环境演变与中全新世环境突变，猪野泽及河西走廊晚第四纪文献索引及引用指南。全书系统地总结了猪野泽地区晚第四纪环境变化历史及成因机制，同时也是兰州大学在石羊河地区研究的成果展示。

本书可供从事地理学、沉积学、第四纪地质学和环境科学等有关专业的研究人员，以及高等院校有关专业的研究生参考。

图书在版编目（CIP）数据

亚洲夏季风西北缘千年尺度环境变化：猪野泽晚第四纪古湖泊学研究/李育，张成琦，周雪花编著. —北京：科学出版社，2014.12

ISBN 978-7-03-042565-2

Ⅰ.①亚… Ⅱ.①李…②张…③周… Ⅲ.①石羊河-流域-晚第四纪-湖泊学-研究 Ⅳ.①P343.3

中国版本图书馆CIP数据核字（2014）第269924号

责任编辑：朱海燕 李秋艳 李上男 / 责任校对：李 影
责任印制：赵德静 / 封面设计：铭轩堂

科学出版社出版
北京东黄城根北街16号
邮政编码：100717
http://www.sciencep.com

天时彩色印刷有限公司 印刷

科学出版社发行 各地新华书店经销

*

2014年12月第 一 版 开本：787×1092 1/16
2014年12月第一次印刷 印张：10 1/2
字数：250 000

定价：128.00元

（如有印装质量问题，我社负责调换）

特别感谢国家级教学名师奖获得者王乃昂教授
领导的兰州大学地球系统科学国家级教学团队

国家自然科学基金委面上项目（No. 41371009）
国家自然科学基金委青年项目（No. 41001116）
中央高校面上项目（lzujbky-2013-127、lzujbky-2010-99）
国家基础科学人才培养基金（J1310036、J0630534、J0730536）
联合资助

前　言

猪野泽位于今甘肃省民勤县境内，文献资料记载中，猪野泽的命名曾随历史历经几次更迭。据《汉书》和《水经注》记载，古猪野泽又名都野泽、猪壄泽，其东湖盆即“东海”，亦名猪野泽，西湖盆称为“西海”，因匈奴休屠王曾牧驻于此，而被命名为“休屠泽”，也叫“青玉湖”。“东海”地区在唐时期为白亭军驻地，故名为“白亭海”，宋元后称鱼海子，即今白碱湖；西海休屠泽，今名“青土湖”。《尚书·禹贡》：“原隰底绩，至于猪野”，记载的正是11个大湖之一的猪野泽。

战国及秦时期，月氏人游牧于此，均说明西汉以前，猪野泽水量丰沛，时猪野泽分为东、西湖区，水域连为一体，面积约540km²，其中，东湖面积约415km²，西湖约125km²。西汉时，此前连成一体的猪野泽逐渐萎缩，分而为二，后来因屯军、筑堤引灌，猪野泽来水量锐减，面积较自然水系时减少了44%。唐时期，随着国力强盛，人口增长，耕地规模扩大，灌溉用水增加，加之气候趋向干旱，人为破坏等因素，猪野泽分成许多小湖。明清时期，虽降水有所增加，但灌溉用水过多，石羊河水系终因人地矛盾紧张而进一步恶化，终端湖继续分化为更多的小湖，面目全非。清末，由于耕地撂荒，风沙壅阻河道，许多湖泊因水源匮乏而消失。20世纪以来，人类活动的增加致使该区域生态恶化，湖泊退缩，20世纪50年代以后，民勤绿洲的发展基本完全依赖浅层地下水资源，猪野泽于1959年完全干涸。

猪野泽由昔日的碧波万顷到今天的黄沙延绵，原因可归结为以下几个方面：①人口增长，土地开垦规模加大，引水灌溉规模扩大，入湖水量急剧减少，古猪野泽面积萎缩；②历史上屯兵驻地，开发建设，山区农民扩大垦田规模导致的祁连山水源涵养区植被的破坏；③石羊河下游地区地下水资源的过度开采及缺乏相应的流域水资源配置制度；④气候变化。

20世纪60年代，国际上相继展开了基于湖泊沉积学的环境变化研究，90年代提出了过去全球变化研究计划（PAGES），在此背景下，位于季风进退敏感区域且生态恶化严重的猪野泽地区成为了第四纪环境变化研究的重点区域，国内外诸多地理学家及科研团队，于20世纪60年代在猪野泽地区展开了全面的科学研究。60年代，冯绳武教授的研究主要凭借野外考察和史资料考证；90年代初李并成教授引入了当时较为先进的卫星遥感影像解译和湖泊水量平衡计算等方法；90年代中期，随着我国第四纪科学的发展和国际合作加强，Pachur，Wünnemann和张虎才等学者在该区域古湖泊的研究受到国内外学术界的广泛关注；90年代末开始，陈发虎教授及其研究团队对猪野泽地区进行的古气候变化研究，曾多次受到国家自然科学重点基金和国家重点基础研究发展规划项目的资助，并发表了大量的学术论文，为该区域气候变化研究工作提供了有益依据；自20世纪末以来，王乃昂教授领导的研究团队系统开展了河西走廊、猪野泽古湖泊沉积学及古环境变迁的区域性研究，并取得了创建性的成果。就该区域近20年的研究成果来看，还存在一些研究分歧：猪野泽在全新世期间发育高湖面，但是不同的研究团队得出了不同的猪野泽高湖面发育的年代区间；猪野泽地区中全新世环境条件及干旱事件时间范围上的分歧；猪野泽与周边区域中全新世气候对比发现，猪野泽周边地区全新世环境记录也较复杂。

本书作者李育，研究生期间师从兰州大学资源环境学院王乃昂教授，毕业后继续从事猪野泽气候变化方面的研究，受到国家自然科学基金项目（41371009、41001116）的连续资助，并针对该区域已有大量的研究成果发表。本书旨在综合前人的观点，并结合本研究团队近年的成果，系统总结猪野泽地区晚第四纪以来的地质、地貌、植被、沉积以及古环境演变过程，以进一步推动该区域环境变化研究。近些年，对猪野泽区域研究文献的引用比较混乱，为进一步规范相应研究成果的引用，本书对该区域的研究成果进行了系统分类，为相关领域的研究者提供文献引用索引，这部分内容也是该区域研究成果的总结。

本书的出版得到国家自然科学基金委面上项目（No. 41371009）、国家自然科学基金委青年项目（No. 41001116）、中央高校面上项目（lzujbky-2013-127；lzujbky-2010-99）、国家基础科学人才培养基金（J1310036；J0630534、J0730536）联合资助，同时也感谢科学出版社编辑部的大力支持。书中不足之处在所难免，敬请广大读者批评指正！

作　者

2014年10月

目　录

前言
第 1 章　绪论 ………… 1
1.1　我国湖泊沉积学千年尺度环境变化研究现状 ………… 2
1.2　猪野泽湖泊沉积物研究意义 ………… 3
参考文献 ………… 6
第 2 章　研究区概况 ………… 12
2.1　自然地理概况 ………… 12
2.2　地质地貌 ………… 13
2.3　气候 ………… 15
2.4　水文与水资源 ………… 16
2.5　土壤植被 ………… 17
2.6　流域社会经济 ………… 18
2.7　生态环境恶化状况及其演变 ………… 19
参考文献 ………… 21
第 3 章　猪野泽晚第四纪古湖泊地貌与年代 ………… 22
3.1　猪野泽古湖泊地貌 ………… 22
3.2　猪野泽古湖泊岸堤年代 ………… 24
参考文献 ………… 28
第 4 章　猪野泽晚第四纪沉积地层与年代 ………… 30
4.1　猪野泽沉积地层 ………… 30
4.2　猪野泽沉积物年代学 ………… 31
参考文献 ………… 41
第 5 章　猪野泽碎屑矿物与可溶性盐类 ………… 43
5.1　猪野泽盐类矿物 ………… 44
5.2　猪野泽盐类与碎屑矿物反相关关系的沉积学解释 ………… 49
5.3　猪野泽全新世砂层成因探讨 ………… 61
参考文献 ………… 67
第 6 章　猪野泽孢粉记录与古植被演化 ………… 75
6.1　猪野泽及邻近区域孢粉记录 ………… 76
6.2　猪野泽孢粉传播动力学 ………… 87
6.3　猪野泽沉积物粒度敏感组分与花粉组合关系 ………… 91
参考文献 ………… 101

第 7 章　猪野泽沉积物有机地球化学 …… 104
7.1　湖泊沉积物有机地球化学指标综述 …… 104
7.2　猪野泽沉积物有机地化指标之间的关系 …… 111
7.3　猪野泽有机地化指标与花粉组合的关系 …… 116
参考文献 …… 121
第 8 章　猪野泽及石羊河流域中全新世环境突变及千年尺度环境演变 …… 126
8.1　猪野泽中全新世干旱事件时空范围和机制 …… 126
8.2　猪野泽千年尺度环境演变 …… 131
8.3　蒸发和环流因素对湖泊演化的影响 …… 133
8.4　石羊河流域上、中、下游环境记录对比 …… 137
8.5　夏季风边缘区晚冰期以来气候变化机制探讨 …… 140
参考文献 …… 144
附录 …… 149
图版

第1章 绪　论

任何学科的发展无一不是服务于人类生存和发展的进一步需求。随着人类社会的发展，全球变化已成为影响、制约人类更好地生存和进一步发展不可忽视的因素，全球变化学应运而生。全球变化学是研究地球系统整体行为的一门科学，它将大气圈、水圈、岩石圈和生物圈作为一个整体，研究地球系统过去、现在和未来的变化规律与原因及控制机制，从而建立全球变化预测的科学基础，为地球系统的管理提供科学依据。1991年3月，国际地圈生物圈计划（IGBP）建立全球变化研究计划（PAGES）项目，它以树木年轮、冰芯、黄土、湖泊沉积、深海沉积岩芯、珊瑚、古土壤等自然记录以及物理、化学分析技术来恢复过去环境的变化，并区分自然因素和人为因素的影响，以此为依据，检验未来全球变化预测模型（Perry et al.，1993；叶笃正和符淙斌，1994；Hostetler and Bartlein，1990；Morrill，2004；Li and Morrill，2010，2013）。

通过湖泊沉积物来研究过去全球变化过程，是PAGES计划中的重要部分。目前已发现的各种自然记录，如冰芯（Severinghaus et al.，1998；Thompson et al.，1997）、黄土（An et al.，1991；Chen et al.，1999a）、深海沉积物（Ericson and Wollin，1968；Foster et al.，2013）、湖泊沉积物（Li et al.，2009a，2012）、泥炭（Huang et al.，2013；Huang et al.，2013）、树轮（Chen et al.，2013）、洞穴碳酸盐（Sun et al.，2013）等中，湖泊沉积物具有信息量大，连续性好，沉积速率大，时间分辨率高，地理覆盖面广等优势，这些优势在恢复短时间尺度的气候和环境演化系列时，是其他自然历史记录所无法替代的（An et al.，1991；刘东生和文启忠，1985；沈吉等，2010）。湖泊沉积物高分辨率、多指标的综合研究是重建短尺度气候变化的重要手段，对认识气候的自然变化规律和人为干扰，预测未来气候变化趋势及幅度有重要意义。目前湖泊沉积物环境替代指标主要有孢粉（Li et al.，2009b，2011）、沉积物粒度（李育等，2011）、碳酸盐含量（隆浩等，2007）、有机碳同位素（Long et al.，2010；Li et al.，2012）、磁性参数（赵强等，2005）、碳酸盐碳氧同位素（王宁等，2008）、元素含量及其比值（吴艳宏等，2004）、矿物含量及其比值（Li et al.，2013）、色素（张振克等，2000a）、硅藻等微体动物化石（张振克等，2000b）等。

对湖泊沉积学的研究，国际上开展较早，老一代科学家对湖泊沉积学的发展做出了卓越的贡献（Kummel and Raup，1965；Bouma，1969；Carver，1971）。伴随着国际过去全球变化的研究，湖泊沉积学研究在全世界范围内展开，各种湖泊沉积物环境代用指标分析已经成功地运用在湖泊沉积物研究中（Olsen，1986；Liu and Fearn，1993，2000；Binford et al.，1997）。我国湖泊沉积学的运用最初始于20世纪70年代的油田勘探。80年代以来，人类对环境变化的关注度逐渐增加，湖泊沉积物作为记载过去气候及环境变化的良好载体，成为了该时期我国过去全球变化研究的一个热点。随着国际上对过去全球变化研究的重视和国际间合作的加强，我国湖泊沉积学研究也正式进入了国际科研平台（刘嘉麒等，2000；Fuhrmann et al.，2003；Yancheva et al.，2007）。这一时期，一些国外的学者也加入了猪野泽的研究，并取得了建设性的成果（Pachur et al.，1995；Zhang et al.，2000，2002）。

1.1 我国湖泊沉积学千年尺度环境变化研究现状

我国湖泊沉积物古环境变化的研究，可以进行区域划分，其中包括季风区湖泊（Shen et al.，2005a；Wang et al.，2007；Wu et al.，2012），内陆干旱区湖泊（Wünnemann et al.，2006；Rudaya and Li，2013），青藏高原区湖泊（Zhu et al.，2008；Wu et al.，2007）。近几年，亚洲季风边缘地区，由于对季风的进退较为敏感，成为湖泊沉积学研究的新热点（陈发虎等，2004；Shen et al.，2005b；Xiao et al.，2004，2009；Li et al.，2009a，2012）。虽然这几个区域关于千年尺度古环境研究结果较多，但是不同区域千年尺度气候变化过程存在差异（Chen et al.，1999b，2008；He et al.，2004；Wang et al.，2010），且对特定区域的环境变迁史也没有得出同一的结论，尤其是我国季风区、干旱-半干旱地区和季风边缘区。

（1）我国季风区环境变化研究较为复杂。亚洲季风区的气候变化会导致该区域不同尺度的气候事件，如洪水和干旱（Webster et al.，1998），这些气候事件影响着季风区人们的生产生活。因此，研究亚洲季风区的气候变化具有一定现实意义。亚洲季风区的全新世气候变化研究具有一定复杂性，问题的焦点在于，我国全新世适宜期的出现时间问题，以及东亚季风和印度季风变化的同步与否。An 等（2000）首先指出全新世适宜期在我国不同区域的分布具有不同步性，在我国北部和东北部出现在约 9000cal. a B. P.，而在我国南部和东南部区域则晚了 3000 年。亚洲季风可以分为东亚季风和印度季风两个子系统（Tao and Chen，1987；Wang，2002）。Herzschuh（2006）通过东亚、中亚地区的 75 个古气候记录，综述了亚洲季风区全新世的有效湿度变化，提出在印度季风区，伴随有高降水量的全新世适宜期发生在早全新世阶段，而在东亚季风区则可能出现在中全新世阶段。Chen 等（2008）重建了全新世季风以及有效湿度的变化历史，指出东亚季风和印度季风呈同步变化，我国石笋记录也显示，我国亚洲季风区全新世气候变化具有一定同步性（Fleitmann et al.，2003；Dykoski et al.，2005；Hu et al.，2008），亚洲季风降水在早全新世期间达到峰值并开始下降。但是，到目前为止，全新世石笋记录研究点在我国季风区的分布具有一定的局限性，所以其显示的全新世亚洲季风同步演化的结果，还有待于更多可靠的定年记录来证实。

（2）我国干旱-半干旱地区全新世气候变化也具有复杂性。亚洲干旱-半干旱地区对长尺度气候变化较为敏感（Feng et al.，1993；Jacoby et al.，2000），中全新世期间气候是否干旱是该区域研究的争议所在。安成邦等（An et al.，2006）发现我国干旱-半干旱区中全新世期间存在千年尺度的干旱事件，但是这些干旱事件在不同区域发生的时间并不相同。在新疆南部地区，在 7000～5000cal. a B. P. 期间，气候相对温湿（钟巍和熊黑钢，1998）；青藏高原北部大部分区域在 5000 cal. a B. P. 开始，有效湿度便逐渐降低（Liu et al.，2002），而来自黄土高原西部的记录却显示中全新世期间气候较为湿润（Feng et al.，2004）。

（3）我国已有的亚洲季风边缘区不同位置全新世气候变化存在差异。我国夏季风边缘区千年尺度环境变化研究结果较为复杂，尤其是该区域全新世适宜期和中全新世干旱事件的时间范围问题。Li 等（2003）对糜地湾泥炭剖面的研究结果显示，我国宁夏中部季风边缘区全新世气候适宜期出现在 10000～7500 ^{14}C a B. P.；岱海湖泊沉积记录显示，7900～4450cal. a B. P. 为全新世气候适宜期（Xiao et al.，2004）；Zhao 等（2008）根据猪野泽中部全新世孢粉组合研究，得出全新世气候适宜期出现在中全新世 7200～5200cal. a B. P. 期间。亚洲季风边缘区在中全新世期间普遍存在干旱事件，但是该区内不同区域干旱事件的出现时间却存在差异。巴彦查干湖沉积记录显示，中全新世干旱事件出现的时间尺度为 9000～7000cal. a B. P.（Jiang and Liu，2007）；Chen 等（2003）通过湖泊沉积记录研究发现，阿拉善高原 7000～5000cal. a B. P. 存在大范围的干旱事件。

1.2 猪野泽湖泊沉积物研究意义

由以上内容可见，国内各区域千年尺度气候变化研究结论较为复杂，缺乏区域性的总结和同一。出现上述情况，可能与不同学者所使用的自然记录不同有关，如黄土、石笋、湖泊沉积物，它们对气候变化响应的敏感程度不同。因此，有必要对给定区域的古环境研究成果作一总结，为能够准确地预测未来全球变化打基础。本书以猪野泽为例，总结了季风边缘区千年尺度环境演变过程。之所以以该区域为研究区，是因为：

（1）猪野泽位于亚洲季风西北边缘区，与中亚西风带控制区较近，对于亚洲季风的变化比较敏感，季风边缘区也是近年来过去全球变化研究的热点区域。

20 世纪 60 年代就开始了该区域地貌结构的研究。猪野泽是对终端湖盆的统称，终端湖盆内部又分为白碱湖、东硝池、西硝池、野麻湖和青土湖等小湖盆，在历史时期曾形成统一的大湖，期间湖泊水位较高（冯绳武，1963；李并成，1993），但现在已经完全干涸。Pachur 等（1995）、Zhang 等（2001，2004）、隆浩等（2007）Long 等（2012）分别研究了猪野泽地区晚更新世湖泊地貌演化，并测定了猪野泽东北部古湖岸堤的年代。上述研究结果表明，早、中全新世猪野泽湖泊水位较高，晚全新世湖泊水位较低，为该区域环境变化研究的进一步开展打下了基础。

（2）关于猪野泽湖泊沉积物，已有许多详细的环境代用指标数据公布。陈发虎及其研究小组对猪野泽地区三角城等湖泊沉积剖面的孢粉、有机碳同位素等指标做了详细研究（Chen et al.，1999a，2001，2003；Shi et al.，2002；张成君等，2000；朱艳等，2001）；本书作者通过猪野泽地区 QTH01、QTH02 剖面沉积物粒度、孢粉、TOC、C/N 和有机碳同位素等指标的研究，建立了全新世猪野泽湖泊的演化过程（Li et al.，2009 a，b）；Zhao 等（2008）对猪野泽地区 QTL-03 剖面的孢粉组合特征进行了分析。这些研究数据以及成果公布，进一步引起了许多学者对该区域环境变化的关注。

（3）猪野泽地区已有多个沉积剖面和丰富的剖面及岸堤年代数据。本书作者已掌握了猪野泽 XQ、QTH01、QTH02、SKJ 和 JTL 五个湖泊沉积剖面的相关资料。XQ 剖面位于猪野泽湖盆西部，海拔较高，距离石羊河入湖口较近；QTH01、QTH02 和 SKJ 剖面位于猪野泽中部，JTL 剖面位于猪野泽东部。从五个剖面的沉积相来看，猪野泽湖相沉积物以青灰色粉砂为主，部分层位夹杂褐色锈斑和黑色泥炭沉积层；晚更新世以来湖相沉积物富含碳酸盐并伴有软体动物壳体残渣，湖相沉积层之间往往夹杂青灰色或黄褐色砂层，指示了湖泊水动力条件的变化过程和临近区域风沙活动状况；各剖面顶部通常沉积了厚度不均的晚全新世风成沉积物，说明该区域晚全新世以来湖泊退缩强烈，湖相沉积层被风成沉积层所替代。这几个剖面已有的年代数据包括，孢粉浓缩物 AMS ^{14}C 年代、常规^{14}C 测年结果、全样有机质、全样无机质、软体动物壳体以及光释光测年结果。QTH01 剖面的全样有机质、全样无机质和软体动物壳体的年代具有较好的一致性。一般认为软体动物壳体和无机质中无机碳部分来自于湖水中的 CO_3^{2-} 和 HCO_3^-（Fritz and Fontes，1980），更易于受到硬水效应的影响，会老于有机质年代，QTH01 剖面所体现出的这种一致性，可能由于湖泊在测年物质形成时期的硬水效应较弱。QTH02 剖面的年代来自于三个软体动物壳体和三个孢粉浓缩物。从孢粉浓缩物的测年结果来看，其均老于同层位或临近层位的其他年代。SKJ 剖面^{14}C 年代来源于两个全样有机质和一个孢粉浓缩物，全样有机质年代显示上部的湖相沉积层形成于中、晚全新世，孢粉浓缩物年代也同样指示为晚全新世，但是比下部的全样有机质年代偏老。JTL 剖面四个全样有机质年代有轻微倒置，但是总体较一致。XQ 剖面年代结果最为复杂。从整体趋势来看，孢粉浓缩物与全样有机质的年代趋势类似。除此之外，还有包括其他研究小组在猪野泽地区的研究剖面，如陈发虎、赵艳等的三角城和 QTL-03 研究剖面，这两个剖面分别位于民勤县红沙梁西部和猪野泽湖盆中部，对于这两个剖面的孢粉、有机地化指标数据以及相应年代结果都已公布（张成君等，2000；Chen et al.，2001；Zhao et al.，2008）。2000 年以来，学者相继对猪野泽古湖泊地貌进行了实地及测年考察，并对古湖泊岸堤的形成年代做了测定（Zhang et al.，2000；Long，et al.，2012）。

（4）猪野泽全新世气候及环境变化研究还存在一些问题。

① 不同研究小组通过湖泊地貌、古湖岸堤的考察、测量和定年工作，所得出的全新世高湖面期不同。Pachur 等（1995），Wünnemann 等（1998）和 Zhang 等（2001，2002，2004）通过对猪野泽东北岸古湖泊岸堤的软体动物壳体放射性碳同位素定年研究，和腾格里沙漠其他地区古湖泊沉积序列及地貌研究，得出在深海氧同位素第 3 阶段（MIS 3）腾格里沙漠地区曾发育了面积超过了 20000km^2 的湖泊，并推测当时腾格里沙漠及邻区降水充沛；年均降水量比现今高 250～350mm，年均气温较现今高 1.5～3.0℃，为一较温暖的半湿润气候环境；在全新世开始之前，12000 ^{14}C a B.P. 左右，猪野泽重新开始发育，全新世期间高湖面出现在早全新世 8500 ^{14}C a B.P. 左右，并于 5400～5100、3500 和 1860～1370 ^{14}C a B.P. 期间，在较低的海拔高度也形成了岸堤。隆浩等（2007）Long 等（2012）通过对猪野泽东部湖盆——白碱湖的岸堤考察及定年，发现猪野泽全新世以来形成了 8 级岸堤，按海拔高度由高到低的顺序，8 级岸堤的海拔高度分别约为 1306～1308m、1302m、1301m、1300m、1298m、1296m、1295m 和 1294m。通过采集岸堤地层中保存的软体动物壳体，并测定其 AMS ^{14}C 年代，确定全

新世期间湖面最高海拔达1306～1308m，年代处于中全新世7600～6600cal. a B.P.之间，认为中全新世以来湖泊呈现退缩趋势。

②猪野泽地区中全新世环境状况不同。陈发虎及其研究小组指出，阿拉善高原中全新世干旱事件的时间范围为7000～5000cal. a B.P.（Chen et al.，1999b，2001，2003；Shi et al.，2002；张成君等，2000；朱艳和陈发虎，2001），且中全新世干旱事件所记录的亚洲夏季风的衰退现象，可能具有普遍性。本书作者李育以及王乃昂领导的研究小组，得出约13000～7700cal. a B.P.期间猪野泽湖泊面积扩张，流域有效水分增加，中下游地区植被相对稀疏；约7700～7400cal. a B.P.期间，湖泊面积突然缩小，流域中下游及湖盆周围植被覆盖度在增加；中全新世约7400～4700cal. a B.P.期间，猪野泽地区处于“全新世适宜期”，流域植被覆盖度高，湖泊面积达到全新世最大，晚全新世以来该区域表现出干旱化趋势。Zhao等（2008）得出，猪野泽中全新世湿润期为7200～5200cal. a B.P.，这项研究关于该区域中全新世环境条件，得出了与李育和王乃昂等相似的结论。

③猪野泽与周边区域中全新世气候对比问题。猪野泽地区周边区域的全新世研究结果也存在差异，石羊河流域中游和上游地区的气候变化研究结果不同。Zhang等（2000）和Ma等（2004）通过对猪野泽南部石羊河中游地区红水河剖面的TOC、TIC元素分析、孢粉等指标的研究，重建了石羊河中游地区8500～3000cal. a B.P.期间的环境变化过程，研究结果显示8450～7500cal. a B.P.期间，环境状况不稳定，中全新世阶段7500～5070cal. a B.P.，气候条件较好，虽然温度和水分条件存在周期性变化，但是整体比较稳定，从5070cal. a B.P.开始，温度变化比较剧烈，有三次大的温度旋回。石羊河上游地区，邬光剑和潘保田（1998）研究了祁连山东段北麓哈溪全新世黄土-古土壤剖面，研究表明9560cal. a B.P.时本区进入全新世，全新世气候适宜期出现在中全新世阶段6800～3600cal. a B.P.，根据石羊河中游和上游的全新世气候记录研究，说明在中上游地区中全新世适宜期较为明显。然而，根据Mischke等（2003）在古居延泽和Madsen等（2003）等在腾格里沙漠南缘头道湖的全新世沉积剖面研究，提出了这两个区域中全新世期间的干旱事件。说明猪野泽周边地区全新世环境记录也存在一定的复杂性。

造成上述分歧可能有以下几个方面的原因：第一，猪野泽湖盆是有许多小湖盆组成，如白碱湖、东硝池、西硝池、野麻湖和青土湖等，该区域湖泊沉积物的研究受到局部湖盆地貌影响，这给不同部位的湖泊沉积剖面对比带来较大困难。第二，猪野泽湖泊高湖面研究，主要根据猪野泽东北岸古岸堤的软体动物壳体放射性碳同位素测年结果，软体动物壳体的^{14}C测年结果受到湖泊“碳库效应”影响较大。第三，西北干旱区湖泊沉积物受到“碳库效应”影响较大，根据本书作者的工作，河西走廊中段花海古湖泊的老碳效应达到2500年（Wang et al.，2003），虽然Chen等（2001）指出了猪野泽三角城剖面个别层位550年的老碳效应，但是干旱区湖泊沉积物不同层位老碳效应差距有可能较大（Wang et al.，2003），所以这种尝试只能说明该地区沉积物受“碳库效应”影响，并不能解决猪野泽湖泊沉积物的年代学问题。第四，受到局部地貌、沉积物年代学、沉积物指标含义等方面的影响，猪野泽周边区域全新世中期古环境重建结果也存在较大分歧，无法通过互相对比方式来揭示该区域的中全新世环境。

综上所述，猪野泽地区已有了较早的环境变化研究历史和丰富的研究资料，如较为丰富的年代学资料，来自湖盆不同部位的沉积剖面指标数据，包括孢粉、粒度、碳酸盐含量、可溶性盐类矿物数据、有机地球化学数据、磁化率，几乎包括了现有湖泊沉积物所有环境代用指标。

基于上述，本书综合了猪野泽古湖泊岸堤及年代、沉积物岩性和粒度及年代、千年尺度古植被古生态、流域地球化学过程、流域性碎屑矿物及可溶性盐类矿物的搬运与沉积、猪野泽及石羊河流域千年尺度环境演变等方面的内容，并结合本书作者和其他研究小组近年的研究成果，对该区域千年尺度环境变化过程做一流域性的总结，为猪野泽地区过去全球变化研究结果提供证据。本书作者已掌握该区域湖泊沉积物第一手较为全面的资料，丰富且有一定说服力的研究成果，为系统总结猪野泽地区晚第四纪以来的地质地貌、植被、沉积以及古环境演变过程等研究工作打下夯实的基础。

参考文献

陈发虎，吴薇，朱艳，等. 2004. 阿拉善高原中全新世干旱事件的湖泊记录研究. 科学通报，49（1）：1～9.

冯绳武. 1963. 民勤绿洲的水系演变. 地理学报，29（3）：241～249.

李并成. 1993. 猪野泽及其历史变迁考. 地理学报，48（1）：55～59.

李育，王乃昂，李卓仑. 2011. 甘肃石羊河流域猪野泽湖泊沉积物粒度敏感组分与花粉组合关系. 湖泊科学，23（2）：295～302.

刘东生，文启忠. 1985. 黄土与环境. 北京：科学出版社.

刘嘉麒，NegendankJ，王文远，等. 2000. 中国玛珥湖的时空分布与地质特征. 第四纪研究，20（1）：78～86.

隆浩，王乃昂，李育，等. 2007. 猪野泽记录的季风边缘区全新世中期气候环境演化历史. 第四纪研究，27（3）：371～381.

沈吉，薛滨，吴敬禄，等. 2010. 湖泊沉积与环境演化. 北京：科学出版社.

王宁，刘卫国，徐黎明，等. 2008. 青藏高原现代湖泊沉积物碳酸盐矿物氧同位素组成特征及影响因素. 第四纪研究，28（4）：591～600.

邬光剑，潘保田. 1998. 祁连山东段北麓近 10ka 来的气候变化初步研究. 中国沙漠，18（3）：193～200.

吴艳宏，李世杰，夏威岚. 2004. 可可西里苟仁错湖泊沉积物元素地球化学特征及其环境意义. 地球科学与环境学报，26（3）：64～68.

叶笃正，符淙斌. 1994. 全球变化的主要科学问题. 大气科学，18（4）：498～512.

张成君，陈发虎，施祺，等. 2000. 西北干旱区全新世气候变化的湖泊有机质碳同位素记录——以石羊河流域三角城为例. 海洋地质与第四纪地质，20（4）：93～97.

张振克，吴瑞金，朱育新，等. 2000a. 云南洱海流域人类活动的湖泊沉积记录分析. 地理学报，55（1）：66～74.

张振克，吴瑞金，王苏民，等. 2000b. 全新世大暖期云南洱海环境演化的湖泊沉积记录. 海洋与湖沼，31（2）：210～214.

赵强，王乃昂，李秀梅，等. 2005. 青土湖地区 9500 a BP 以来的环境变化研究. 冰川冻土，27（3）：352～359.

钟巍，熊黑钢. 1998. 近 12 ka BP 以来南疆博斯腾湖气候环境演化. 干旱区资源与环境，12（3）：29～35.

朱艳，陈发虎，Madsen B D. 2001. 石羊河流域早全新世湖泊孢粉记录及其环境意义. 科学通报. 2001，46（19）：1596～1602.

An C，Feng Z，Barton L. 2006. Dry or humid? Mid-Holocene humidity changes in arid and semi-arid China. Quaternary Science Reviews，25（3）：351～361.

An Z，Porter S C，Kutzbach，et al. 2000. Asynchronous Holocene optimum of the East Asian monsoon. Quaternary Science Reviews，19（8）：743～762.

An Z，Kukla G J，Porter S C，et al. 1991. Magnetic susceptibility evidence of monsoon variation on the Loess Plateau of central China during the last 130000 years. Quaternary Research，36（1）：29～36.

Binford M，Kolata A，Brenner M，et al. 1997. Climate variation and the rise and fall of an Andean civilization. Quaternary Research，47（2）：235～248.

Bouma A H. 1969. Methods for the study of sedimentary structures. John Wiley Sons，New York，458～459.

Carver R E. 1971. Procedures in Sedimentary Petrology. Wiley Interscience，New York，653～654.

Chen F，Bloemendal J，Feng Z，et al. 1999a. East Asian monsoon variations during Oxygen Isotope Stage 5：evidence from the northwestern margin of the Chinese loess plateau. Quaternary Science Reviews，18（8）：1127～1135.

Chen F，Shi Q，Wang J. 1999b. Environmental changes documented by sedimentation of Lake Yiema in arid China since the Late Glaciation. Journal of Paleolimnology，22（2）：159～169.

Chen F，Wu W，Holmes J A，et al. 2003. A mid-Holocene drought interval as evidenced by lake desiccation in the Alashan Plateau，Inner Mongolia China. Chinese Science Bulletin，48（14）：1401～1410.

Chen F，Zhu Y，Li J，et al. 2001. Abrupt Holocene changes of the Asian monsoon at millennial and centennial scales：Evidence from lake sediment document in Minqin Basin，NW China. Chinese Science Bulletin，46（23）：1942～1947.

Chen F，Yu Z，Yang M，et al. 2008. Holocene moisture evolution in arid central Asia and its out-of-phase relationship with Asian monsoon history. Quaternary Science Reviews，27（3）：351～364.

Chen F，Yuan Y，Wei W，et al. 2013. Tree-ring-based annual precipitation reconstruction for the Hexi Corridor，NW China：consequences for climate history on and beyond the mid-latitude Asian continent. Boreas，42（4）：1008～1021.

Chen J，An Z，Head J. 1999. Variation of Rb/Sr ratios in the loess-paleosol sequences of central China during the last 130000 years and their implications for monsoon paleoclimatology. Quaternary Research，51（3）：215～219.

Dykoski C A，Edwards R L，Cheng H，et al. 2005. Ahigh-resolution，absolute-dated Holocene and deglacial Asian monsoon record from Dongge Cave，China. Earth and Planetary Science Letters，233（1）：71～86.

Ericson D B，Wollin G. 1968. Pleistocene climates and chronology in deep-sea sediments. Science，162（3859）：1227～1234.

Feng Z，An C，Tang L，et al. 2004. Stratigraphic evidence of a Megahumid climate between 10000 and 4000 years BP in the western part of the Chinese Loess Plateau. Global and Planetary Change，43（3）：145～155.

Feng Z，Thompson L，Thompson E. 1993. Time-space model of climatic change in China during the past

10000 years. The Holocene, 3 (1): 174～180.

Fleitmann D, Burns S J, Mudelsee M, et al. 2003. Holocene forcing of the Indian monsoon recorded in a stalagmite from southern Oman. Science, 300 (5626): 1737～1739.

Foster L C, Schmidt D N, Thomas E, et al. 2013. Surviving rapid climate change in the deep sea during the Paleogene hyperthermals. Proceedings of the National Academy of Sciences, 110 (23): 9273～9276.

Fritz P, Fontes J C. 1980. Handbook of environmental isotope geochemistry. Volume 1. The terrestrial environment, A. Elsevier Scientific Publishing Company.

Fuhrmann A, Mingram J, Lücke A, et al. 2003. Variations in organic matter composition in sediments from Lake Huguang Maar (Huguangyan): south China during the last 68 ka: implications for environmental and climatic change. Organic Geochemistry, 34 (11): 1497～1515.

He Y, Theakstone W H, Zhonglin Z, et al. 2004. Asynchronous Holocene climatic change across China. Quaternary Research, 61 (1): 52～63.

Herzschuh U. 2006. Palaeo-moisture evolution in monsoonal Central Asia during the last 50000 years. Quaternary Science Reviews, 25 (1): 163～178.

Hostetler S W, Bartlein P J. 1990. Simulation of lake evaporation with application to modeling lake level variations of Harney-Malheur Lake, Oregon. Water Resources Research, 26 (10): 2603～2612.

Hu C, Henderson G M, Huang J, et al. 2008. Quantification of Holocene Asian monsoon rainfall from spatially separated cave records. Earth and Planetary Science Letters, 266 (3): 221～232.

Huang T, Cheng S, Mao X, et al. 2013. Humification degree of peat and its implications for Holocene climate change in Hani peatland, Northeast China. Chinese Journal of Geochemistry, 32 (4): 406～412.

Jacoby G, D' Arrigo R, Davaajamts T S. 2000. Mongolian tree rings and 20th century warming. Science, (5276): 273: 771～773.

Jiang W, Liu T. 2007. Timing and spatial distribution of mid Holocene drying over northern China: Response to a southeasttward retreat of the East Asian Monsoon. Journal of Geophysical Research: Atmospheres, 112 (D24): 1984～2012.

Kummel B, Raup D M. 1965. Handbook of paleontological techniques. W. H. Freeman and Company, San Francisco, 862.

Li X, Zhou W, An Z, et al. 2003. The vegetation and monsoon variations at the desert-boess transition belt at Midiwan in northern China for the last 13 ka. The Holocene, 13 (5): 779～784.

Li Y, Morrill C. 2010. Multiple factors causing Holocene lake level change in monsoonal and arid central Asia as identified by model experiments. Climate dynamics, 35 (6): 1119～1132.

Li Y, Morrill C. 2013. Lake levels in Asia at the Last Glacial Maximum as indicators of hydrologic sensitivity to greenhouse gas concentrations. Quaternary Science Reviews, 60 (1): 1～12.

Li Y, Wang N, Chen H, et al. 2012. Tracking millennial-scale climate change by analysis of the modern summer precipitation in the marginal regions of the Asian monsoon. Journal of Asian Earth Sciences, 58 (1): 78～87.

Li Y, Wang N, Cheng H, et al. 2009a. Holocene environmental change in the marginal area of the Asian monsoon: a record from Zhuye Lake, NW China. Boreas, 38 (2): 349～361.

Li Y, Wang N, Morrill C, et al. 2009b. Environmental change implied by the relationship between pollen assemblages and grain-size in NW Chinese lake sediments since the Late Glacial. Review of Palaeobotany and Palynology, 154 (1): 54～64.

Li Y, Wang N, Morrill C, et al. 2012. Millennial-scale erosion rates in three inland drainage basins and their controlling factors since the Last Deglaciation, arid China. Palaeogeography Palaeoclimatology Palaeoecology, 365: 263～275.

Li Y, Wang N, Li Z, et al. 2011. Holocene palynological records and their responses to the controversies of climate system in the Shiyang River drainage basin. Chinese Science Bulletin, 56 (6): 535～546.

Li Y, Wang N, Li Z, et al. 2012. Holocene climate cycles in northwest margin of Asian monsoon. Chinese Geographical Science, 22 (4): 450～461.

Li Y, Wang N, Li Z, et al. 2013. Carbonate formation and water level changes in a paleo lake and its implication for carbon cycle and climate change, arid China. Frontiers of Earth Science, 7 (1): 487～500.

Liu K, Fearn M. 1993. Lake-sediment record of late Holocene hurricane activities from coastal Alabama. Geology, 21 (9): 793～796.

Liu K, Fearn M. 2000. Reconstruction of prehistoric landfall frequencies of catastrophic hurricanes in northwestern Florida from lake sediment records. Quaternary Research, 54 (2): 238～245.

Liu X Q, Shen J, Wang S M. 2002. A 16000-year pollen record of Qinghai Lake and itspaleo-climate and paleo-environment. Chinese Science Bulletin, 47 (22): 1931～1936.

Long H, Lai Z, Fuchs M, et al. 2012. Timing of Late Quaternary palaeolake evolution in Tengger Desert of northern China and its possible forcing mechanisms. Global and Planetary Change, 92 (1): 119～129.

Long H, Lai Z, Wang N, et al. 2010. Holocene climate variations from Zhuyeze terminal lake records in East Asian monsoon margin in arid northern China. Quaternary Research, 74 (1): 46～56.

Ma Y, Zhang H, Pachur H J, et al. 2004. Modern pollen-based interpretations of mid-Holocene palaeoclimate (8500 to 3000 cal. BP) at the southern margin of the Tengger Desert, northwestern China. The Holocene, 14 (6): 841～850.

Madsen D B, Chen F, Oviatt C G, et al. 2003. Late Pleistocene/Holocene wetland events recorded in southeast Tengger Desert lake sediments, NW China. Chinese Science Bulletin, 48 (14): 1423～1429.

Mischke S, Demske D, Schudack M E. 2003. Hydrologic and climatic implications of a multidisciplinary study of the Mid to Late Holocene Lake Eastern Juyanze. Chinese Science Bulletin, 48 (14): 1411～1417.

Morrill C. 2004. The influence of Asian summer monsoon variability on the water balance of a Tibetan lake. Journal of Paleolimnology, 32 (3): 273～286.

Olsen P E. 1986. A 40-million-year lake record of early Mesozoic orbital climatic forcing. Science, 234 (4778): 842～848.

Pachur H J, Wünnemann B, Zhang H. 1995. Lake evolution in the Tengger Desert, Northwestern China, during the last 40, 000 years. Quaternary Research, 44 (2): 171～180.

Perry J S, La Rivière J W M, Marton-Lefèvre J, et al. 1993. Understanding our own planet: An overview of major international scientific activities. International Council of Scientific Unions, Paris, 36.

Rudaya N, Li H. 2013. A new approach for reconstruction of the Holocene climate in theMongolian Altai: The high-resolution $\delta^{13}C$ records of TOC and pollen complexes in Hoton-Nur Lake sediments. Journal of Asian Earth Sciences, 69 (1): 185～195.

Severinghaus J P, Sowers T, Brook E J, et al. 1998. Timing of abrupt climate change at the end of the Younger Dryas interval from thermally fractionated gases in polar ice. Nature, 391 (6663): 141～146.

Shao X, Xu Y, Yin Z Y, et al. 2010. Climatic implications of a 3585-year tree-ring width chronology from the northeastern Qinghai-Tibetan Plateau. Quaternary Science Reviews, 29 (17): 2111～2122.

Shen J, Yang L, Yang X, et al. 2005a. Lake sediment records on climate change and human activities since the Holocene in Erhai catchment, Yunnan Province, China. Science in China Series D: Earth Sciences, 48 (3): 353～363.

Shen J, Liu X, Wang S, et al. 2005b. Palaeoclimatic changes in the Qinghai Lake area during the last 18 000 years. Quaternary International, 136 (1): 131～140.

Shi Q, Chen F, Zhu Y, et al. 2002. Lake evolution of the terminal area of Shiyang River drainage in arid China since the last glaciation. Quaternary International, 93 (1): 31～43.

Sun S, Zhao W, Zhang B, et al. 2013. Observation and implication of the paleo-cave sediments in Ordovician strata of Well Lundong-1 in the Tarim Basin. Science China Earth Sciences, 56 (4): 618～627.

Tao S, Chen L. 1987. A review of recent research on the East Asian summer monsoon in China. In: Chang C P, Krishnamurti T N, eds. Monsoon Meteorology. Oxford: Oxford University Press, 60～92.

Thompson L G, Yao T, Davis M E, et al. 1997. Tropical climate instability: The last glacial cycle from a Qinghai-Tibetan ice core. Science, 276 (5320): 1821～1825.

Wang B. 2002. Rainy Season of the Asian-Pacific Summer Monsoon. Journal of Climate, 15 (4): 386～398.

Wang N, Zhao Q, Li J, et al. 2003. The sand wedges of the last ice age in the Hexi Corridor, China: paleoclimatic interpretation. Geomorphology, 51 (4): 313～320.

Wang Y, Liu X, Herzschuh U. 2010. Asynchronous evolution of the Indian and East Asian Summer Monsoon indicated by Holocene moisture patterns in monsoonal central Asia. Earth Science Reviews, 103 (3): 135～153.

Wang S, Lü H, Liu J, et al. 2007. The early Holocene optimum inferred from a high-resolution pollen record of Huguangyan Maar Lake in southern China. Chinese Science Bulletin, 52 (20): 2829～2836.

Webster P J, Magana V O, Palmer T N, et al. 1998. Monsoons: Processes, predictability, and the prospects for prediction. Journal of Geophysical Research: Oceans (1978～2012): 103 (C7): 14451～14510.

Wu X, Zhang Z, Xu X, et al. 2012. Asian summer monsoonal variations during the Holocene revealed by Huguangyan maar lake sediment record. Palaeogeography Palaeoclimatology Palaeoecology, 323 (1): 13～21.

Wu Y, Andreas L, Bernd W, et al. 2007. Holocene climate change in the Central Tibetan Plateau inferred by lacustrine sediment geochemical records. Science in China Series D: Earth Sciences, 50 (10): 1548～1555.

Wünnemann B, Pachur H J, Zhang H. 1998. Climatic and environmental changes in the deserts of Inner Mongolia, China, since the Late Pleistocene. Quaternary Deserts and Climatic Changes. Balkema, Rotterdaman, 381～394.

Wünnemann B, Mischke S, Chen F. 2006. A Holocene sedimentary record from Bosten Lake, China.

Palaeogeography Palaeoclimatology Palaeoecology，234 (2)：223～238.

Xiao J，Xu Q，Nakamura T，et al. 2004. Holocene vegetation variation in the Daihai Lake region of north-central China：a direct indication of the Asian monsoon climatic history. Quaternary Science Reviews，23 (14)：1669～1679.

Xiao J，Chang Z，Wen R，et al. 2009. Holocene weak monsoonintervals indicated by low lake levels at Hulun Lake in the monsoonal margin region of northeastern Inner Mongolia，China. The Holocene，19 (6)：899～908.

Yancheva G，Nowaczyk N，Mingram J，et al. 2007. Influence of the intertropical convergence zone on the East Asian monsoon. Nature，445 (7123)：74～77.

Yasuyuki S，Masashi H，Zhu Y，et al. 2005. Inverse phaseoscillations between the East Asian and Indian Ocean summer monsoons during the last 12000 years and paleo El Niño. Earth and Planetary Science Letters，231 (3)：337～346.

Yu S. 2013. Quantitative reconstruction of mid to late Holocene climate in NE China from peat cellulose stable oxygen and carbon isotope records and mechanistic models. The Holocene，23 (11)：1507～1516.

Zhang H，Ma Y Z，Li J J，et al. 2001. Palaeolake evolution and abrupt climate changes during last glacial period in NW China. Geophysical Research Letters，28 (16)：3203～3206.

Zhang H，Peng J，Ma Y，et al. 2004. Late Quaternary palaeolake levels in Tengger Desert，NW China. Palaeogeography Palaeoclimatology Palaeoecology，211 (1)：45～48.

Zhang H，Wünnemann B，Ma Y，et al. 2002. Lake Level and Climate Changes between 42 000 and 18 000^{14}C a BP in the Tengger Desert，Northwestern China. . Quaternary Research，58 (1)：62～72.

Zhang H，Ma Y Z，Wünnemann B，et al. 2000. A Holocene climatic record from arid northwestern China. Palaeogeography Palaeoclimatology Palaeoecology，162 (3)：389～401.

Zhao Y，Yu Z，Chen F，et al. 2008. Holocene vegetation and climate change from a lake sediment record in the Tengger Sandy Desert，northwest China. Journal of Arid Environments，72 (11)：2054～2064.

Zhu L，Wu Y，Wang J，et al. 2008. Environmental changes since 8. 4 ka reflected in the lacustrine core sediments from Nam Co，central Tibetan Plateau，China. The Holocene，18 (5)：831～839.

第2章 研究区概况

猪野泽首见于《尚书·禹贡》："原隰底绩，至于猪野"。亦名都野泽，又名东海，潴野泽，青土湖，系石羊河流域终端湖。唐时称白亭海，宋元后称鱼海子，今名白碱湖。猪野泽在《尚书·禹贡》、《水经注》里都有过记载。它是《尚书·禹贡》记载的11个大湖之一，西汉时期分而为二。唐代后随着人口的增长和耕地规模的扩大，灌溉用水增长，加之气候趋向干旱，人为破坏植被等因素，分化成若干小湖（图2.1）。现已经完全干涸，成为中国沙尘暴的源地之一（李育，2009）。

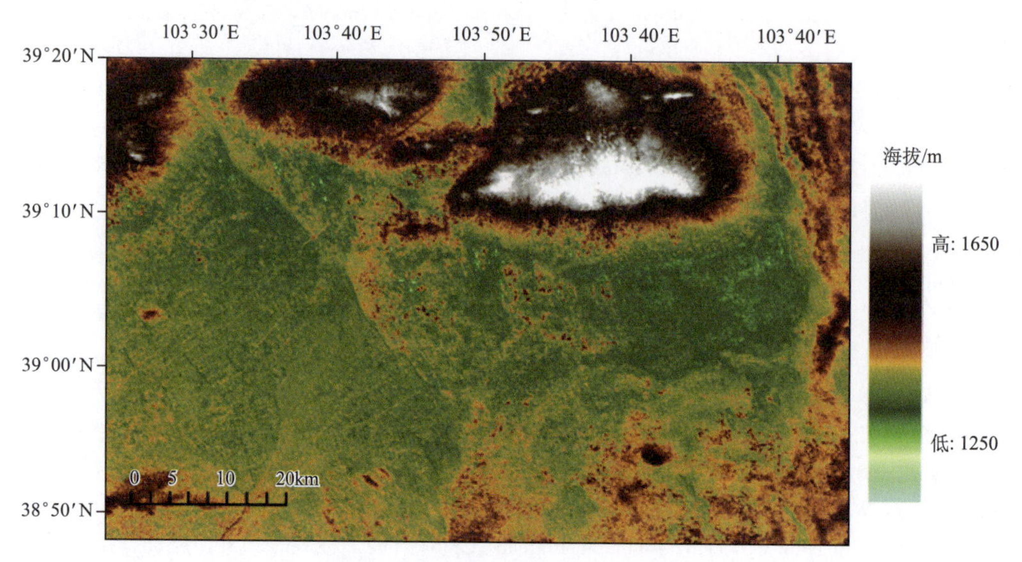

图2.1 猪野泽经纬度及高程示意图

2.1 自然地理概况

猪野泽位于巴丹吉林沙漠和腾格里沙漠之间的民勤盆地，是东亚夏季风的西部边缘地带，发源于祁连山的石羊河出山后，流经武威冲积平原，进入猪野泽，在历史时期曾形成巨大的猪野泽，晚更新世有大面积湖泊发育，由于气候变化和石羊河中游的农业发展，猪野泽于20世纪50年代基本干涸。

民勤盆地为构造断陷盆地，属于祁连山山前断陷盆地，盆地内部第四纪松散沉积物厚度达到300m，地层中夹杂湖相、冲积相和风成沉积物。在盆地内第四纪沉积地层中，发育了复杂的含水层体系。上新统和下更新统组成了下层的含水层系统，中上更新统与全新统组成了上层含水层系统，在中上更新统和全新统含水层中，沉积物岩性为砂砾和砂，其间夹杂了湖相黏土层。各层水头无明显差异，沿石羊河向北导水性渐弱，厚度渐薄。上新统和下更新统含水层系统岩性为半固结河湖相砂、砂砾及泥岩互层，导水性较弱。与民勤盆地相邻的是阿拉善高原，为中蒙国境线以南，河西走廊以北，狼山、贺兰山以西，马鬃山以东的广大地区。海拔高度1000～1500m，地势由南向北倾斜，地面起伏不大，仅有少数山地超过2000m，最低处居延海附近为820m。高原上有若干相对高差为100～250m的干燥剥蚀丘陵地，把高原分割成许多内陆盆地。地表以戈壁为主，东部沙漠面积广。巴丹吉林沙漠和腾格里沙漠，就位于东北-西南走向的雅布赖山（海拔1800～2600m）两侧。区内活动积温3000度以上，年降水量50～150mm，自东向西逐渐减少，而新疆的降水自西向东逐渐减少。因此，本区域西端成为我国降水量最少的地区。位于阿拉善高原中心的巴丹吉林沙漠，高大的复合型沙山密布，一般高200～300m，最高可达400～500m。沙丘之间有140多个湖泽，其周围植被呈同心圆环状分布（汤奇成等，1992；赵强，2005；李育，2009）。

2.2　地质地貌

猪野泽是石羊河流域终端湖，其所在的下游的民勤盆地东北被腾格里沙漠包围，西北有巴丹吉林沙漠环绕，"罗布泊"现象已经局部显现。石羊河是我国内陆河流域中人口最密集、水资源开发利用程度最高、用水矛盾最突出、生态环境问题最严重的流域之一。石羊河流域位于甘肃省河西走廊东部，祁连山北麓，东以乌鞘岭与黄河流域为界，西以大黄山与黑河流域为界，地理坐标大体介于101°41′～104°16′E，36°29′～39°17′N（图2.2）。流域全长300余千米，总面积4.16×10^4 km^2，其中，荒山、戈壁、沙漠、荒地占68%，草原、森林、农田占32%，是河西干旱荒漠区三大内陆流域之一。流域地势南高北低，自西南向东北急剧倾斜，并可分为三个地形区：南部祁连山地、中部武威盆地、北部民勤盆地。石羊河流域地层发育比较完整，从前古生界到新生界均有出露，地层区划属祁连山河西走廊-六盘山分区；华北阿拉善分区；部分属于北部祁连山分区。在漫长的地质发展历史中，沉积了不同时代的地层，并发生过多次强烈的构造运动。伴随构造运动有频繁的岩浆活动，形成了丰富的沉积矿产和热液矿产，为发展地方工业创造了一定的资源条件。南部祁连山区属于北祁连褶皱带北部的一部分，北部的武威、民勤盆地属于阿拉善-华北板块区南部的一部分。北祁连褶皱带内断裂和褶皱发育，主构造线方向为北西西向到近东西向。阿拉善-华北板块结晶基底形成于太古宙至早元古代。进入第四纪以来，印度板块与欧亚板块碰撞-俯冲，伴随着青藏高原的隆升，祁连褶皱带再一次活动隆起、抬升，风化剥蚀，而其北侧的阿拉善-华北板块则保持相对稳定，形成今日石羊河流域大的地貌景观。阿拉善-华北板块内，由于新构造运动、水动力、风力及重力的不均衡等因素的共同影响，形成一系列的盆地，武威盆地、民勤盆地是其中之二（陈隆亨和曲耀光，1992；李育，2009；赵强，2005）。

石羊河流域地貌类型不仅有山地、沼泽、盆地和高原、平原，而且还发育着典型的冰川地貌和风沙地貌（图2.3），全区大致可分为三大地貌单元：南部祁连山地，主要

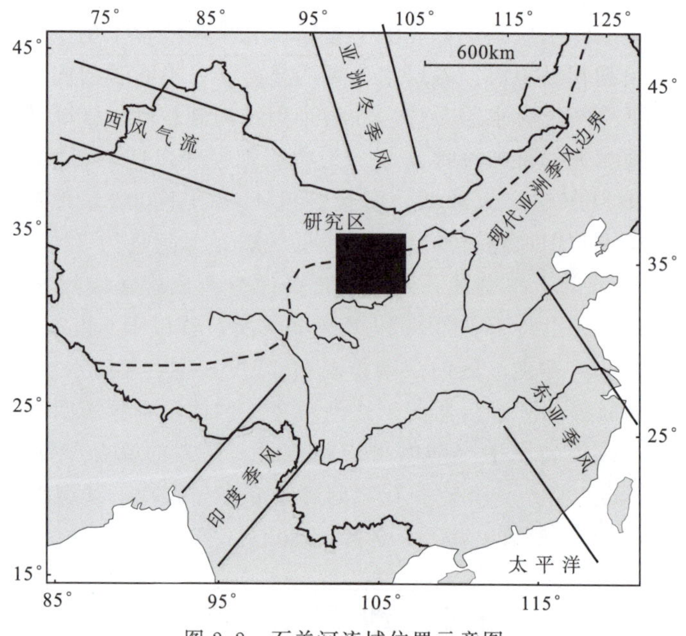

图 2.2　石羊河流域位置示意图

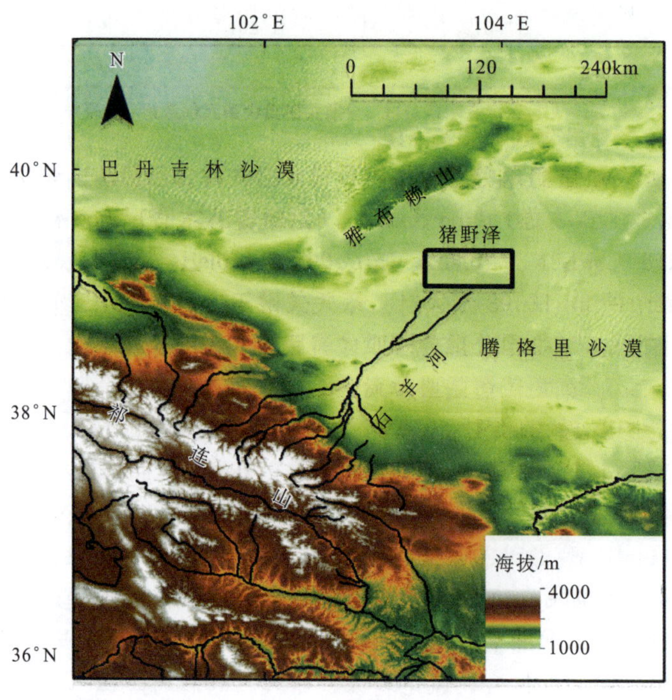

图 2.3　猪野泽、石羊河流域及周围区域高程示意图

为石羊河流域上游海拔 1700m 以上的地区，包括 2500～4000m 以上的祁连山山区，以及 1700～2400m 祁连山北坡山前地带，低山丘陵、黄土丘陵山间盆地区；中部武威盆地，海拔在 1350～2100m，除盆地边缘为中低山外，其余大面积地区为洪积平原、戈

壁沙漠和冲积湖积平原等地貌景观；下游民勤盆地，海拔在 1200～1400m，处于巴丹吉林沙漠与腾格里沙漠交汇地带，区内有冲积平原、湖沼平原和低山丘陵、沙漠等多种地形（赵强，2005；李育，2009）。

2.3 气　候

研究区大气环流体现了整个西北干旱区的大气环流特点：石羊河流域高空受中纬度西风环流控制，近地面则受到季风环流影响。由于石羊河流域与青藏高原毗邻，其大气环流和气候特征明显受到青藏高原影响。冬季，受蒙古-西伯利亚高压控制，流域盛行冬季风；青藏高原主体对西风环流的动力阻塞作用，在高原北侧形成西风急流，出现高压带，高压脊位于南疆、河西至兰州一线，正好控制石羊河流域地区。可见，冬季西风急流、冬季风、高原冬季风和高原北侧的高压带相互作用，使这一地区冬季气候更加寒冷干燥。夏季，青藏高原的热力作用增强，高原主体的热低压和高空青藏高压的建立，形成了高原夏季风，并促使西风环流减弱，南支急流迅速北撤，诱发了西南季风的爆发和增强，同时也加强了东南季风的势力；夏季控制石羊河流域的高原北侧的高压脊北移，以及蒙古-西伯利亚高压减弱，使得东南季风、西南季风以及高原夏季风均能影响到石羊河流域地区，但由于地处西北内陆，夏季风势力已大大减弱，东南气流和西南气流所携带的水汽已大为减少，形成的降水有限。因此，石羊河流域气候主要表现为大陆性气候特点，石羊河流域上游的祁连山北麓为半干旱气候，中下游的武威、民勤盆地属温带干旱气候。

流域地势南高北低，因为地势起伏大，山地气候表现出明显的垂直分带性，年均气温 0 度等值线大致通过 2700～3000m 高度，－10 度等值线通过 4100～4700m 高度，高山地区终年寒冷，自南向北可大致划分为三个气候区：南部祁连山高寒半干旱半湿润区：海拔 2000～5000m，年降水量 300～600mm，年蒸发量 700～1200mm，干旱指数 1～4；中部走廊平原温凉干旱区：海拔 1500～2000m，年降水量 150～300mm，年蒸发量 1300～2000mm，干旱指数 4～15；北部温暖干旱区：包括民勤全部，古浪北部，武威东北部，金昌市龙首山以北等地域，海拔 1300～1500m，年降水量小于 150mm，民勤北部接近腾格里沙漠边缘地带年降水量 50mm，年蒸发量 2000～2600mm，干旱指数 15～25（李吉均，1990；中国科学院《中国自然地理》编辑委员会，1984；李育，2009；李育等，2011）。

石羊河流域多年（1961～1990 年）平均气温在空间分布上表现为流域的中下游地区高于上游地区。其中，上游的乌鞘岭站年均气温仅－0.2℃，中游的古浪站和武威站年均气温分别为 4.8℃和 7.7℃，下游的民勤站年均气温为 7.9℃，流域内多年平均气温的月变化呈单峰型，变化趋势较为一致，高气温阶段出现在 6～9 月，低气温阶段出现在 11 月至次年 2 月。石羊河流域的多年（1961～1990 年）平均降水量较少，而蒸发量较大，空间分布表现为上游地区降水量高于中下游地区，其中乌鞘岭站多年平均降水量为 324.9mm，古浪站、武威站的年均降水量分别为 298.8mm 和 136.5mm，而民勤站仅有 92.1mm，多年平均蒸发量则表现为中下游地区高于上游地区的特点，特别是民勤的年蒸发量达到了

2205mm。流域的多年平均降水量呈明显的季节变化，降水量主要集中于6～9月，与气温的高温阶段对应，水热同期代表了夏季风的影响（赵强，2005）。

2.4 水文与水资源

石羊河流域上游祁连山区，气温低，蒸发弱，降水较多，冰川积雪发育，是流域地表径流的形成区，出山后汇集于石羊河干流，呈扫帚状水系，进入河西走廊的平原地区，由于气候干燥炎热，降水稀少，地表物质组成较粗，渗透性极强，不利于地表径流的形成，同时由于蒸发、渗漏和沿途人工引用水的加剧，下游水量急剧减少，地下水位也在大幅度下降。流域面积4.16万km^2，河流长约300km。历史上，上游山区洪水可直接进入石羊河而后汇入终端湖——猪野泽。石羊河流域自东向西由大靖河、古浪河、黄羊河、杂木河、金塔河、西营河、东大河、西大河八条河流及多条小沟小河组成，河流补给来源为山区大气降水和高山冰雪融水，产流面积1.11万km^2，多年平均径流量15.60亿m^3（表2.1）。

表2.1 石羊河流域各河出山多年平均径流量　（单位：亿m^3；赵强，2005）

西大河	东大河	西营河	金塔河	杂木河	黄羊河	古浪河	大靖河	合计
1.577	3.232	3.702	1.368	2.38	1.428	0.728	0.127	14.54

石羊河流域水资源总量为16.59亿m^3，包括地表天然水资源量和与地表水不重复的地下水资源量。其中地表天然水资源量为15.6亿m^3，与地表水不重复的地下水资源量0.99亿m^3。按水系分，西大河水系水资源总量2.02亿m^3，其中地表水资源量为1.91亿m^3，与地表水不重复的地下水资源量0.11亿m^3；六河水系水资源总量14.45亿m^3，其中地表水资源量为13.57亿m^3，与地表水不重复的地下水资源量0.88亿m^3；大靖河水系水资源总量0.13亿m^3，其中地表水资源量为0.13亿m^3，与地表水不重复的地下水资源量20万m^3（甘肃省水利厅、甘肃省发展和改革委员会，2007）。

石羊河流域按照水文地质单元又可分为三个独立的子水系，即大靖河水系、六河水系及西大河水系。大靖河水系主要由大靖河组成，隶属大靖盆地，其河流水量在本盆地内转化利用；六河水系上游主要由古浪河、黄羊河、杂木河、金塔河、西营河、东大河组成，该六河隶属于武威南盆地，其水量在该盆地内经利用转化，最终在南盆地边缘汇成石羊河，进入民勤盆地，石羊河水量在该盆地全部被消耗利用；西大河水系上游主要由西大河组成，隶属永昌盆地，其水量在该盆地内利用转化后，汇入金川峡水库，进入金川-昌宁盆地，在该盆地内全部被消耗利用。当前，随着石羊河流域的不断开发、人口急剧增加以及自然气候因素的变化，特别是受水资源短缺的制约，石羊河流域生态环境日趋恶化，整个流域呈现出沙漠向绿洲推进，农区向牧区推进，牧区向林区推进，冰川、雪线向山顶推进的趋势，森林、草原面积日渐缩减，水源涵养能力下降，河川径流逐年减少，地下水位持续下降，水质恶化，生物资源减少，部分野生动物绝迹或濒临绝迹，沙尘暴肆虐。水资源不断减少，给整个流域可持续发展带来了严重的生态危机（甘肃省水利厅、甘肃省发展和改革委员会，2007；王忠静，2010）。

2.5　土壤植被

石羊河流域现代土壤、植被复杂多样，地域分异明显。其中，祁连山地区呈垂直地带性分布，流域自南而北又表现为纬度地带性分布。

（1）山地土壤及其植被：

①高山寒漠土：分布在海拔3900～4500m，寒冻风化强烈，土壤有机质含量低，植被稀少，主要是零星分布的垫状植被（蚤缀（*Arenaria*）、驼绒藜（*Ceratoides*））、薹草（*Carex Linn*）及禾本科（Gramineae）草类。

②高山草甸土：分布在海拔3400～4300m，土层较厚（1m左右），有机质含量较高，植被以草本为主（蒿草（*Artemisia*）、薹草（*Carex Linn*）、高山蓼（*Polygonum alpinum*）），目前为主要夏季草场，局部已出现过牧现象。

③亚高山灌丛草甸土：分布在海拔3200～3600m，坡陡土薄，植被分为高寒常绿草叶灌丛（以杜鹃（*Rhododendron simsii*）为主）和高寒落叶阔叶灌丛（高山柳（*Salix cupularis*）、金露梅（*Potentilla fruticosa*）、鬼箭锦鸡儿（*Caragana jubata*）等），此类土壤作为夏季放牧利用，灌木林具有水源涵养的作用，已受到严重破坏。

④亚高山草甸土：分布在亚高山灌丛草甸土带的阳坡地段，植被主要由薹草（*Carex Linn*）、蒿草（*Artemisia*）及杂类草组成，是优良的夏季草场。

⑤山地灰褐土：分布在海拔2600～3400m，植被以乔木云杉（*Picea asperata*）、圆柏（*Sabina chinensis*）为主，混杂有山杨（*Populus davidiana*）及桦树（*Betula*），均为次生林，呈块状分布，林下分布有草本植物，土壤有机质含量高，土层较厚，有调蓄涵养水源的作用，由于林木破坏严重，影响了水源的涵养。

⑥山地黑钙土：分布在海拔2600～3000m，出现在与森林土分布相对应的阳坡或山前缓冲坡中山盆地。植被为草甸草原类型，土壤水分条件及养分含量高，产草量高，草质好，是一等草场，但因过度开垦，草场破坏严重。

⑦山地栗钙土：分布在海拔2300～3100m，植被为草原和干草原类型，以针茅（*Stipa capillata*）、扁穗冰草（*Agropyron*）为主，是较好的牧场，部分已开垦农用。

⑧山地灰钙土：分布在海拔2000～2700m，植物有蒿属（*Artemisia*）、针茅、珍珠（*Lysimachia*）等，土壤养分及水分较差，不宜农作，宜退耕作牧业利用。

（2）平地土壤及其植被：

①灰钙土：主要分布在祁连山山前地带的黄土母质上，植被属于荒漠草原类型，在洪积平原上部多已开垦为农田，有机质含量1%～3%（表层），但因干旱，水分差，产量低且常因干旱而不保收，宜作牧用。

②灰漠土：分布在祁连山山前洪积平原。植被为草原化荒漠类型，土壤条件较差，养分含量低，水分差，由于干旱，风蚀较重，只有在水源条件许可的情况下进行开垦，宜作放牧用地。

③绿洲灌溉耕作土：主要分布在武威绿洲等盆地内，是在灌溉条件下经过灌淤、耕作、培肥而形成的土壤，可分为绿洲灌耕土、半潮绿洲灌耕土、潮绿洲灌耕土及盐化绿

洲灌耕土4个亚类。绿洲灌耕土是发育于自成型土壤上的古老灌溉耕作土壤，土层厚、土壤熟化程度高，质地适中，有机质较缺少，需加强培肥。半潮绿洲灌耕土是发育于半水成型土壤或水成土壤上的灌溉耕作土壤，是较好的土壤类型。潮绿洲灌耕土是发育于水成型土壤上的灌溉耕作土壤，抗旱能力强但土壤养分状况较差，易发生次生盐渍化。盐化绿洲灌耕土是发育于盐渍化土壤上的灌溉耕作土，土壤含盐量高，土壤养分含量低，生产力水平低，耕作时需进行排水洗盐。

④草甸土：主要分布在河谷平原的河滩地，河阶地及洪积扇扇缘溢出带上，地下水位深一般在2～3m，根据水分及含盐量，可分为荒漠化草甸土及盐化草甸土，目前大多为牧场，条件较好的地段可开垦为农田。

⑤荒漠林土：分布在石羊河下游一带，是胡杨林下发育的土壤，既有森林土壤发育过程，又具有草甸土壤发育过程，此类土壤宜加以封育保护。

⑥盐土：主要分布在湖盆洼地和扇缘、干三角洲地带。由于位于漠境地区，干旱少雨，蒸发强烈，地下水含盐量高，加之地形封闭，盐分强烈表聚，此类土壤如水源允许，能排水洗盐的，可适度开垦农用和牧用。盐土可分为草甸盐土、典型盐土、荒漠化盐土、残余盐土及矿质盐土等类型。

⑦风沙土：主要分布在民勤等地区，可分为流动风沙土、半固定风沙土和固定风沙土，属于荒漠风沙土亚类。此类土壤应封育保护植被，防治流沙前移，确保绿洲安全（中国科学院《中国自然地理》编辑委员会，1984；黄大燊，1997；赵强，2005）。

2.6 流域社会经济

流域行政区划包括武威市的古浪县、凉州区、民勤县全部及天祝藏族自治县部分，金昌市的永昌县及金川区全部，以及张掖市肃南裕固族自治县和山丹县的部分地区、白银市景泰县的少部分地区，流域共涉及4市9县。流域主要行政区分属武威、金昌两市，武威市是以农业发展为主的地区，金昌市是我国著名的有色金属生产基地。流域内交通方便，物产丰富，有色金属工业及农产品加工业发展迅速，是河西内陆河流域经济较繁荣的地区。

全流域2003年总人口226.89万人（含古浪引黄灌区9.83万人），农业人口174.57万人（含引黄灌区9.63万人），非农业人口52.32万人；城镇人口73.39万人（含引黄灌区0.35万人），农村人口153.5万人，城市化率32.35%；耕地面积556.75万亩，农田灌溉面积449.98万亩，基本生态林地灌溉面积26.46万亩，农业人口人均农田灌溉面积2.58亩；大小牲畜332.38万（头）只；国内生产总值（GDP）138.45亿元，其中第一、第二和第三产业分别为32.87、64.57和41.01亿元，人均国内生产总值6102元，财政收入10.12亿元；工业总产值152.76亿元，农业总产值51.4亿元；粮食总产量113.23万t，人均粮食产量499kg；农民人均纯收入2476元。

流域内已基本形成以凉州区和金川区为中心的二元城市发展格局，城镇人口主要集中于凉州区、金川区、河西堡镇及各县城关镇等。流域人口增长速度过快，绿洲承载人口已达每平方千米300人以上，对于干旱内陆地区来说，人口密度已相当高。其中，从事种植业生产的人口约占总人口的77%，第一产业负担人口所占比重大。全流域2003年第一、第二、第三产业结构为24∶46∶30，与全省同期平均水平相比，第一产业超过全省平均水平4.6个百分点，第二产业超过全省平均水平0.8个百分点，第三产业低于全省平均水平5.4个百分点（甘肃省水利厅、甘肃省发展和改革委员会，2007）。

2.7 生态环境恶化状况及其演变

史前时代，猪野泽面积较大。自西汉开拓河西以来，石羊河流域土地覆盖情况发生了根本变化。随着以武威为中心的人类定居点向荒野蔓延，农业、工业用水量急剧增加，从而导致下游来水逐年减少。在人类活动和自然环境变化的双重制约下，猪野泽逐渐退缩成许多小湖，其中大多数湖泊近百年来已相继干涸消失。目前，除在民勤盆地东北部的白碱湖尚有少量积水外，其他湖泊全部消失。据《民勤县志》记载，民勤盆地在清康熙年间就有生态恶化现象。19世纪初期以来的200多年间，沙漠已侵吞农田26万亩，村庄6000多个，汉代的三角城遗址和唐代的连城遗址已深居沙漠达6km之远。20世纪50年代以来，沙漠化速度呈加快之势，其北部沙漠推进了50～70m，侵吞耕地约6000余亩；西部沙漠东移30～60m，使近7000亩耕地失去耕种能力；另外还有8.0万余亩耕地产生了不同程度地沙化。70年代以前，盆地丘间洼地大都为湿生系列的草甸植物，后来急速退化，目前已被旱生植物所代替，大面积的天然林木和50、60年代人工种植的沙枣林相继衰败、枯死，已失去再生和自然繁衍的能力，削弱了防沙固沙和对绿洲的保护作用，使土壤、植被不断向沙漠化和盐渍化方向发展。盆地盐渍化面积从20世纪70年代不足20万亩，发展到目前的60多万亩，其中重盐碱化土地就达40余万亩，且还在不断向南扩展，程度也在加重。20世纪初期，猪野泽水域面积大约120km^2，芦苇丛生，碧波荡漾，环境优美。随着流域人口的增长和灌溉农业的发展，猪野泽水域面积逐渐萎缩。40年代末，水域面积尚有约70km^2，50年代中后期，水域面积快速缩小，1959年完全干涸。民勤盆地生态恶化的主要表现为：湖泊萎缩、干涸，天然植被枯萎、死亡，土地沙漠化、盐渍化进程加快，地下水位下降，矿化度上升。其北部生态恶化形势最严峻，范围逐步向南延伸，速度呈加快之势。目前，民勤盆地地下水矿化度每年大约增加0.12g/L，矿化度普遍高达2～4g/L，最高地区达10g/L。在盆地北部，部分群众无法生存，只好撂荒土地，背井离乡，沦为“生态难民”，“罗布泊”现象已经局部显现。

造成民勤生态环境恶化的原因是多方面的，既受自然条件的影响，也有人类活动的影响，既有客观原因，也有主观原因。归结起来：一是流域水资源短缺，承载能力有限；二是水土资源开发不尽协调，农业灌溉规模偏大；三是水资源管理相对薄弱，难以有效控制流域内部分地区和行业的用水总量；四是水资源利用效率较低；五是现有调水工程未能充分发挥作用（张建明，2007；李育，2009；甘肃省水利厅、甘肃省发展和改革委员会，2007；王忠静，2010）。从历史的角度看石羊河水系的变迁及目前的困境，可得出如下几点认识：

（1）流域开发需充分考虑水资源与水环境的承载能力。一个地区一定时期内水资源与水环境的承载能力是有一定限度的，超过这个限度，必然导致程度不同的生态环境问题。西汉以前，石羊河水系基本处于自然状态。西汉人口增至 7.6 万，垦田 60 万亩，石羊河的自然平衡状态被打破。此后，唐代与明清时期，人口和屯垦面积不断增长，引水灌溉量随之增加，导致石羊河尾闾湖逐渐萎缩，至 1959 年完全干涸。目前，石羊河流域灌溉面积约 29 万 hm^2，人口约 223 万人，流域水资源的开发利用率高达 150%以上，远远超过了国际公认的 40%左右。历史与现实的困境表明，过度的水资源开发利用，导致石羊河流域产生一系列生态环境问题。可以说，流域的社会经济发展是以牺牲生态环境和长远利益为代价而取得的。要想区域社会经济可持续发展，必须充分考虑当地水资源与水环境的承载能力。

（2）科学合理地配置流域水资源。由于水资源匮乏，石羊河流域生态环境一直非常脆弱。同时，流域水资源还处在匮乏与利用效率偏低相结合的尴尬境地。石羊河流域是我国西北内陆河流域灌溉农业发展最早的地区之一。在西汉、唐和明清等农业生产方式占主导地位的时期，都曾出现过因农业耗用水量过多而导致水系变迁甚至生态环境恶化的现象。目前，石羊河流域仍存在灌溉面积过大、种植结构不尽合理等现象，致使农业耗用水量占总用水量的 90%以上，严重挤占生态用水。通过工程与非工程措施，兼顾当前和长远利益，对有限的水资源进行科学合理的配置，实现流域水资源的可持续利用，确保社会经济和生态环境协调发展，已成当务之急。

（3）进一步完善水资源管理体制，构建社会节水体系。石羊河流域的生态环境问题，现象是尾闾湖的萎缩干涸和下游绿洲的退化，根源在于水资源的管理不善，即由于中游大规模引水灌溉，致使流入下游和尾闾湖的水量锐减，因而石羊河流域是历史时期水事纠纷较多的地区之一。目前，仍然如此。因此，应进一步理顺流域和区域的水资源管理体制，做到上中下游统筹兼顾，合理配置，以实现生产、生活和生态用水的综合平衡。同时在全流域增强保水、节水的意识，形成工业、农业和城乡居民生活节水的格局。

（4）着力保护祁连山水源涵养地植被。滥砍滥伐导致祁连山水源涵养地植被的严重破坏是石羊河流域尾闾湖逐渐萎缩干涸的主要原因之一，且其影响在今后相当长时间内都将难以消除。早在公元 9 世纪，河西地区的人们已朦胧意识到为开垦农田而大规模砍伐柴草、柽柳等固沙植被是一种短视行为，因而当地流传着一首名叫《太平颂》的歌谣："大家互相努力，营农休取柴柽。家园仓库盈满，誓愿饭饱无损。" 1942 年谢怀琅先生在编纂《民勤县志》时也忧心忡忡地发出预言性警告："近年以来祁连山之积雪，因无森林之保护逐年减少，而垦荒者日益增多，来源既细微，又复处处堵塞，故连年荒旱，致一片膏沃之场几成不毛之地，为居民生命之农田，既付诸沧桑，而人民离家谋生之念，于是而萌矣……视此不救，则十数年后全境将为风沙所掩埋，十余万朴实之民众，亦将因此而断绝祖先人之烟祀之虞。"不幸的是，今日石羊河流域生态环境恶化的景象与 70 年前谢老先生的预言恰相吻合。通过实施自然保护区建设，退耕退牧、还林还草和防风治沙等措施，着力保护和建设好祁连山水源涵养林，以增强流域生态的自我修复能力，从而改善生态环境，已刻不容缓（李育，2009）。

水资源开发利用全面超载，社会经济发展模式与水资源禀赋的失衡，水资源利用秩序缺失或失效，是石羊河流域生态退化的原因。石羊河流域是甘肃省河西内陆河流域中人口最多、经济较发达、水资源开发利用程度最高、用水矛盾最突出、生态环境问题最严重的地区。现状流域水资源已严重超载，致使流域的生态环境日趋恶化，其危害程度和范围日益扩大。民勤北部生态环境已濒临崩溃，荒漠化问题尖锐突出，如果不尽快采取紧急抢救措施，民勤将会在不远的将来演变为又一个“罗布泊”。民勤绿洲的消亡，将会危及中游绿洲甚至河西走廊大通道的安全，绿色走廊将有可能被沙漠阻隔，这必然会影响到整个西部地区的健康发展与稳定，关系国家发展和各民族和谐相处的长远大计。因此，抢救民勤不仅具有维持绿洲对当代人民供养能力的急迫的现实意义，同时也具有关乎西部稳定与发展的深远的历史意义。对石羊河流域进行以抢救民勤盆地绿洲稳定为核心的重点治理不仅非常必要，而且迫在眉睫。

石羊河流域综合治理，应坚持科学发展观，运用自然科学和社会科学的基本原理，思考、预测、分析石羊河流域将产生的新问题，寻找科学方法，及早应对（王忠静，2010）。

（1）气候变化对治理效果的影响。面对气候变化的背景，应及时研究气候变化引起水资源变化下治理规划的实施难度，寻找适应性对策，及时修正规划。有研究表明，石羊河流域若多年平均径流减少5%，要实现规划原定目标，必须进一步加大产业结构调整，加强水资源管理，增加投资10%以上。

（2）经济转型对流域发展的考量。流域水资源超载的原因之一是社会经济发展模式与水资源禀赋失衡。要纠正这种失衡，必然要发展工业，引来后治理时代的经济转型。必须注意的是，内陆河流域的河流几无环境容量，任何水污染都将导致流域承载能力下降，大负荷集中的污染甚至会导致流域水资源系统的快速窒息。

（3）粮食安全对生态保护的挑战。河西走廊曾是甘肃的粮仓，是甘肃省粮食自给自足的重要保障。为河西走廊国家重要战略通道的通常，要生态保护、人民致富和可持续发展，减少粮食种植面积将是重要对策，这也将引发对粮食安全思考。应尽早在更大范围上对石羊河流域治理方式产生的效应进行分析，评价粮食安全问题，寻找科学分配粮食安全的保险机制。

参考文献

陈隆亨，曲耀光. 1992. 河西地区水土资源及其开发利用. 北京：科学出版社，6～46.

甘肃省水利厅，甘肃省发展和改革委员会. 2007. 石羊河流域重点治理规划.

黄大燊. 1997. 甘肃植被. 兰州：甘肃科学技术出版社，163～176.

李吉均. 1990. 中国西部地区晚更新世以来环境变迁模式. 第四纪研究，32（3）：197～203.

李育. 2009. 季风边缘区湖泊孢粉记录与气候模拟研究. 兰州大学博士毕业论文.

李育，王乃昂，李卓仑，等. 2011. 石羊河流域全新世孢粉记录及其对气候系统响应争论的启示. 科学通报，56（2），161～173.

汤奇成，曲耀光，周聿超. 1992. 中国干旱区水文及水资源利用. 北京：科学出版社，44～80.

王忠静. 2010. 河西走廊流域治理的科学问题及其思考（演讲资料）.

中国科学院《中国自然地理》编辑委员会. 1984. 中国自然地理：气候. 北京：科学出版社，1～30.

中国植被编辑委员会. 1980. 中国植被. 北京：科学出版社，195～197.

张建明. 2007. 石羊河流域土地利用/土地覆被变化及其环境效应. 兰州大学博士毕业论文.

赵强. 2005. 石羊河流域末次冰消期以来环境变化研究. 兰州大学博士毕业论文.

第3章　猪野泽晚第四纪古湖泊地貌与年代

中国晚第四纪大湖期的研究，在我国西部已经取得诸多进展（Yang et al.，2003，2008；陈发虎等，2009；Zhang et al.，2004；Pachur et al.，1995；张虎才和彭金兰，2002；Wünnemann et al.，2001；Rhodes et al.，1996；韩淑媞和袁玉江，1990；Madsen et al.，2008；Chen and Bowler，1986；朱大岗和孟宪刚，2004；Shi et al.，2001；李炳元，2000；朱大岗等，2001；赵希涛等，2003），在新疆（Rhodes et al.，1996；韩淑媞和袁玉江，1990）、河西走廊及阿拉善高原（Yang et al.，2008；Zhang et al.，2004；Pachur et al.，1995；张虎才和彭金兰，2002）、青藏高原（Madsen et al.，2008；Chen et al.，1986；朱大岗和孟宪刚，2004；Shi et al.，2001；李炳元，2000；朱大岗等，2001；赵希涛等，2003；Rhode et al.，2010；Liu et al.，2010；Fan et al.，2010）等地区均有大湖期及高湖面的报道。

高湖面主要以湖泊阶地后缘陡坎或最高岸堤的海拔高度为依据，考虑湖泊地貌与湖相沉积时代是否一致，同时湖面高度基本统一、无明显后期构造抬升。猪野泽湖盆内广泛分布着湖泊收缩时残留的，由湖滨相砂砾石和粉细砂黏土组成的湖积平原、砂砾质岸堤和湖成阶地，据此可以重建古湖面的高度，估算古湖泊水域面积。砂砾质的岸堤是由于湖面下降过程中在相对稳定的阶段遗留下来的。湖泊连续退缩过程中，会形成一系列的类似同心圆状或近于平行的湖岸线。相对于湖泊沉积物，岸堤等古湖泊地貌可以更直观的反映湖泊退缩过程，是湖泊水位变化的直接证据，其形成年代是重建古湖泊范围的重要依据。某些较大的干涸古湖，通过遥感影像即可确定其湖岸线（颉耀文和王君婷，2006）。湖面的波动和水位的上升，会改造此前已经形成的湖岸线，但最高湖面时期形成的砂砾质岸堤往往得以保留，因此可以较准确地复原古湖泊范围。

3.1　猪野泽古湖泊地貌

关于古湖泊最大高湖面的确定，主要是通过实地考察对古湖泊遗迹（诸如砂砾质岸堤、湖成阶地、湖蚀穴、湖泊沉积等沉积学、地貌学标志及湖泊周围人类活动遗迹）进行定位、测量、填图，同时利用GPS精确测定其地理坐标。之后，室内在1∶5万地形图量算出高湖面的海拔高程及其对应的湖泊面积。过去的研究，在猪野泽（Zhang et al.，2004；Pachur et al.，1995；张虎才和彭金兰，2002）、居延海（霍涅尔和陈宗器，1935；Mischke et al.，2003）、吉兰泰（Yang et al.，2008；陈发虎等，2009）等地均数量不等地发现了砂砾质岸堤和湖成阶地。这些地貌证据的发现，为湖泊演化和高湖面形成时代的研究提供了重要的参考。

猪野泽是石羊河下游的古终端湖泊。20世纪60年代，冯绳武（1963）最早提出了猪野泽地区的大湖学说，初步得出猪野泽自然水系时代的湖面高程为1350m。90年代初，李并成（1993）使用卫星遥感影像解译和湖泊水量平衡计算等方法，重新估算了猪野泽自然水系时代的湖面高程，其结果为1309m左右。90年代中期以来，Pachur等（1995），Zhang等（2001，2002，2004）先后通过猪野泽地区古湖泊地貌的研究和测年，探讨了猪野泽晚更新世以来的湖泊演变过程。图3.1显示了Zhang等（2004）对猪野泽东北岸古湖泊岸堤的测年结果，早全新世（8500 a BP）和中全新世（5400～5100 a BP）岸堤海拔高度非常接近，甚至在某些部位存在连接的现象，在早中全新世的古湖泊岸堤处于海拔1 303～1 307m（Zhang et al.，2004）（图3.1）。王乃昂研究团队（王乃昂等，2011；隆浩等，2007）也报道了猪野泽东北岸全新世8级古湖泊岸堤的海拔和测年结果，确定全新世期间湖面最高海拔达到1306～1308m，年代处于中全新世7.6～6.6 cal ka BP之间，随后湖泊呈现退缩趋势（隆浩等，2007）。另外，猪野泽是由白碱湖、东硝池、西硝池、野麻湖和青土湖等小湖盆组成（图3.2），但是根据野外考察并结合地形图分析，各个小湖盆之间都有水道相连接，所以猪野泽晚第四纪以来各个小湖盆的湖泊水位基本一致。

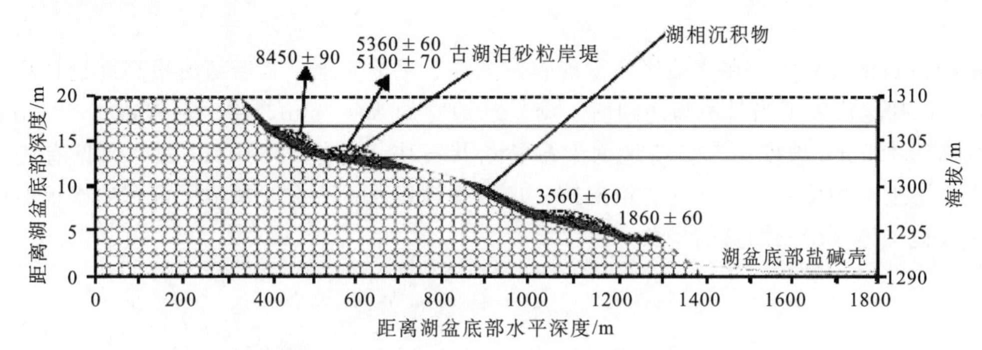

图3.1　猪野泽东北岸古湖泊岸堤高程及软体动物壳体^{14}C测年结果（a B.P.）（李育等，2012）
根据Zhang等（2004）的研究转绘；图中灰色条带所示范围为早中全新世岸堤高程范围（1303～1307m）

通过兰州大学王乃昂教授领导的河西走廊古湖泊学研究团队，以及本书作者对石羊河终端地区的地貌调查，发现白碱湖是石羊河流域尾闾湖猪野泽最靠近末端的残余（图3.2）。该湖现虽已干涸，但其规模宏大，形态完整，是研究终端湖变迁的最佳场所（赵强，2005）。

白碱湖位于104°05′～104°11′E，39°03′～39°09′N，为腾格里沙漠西北缘，湖盆呈北西-南东向延伸，湖长11.8km，宽3.56km。湖盆外围有古近-新近纪红色砂砾岩、砂岩、泥岩和第四纪冲积、风积粉细砂、粉砂黏土出露，并形成湖堤或湖岸阶地。已有的报道显示，在白碱湖地区，至少存在5级保存完好的砂砾质岸堤和1级湖成阶地（Zhang et al.，2004；Pachur et al.，1995；张虎才和彭金兰，2002）。在白碱湖地区考察的过程中，共发现9级砂砾质岸堤和1级湖成阶地。这些岸堤形态表现为向湖方向的坡度一般小于背湖方向坡度；其纵剖面上可分为两部分，上部为较粗的滨湖相砂砾沉积物，其间夹有大量的螺壳或瓣鳃类壳体，表现为明显的斜层理；下部为不具斜层理的湖

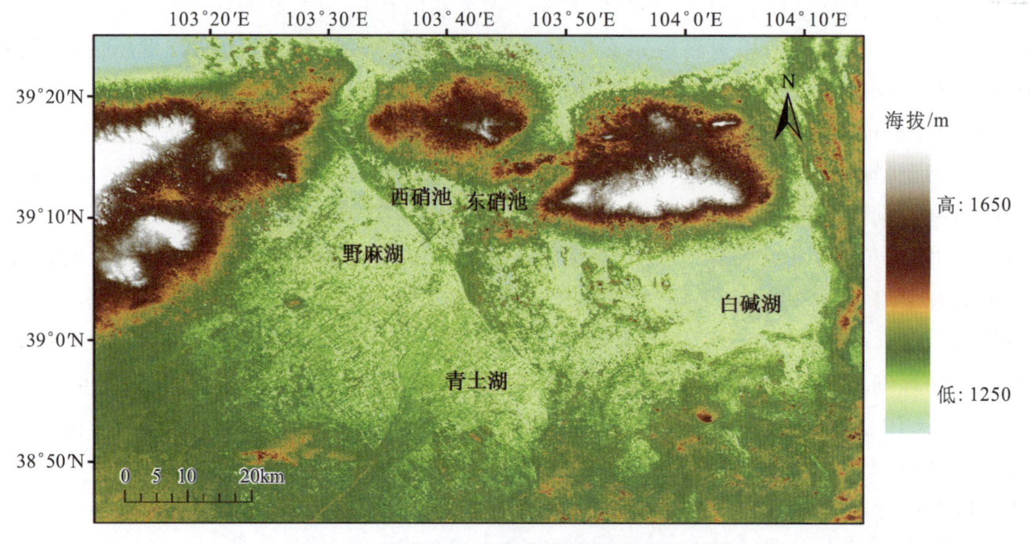

图 3.2　猪野泽各子湖盆位置及高程示意图

相粉砂、黏土沉积物。在该地区还发现有湖蚀穴、湖成阶地，其后缘海拔高度约1315～1317m，基本代表了当时最高的湖面。湖岸阶地宽约 80～90m，阶地后缘高约 2～3m，前缘高约 1.5m，坡度 7.5°。阶地面上多棱角状石块，直径 1.5～4.5cm，偶见有瓣鳃类壳体。组成物质灰白色，夹有锥形螺、扁平螺等残体。图 3.3 显示了古湖泊岸堤的照片和现代该地区干涸湖盆的景象。

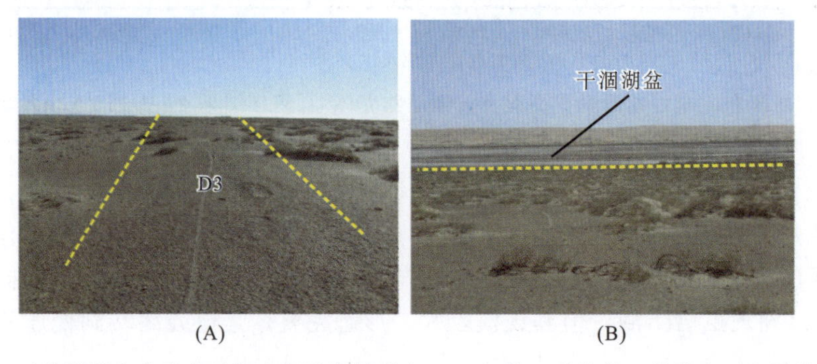

图 3.3　猪野泽东北岸白碱湖古湖泊岸堤形态：(A) 第三道岸堤；黄线表示岸堤范围，“D3”表示此为第三道岸堤；(B) 现代干涸的湖盆，黄线表示湖盆边界

3.2　猪野泽古湖泊岸堤年代

近年来，有关干旱区晚第四纪高湖面与大湖期的研究，由于测年手段多样化和测年数据的增多而存在一些争论，其焦点在于晚更新世期间高湖面形成的时代。在青藏高原地区，李炳元（2000）根据十多个湖泊沉积物^{14}C 测年的数据分析，大湖期的年代大致

相近，在40～25ka B.P.居多，有的可能延续至20ka B.P.，与深海氧同位素3阶段、末次冰期间冰段相当（本章所有年代结果，除特殊说明外，^{14}C年代结果均为未校正结果，用ka B.P.表示；其他测年手段的年代结果，用ka表示）。而赵希涛等（2003）根据湖相沉积物的U系法测年判断西藏纳木错最高湖面出现在MIS 5阶段，Madsen等（2008）则通过OSL测年方式，认为青海湖最高湖面也出现在MIS 5阶段，MIS 3阶段大湖期并没有被发现，其存在与否有待商榷。Rhode等（2010）新测得的OSL年代结果同样支持青海湖MIS 3阶段不存在高湖面的观点。但Liu等（2010）在青海湖的OSL年代结果却支持MIS 5阶段和MIS 3阶段高湖面均存在，并得到Fan等（2010）在柴达木盆地研究结果的支持。在河西走廊及阿拉善高原地区，^{14}C年代结果也与OSL结果存在着不一致性。根据地层学和部分古湖岸堤的年代学研究，^{14}C年代揭示在腾格里沙漠及周边地区高湖面形成于42～37ka B.P.，在35～22ka B.P.期间古湖泊出现最高水位（Zhang et al.，2004；张虎才和彭金兰，2002）。在巴丹吉林沙漠西北缘的索果诺尔，其最高湖岸阶地的^{14}C测年显示约33ka B.P.时水位最高（Norin，1980），这些研究与青藏高原李炳元（2000）的研究结果基本一致。但在乌兰布和沙漠附近，OSL测年结果显示“吉兰泰-河套”古大湖存在于距今5～6万年前。对于这种差异，张虎才（2010）曾提出，系统的年代学和相关沉积研究是解决吉兰泰盐湖高湖面形成时代的关键所在。因此，究竟是由于不同地区高湖面形成时代存在差异，还是由于所采用的测年方法不同导致年代结果出现如此大的差异，以及MIS 3阶段是否存在大湖期，均需给予重视和再研究，以往报道过的高湖面结果，是否有可能是不同时期湖面均达到了相同或接近的高度，但由于测年方式的局限，造成了对该问题的忽略，也需要给予证实或证伪。

猪野泽东北岸古湖泊白碱湖岸堤高程的准确测定，李育研究小组使用差分GPS并对比1∶50000地形图资料，最终测定了9道古岸堤（D1-D9），各岸堤位置及海拔见表3.1。

表3.1　白碱湖9道古岸堤（D1-D9）位置及海拔

岸堤	纬度	经度	海拔/m
D1	39°08′46″N	104°07′57″E	1310
D2	39°08′42″N	104°08′01″E	1308
D3	39°08′44″N	104°08′07″E	1302
D4	39°08′42″N	104°08′10″E	1301
D5	39°08′37″N	104°08′12″E	1300
D6	39°08′37″N	104°08′15″E	1298
D7	39°08′34″N	104°08′22″E	1296
D8	39°08′33″N	104°08′25″E	1295
D9	39°08′32″N	104°08′26″E	1294

表3.2显示了白碱湖9道古岸堤的高程和^{14}C年龄。D1古岸堤拥有17个来自壳体和碳酸盐的^{14}C年代，其湖岸阶地距地表约1.5m处地层内的锥形螺、扁平螺壳体，

AMS^{14}C 测年结果指示其形成年代应当在 37220～15319cal. a B. P. 之间。D1 砂砾质岸堤（1310～1313m）上见有较多的瓣鳃类壳体，4 个样品的^{14}C 年代分别为 34.677±0.276，32.415±0.26，30.535±0.25 和 23.215±0.197ka B. P.（王乃昂等，2011）。这些测年结果（表 3.2）与张虎才和彭金兰（2002）报道的^{14}C 年代在 32.6～22.2ka B. P. 之间基本吻合，进一步证明猪野泽高湖面的形成时代，当在 MIS3 a 阶段根据年代结果，在 MIS 3 和晚冰期，湖泊水位均能到达这一高程（1310m）。D2 古岸堤形成于 9452～6333cal. a B. P. 之间，即早、中全新世过渡期。而 4 个来自碳酸盐和蜗牛的^{14}C 年代（5827，6040，6141，6312cal. a B. P.），则证明中全新世形成的古岸堤（D3）的海拔（1302m），要低于早、中全新世过渡期的古岸堤（D2）。由于测年材料的缺乏，D4、D5 和 D7 古岸堤没有^{14}C 年代。D6 古岸堤的两个年代证明其形成于晚全新世（3855 and 3988cal. a B. P.）。D8 和 D9 古岸堤则形成于 1852～1292cal. a B. P. 之间。

表 3.2　白碱湖 9 道古岸堤（D1～D9）海拔及^{14}C 年代结果

岸堤	海拔/m	测年材料	^{14}C 年代/(a BP)	^{14}C 年代校正结果（2σ）(cal. a B. P.)	实验室编号/参考文献
D_1	1310	螺壳	32520±840	37220（35142～38936）	Zhang et al.（2004）
		螺壳	31520±840	36022（34596～38365）	Zhang et al.（2004）
		螺壳	31360±1240	35967（33267～38796）	Zhang et al.（2004）
		螺壳	29480±560	33995（32637～35089）	Zhang et al.（2004）
		螺壳	26430±980	30948（29187～33132）	Zhang et al.（2004）
		螺壳	22710±380	27352（26239～28264）	Zhang et al.（2004）
		螺壳	22480±590	27057（25489～28476）	Zhang et al.（2004）
		螺壳	22220±180	26719（26154～27611）	Zhang et al.（2004）
		螺壳	33500±1085	38275（35619～40965）	Pachur et al.（1995）
		螺壳	32435±840	37121（35120～38859）	Pachur et al.（1995）
		螺壳	32270±1236	36978（34592～39978）	Pachur et al.（1995）
		螺壳	30330±560	34937（33644～36316）	Pachur et al.（1995）
		螺壳	27200±975	31759（29835～34404）	Pachur et al.（1995）
		螺壳	23370±380	28176（26978～29177）	Pachur et al.（1995）
		有机碳	23130±590	27829（26270～29228）	Pachur et al.（1995）
		有机碳	16540±120	19713（19427～20060）	Pachur et al.（1995）
		有机碳	12817±142	15319（14596～16280）	Pachur et al.（1995）
D_2	1308	蜗牛	8450±90	9452（9142～9581）	Zhang et al.（2004）
		蜗牛	5965±114	6810（6534～7156）	LUG-03-07
		蜗牛	5530±40	6333（6279～6404）	BA04212
D_3	1302	蜗牛	5360±60	6141（5996～6281）	Zhang et al.（2004）
		蜗牛	5100±70	5827（5661～5989）	Zhang et al.（2004）
		蜗牛	5250±70	6040（5900～6263）	Pachur et al.（1995）
		有机碳	5510±60	6312（6190～6410）	Pachur et al.（1995）
D_4	1301	/	/	/	/

续表

岸堤	海拔 /m	测年材料	^{14}C 年代 /(a BP)	^{14}C 年代校正结果（2σ）(cal. a B. P.)	实验室编号 /参考文献
D_5	1300	/	/	/	/
D_6	1298	蜗牛	3560±60	3855（3690～4069）	Zhang et al.（2004）
		蜗牛	3660±55	3988（3843～4147）	Pachur et al.（1995）
D_7	1296	/	/	/	/
D_8	1295	有机碳	1860±60	1795（1624～1930）	Zhang et al.（2004）
		有机碳	1910±60	1852（1714～1988）	Pachur et al.（1995）
D_9	1294	有机碳	1405±60	1320（1181～1412）	Pachur et al.（1995）
		有机碳	1370±60	1292（1175～1386）	Zhang et al.（2004）

根据光释光年代学研究结果（表 3.3），D1 岸堤的三个年代为 8.0±0.7ka B.P.、7.7±0.6ka B.P.、7.0±0.4ka B.P.；D2 岸堤的光释光年代结果为 4.9±0.3ka B.P. 和 6.1±0.4ka B.P.，显示中全新世岸堤略低于早全新世时期；D3 和 D4 岸堤的年代分别为 3.7±0.2ka B.P. 和 3.5±0.2ka B.P.，D5—D9 岸堤的光释光年代显示为 1.1～2.3ka B.P. 之间，指示晚全新世气候的干旱化。综合以上光释光年代结果，猪野泽东北岸古湖泊岸堤的光释光年代基本揭示了从早全新世到晚全新世的湖泊退缩过程，最高湖面出现于早、中全新世。

表 3.3　白碱湖 9 道古岸堤（D1—D9）海拔及光释光（OSL）年代结果

（Long et al.，2010，2011，2012）

岸堤	海拔 /m	K/%	Th/ppm	U/ppm	Dose Rate /(Gy/ka)	De/Gy	OSL 年代 /ka B. P.
D1	1310	1.86±0.06	6.58±0.26	2.21±0.17	3.14±0.18	25.20±1.50	8.0±0.7
		1.78±0.06	7.25±0.27	2.83±0.18	3.27±0.18	25.10±1.40	7.7±0.6
		3.10±0.09	11.57±0.36	3.20±0.20	4.96±0.28	34.50±0.60	7.0±0.4
D2	1308	2.03±0.06	3.56±0.23	1.04±0.15	2.74±0.17	13.50±0.40	4.9±0.3
		2.19±0.07	6.52±0.27	2.22±0.16	3.44±0.20	20.86±0.30	6.1±0.4
D3	1302	1.92±0.06	11.63±0.28	2.04±0.13	3.55±0.19	13.20±0.20	3.7±0.2
D4	1301	2.18±0.07	4.78±0.26	1.41±0.17	3.08±0.19	12.33±0.37	4.0±0.3
		1.77±0.06	7.58±0.30	2.73±0.19	3.27±0.18	11.59±0.30	3.5±0.2
D5	1300	1.72±0.06	7.28±0.30	3.03±0.21	3.30±0.19	7.70±0.50	2.3±0.2
		2.14±0.07	6.05±0.26	1.93±0.17	3.28±0.19	7.90±0.20	2.4±0.2
D6	1298	1.85±0.06	4.21±0.21	1.62±0.17	2.63±0.18	6.50±0.20	2.5±0.2
		1.87±0.06	6.17±0.25	2.17±0.19	3.16±0.18	7.30±0.10	2.3±0.1
D7	1296	2.12±0.07	9.06±0.32	1.37±0.17	3.42±0.21	4.03±0.13	1.2±0.1
		1.96±0.06	6.60±0.28	1.51±0.16	3.12±0.19	6.82±0.07	2.2±0.1
D8	1295	1.81±0.06	6.79±0.26	2.86±0.16	3.34±0.19	4.16±0.22	1.2±0.1
D9	1294	2.43±0.08	8.36±0.32	2.03±0.16	3.85±0.23	4.30±0.05	1.1±0.1

对比两种不同测年方式的测年结果，可得出以下初步结论：从整体趋势来看，全新世期间“碳库效应”影响相对较小，基于生物壳体年代学的早、中全新世高湖面结论较可靠；古湖泊岸堤残留物的^{14}C年代与光释光年代在全新世期间显示出较好的一致性，共同指示了中全新世以来湖泊的退缩过程。同时考虑到以上研究在测量岸堤高程和划分岸堤条数上的误差，并综合其测年结果，猪野泽中全新世高湖面期应该处于9～6cal ka BP期间。两种测年方式结果在D1岸堤上分歧较大，这可能与两种测年方式的原理不同和测年适用范围不同有关，这个问题有待进一步研究。

同时，高湖面的形成时代上，现有的OSL年代结果虽然与已报道的^{14}C年代结果及本研究的^{14}C年代结果存在较大差异，甚至有些OSL年代结果不支持MIS 3阶段存在高湖面，但并不足以否定MIS 3阶段存在高湖面的核心结论。猪野泽古湖岸堤中遗存的瓣鳃类、腹足类生物壳体等^{14}C年代结果证明MIS 3阶段晚期确实存在高湖面和大湖期，并且存在次级时间尺度的湖面波动。这两种测年方式在结果上的差异，可能指示了不同时期在同一区域均存在高湖面的复杂情况。

参考文献

陈发虎，范育新，春喜，等. 2009. 晚第四纪“吉兰泰-河套”古大湖的初步研究. 科学通报，53（10）：1207～1219.

冯绳武. 1963. 民勤绿洲的水系演变. 地理学报，29（3）：241～249.

霍涅尔，陈宗器. 1935. 中国西北之交替湖. 方志月刊，8：23～25.

韩淑媞，袁玉江. 1990. 新疆巴里坤湖35000年来古气候变化序列. 地理学报，45：350～362.

李并成. 1993. 猪野泽及其历史变迁考. 地理学报，48（1）：55～59.

李炳元. 2000. 青藏高原大湖期. 地理学报，55：174～182.

李育，王乃昂，李卓仑，等. 2012. 猪野泽中全新世干旱事件时空范围和机制. 地理科学，32：731～738.

隆浩，王乃昂，李育，等. 2007. 猪野泽记录的季风边缘区全新世中期气候环境演化历史. 第四纪研究，27（3）：371～381.

王乃昂，李卓仑，程弘毅，等. 2011. 阿拉善高原晚第四纪高湖面与大湖期的再探讨. 科学通报，56（17）：1367～1377.

颉耀文，王君婷. 2006. 基于TM影像和DEM的白碱湖湖面变化模拟. 遥感技术与应用，21：284～287.

张虎才，彭金兰. 2002. 距今42～18ka腾格里沙漠古湖泊及古环境. 科学通报，47（24）：1847～1857.

张虎才. 2010. MIS 3阶段西部环境的空间特征. 见：丁仲礼，编. 中国西部环境演化集成研究. 北京：气象出版社. 107～125.

赵强，王乃昂，李秀梅. 2008. 末次冰消期以来古猪野泽湖相地层沉积学及湖面波动历史. 干旱区资源与环境. 21（12）：161～169.

赵希涛，朱大岗，严富华，等. 2003. 西藏纳木错末次间冰期以来的气候变迁与湖面变化. 第四纪研究，23（1）：41～52.

朱大岗，孟宪刚，赵希涛，等. 2001. 纳木错湖相沉积与藏北高原古大湖. 地球学报，22（2）：149～155.

朱大岗，孟宪刚. 2004. 西藏纳木错地区第四纪环境演变. 北京：地质出版社. 25～93.

Chen K Z，Bowler J M. 1986. Late Pleistocene evolution of salt lakes in the Qaidam basin，Qinghai province，China. Palaeogeography，Palaeoclimatology，Palaeoecology，54（1）：87～104.

Fan Q，Lai Z，Long H，et al. 2010. OSL chronology for lacustrine sediments recording high stands of

Gahai Lake in Qaidam Basin, northeastern Qinghai-Tibetan Plateau. Quaternary Geochronology, 5 (2): 223～227.

Liu X, Lai Z, Fan Q, et al. 2010. Timing for high lake levels of Qinghai Lake in the Qinghai-Tibetan Plateau since the Last Interglaciation based on quartz OSL dating. Quaternary Geochronology, 5 (2): 218～222.

Long H, Lai Z, Wang N, et al. 2010. Holocene climate variations from Zhuyeze terminal lake records in East Asian monsoon margin in arid northern China. Quaternary Research, 74 (1): 46～56.

Long H, Lai Z, Wang N, et al. 2011. A combined luminescence and radiocarbon dating study of Holocene lacustrine sediments from arid northern China. Quaternary Geochronology, 6 (1): 1～9.

Long H, Lai Z, Fuchs M, et al. 2012. Timing of Late Quaternary palaeolake evolution in Tengger Desert of northern China and its possible forcing mechanisms. Global and Planetary Change, 92-93: 119～129.

Madsen D B, Haizhou M, Rhode D, et al. 2008. Age constraints on the late Quaternary evolution of Qinghai Lake, Tibetan Plateau. Quaternary Research, 69 (2): 316～325.

Mischke S, Demske D, Schudack M E. 2003. Hydrologic and climatic implications of a multidisciplinary study of the Mid to Late Holocene Lake Eastern Juyanze. Chinese Science Bulletin, 48 (14): 1411～1417.

Norin E. 1980. Sven Hedin Central Asia Atlas, Memoir on Maps. VolⅢ. Stockholm: Statens Etnografiska Museum. 94～110

Pachur H J, Wünnemann B, Zhang H. 1995. Lake evolution in the Tengger Desert, Northwestern China, during the last 40, 000 years. Quaternary Research, 44: 171～180.

Rhode D, Haizhou M, Madsen D B, et al. 2010. Paleoenvironmental and archaeological investigations at Qinghai Lake, western China: Geomorphic and chronometric evidence of lake level history. Quaternary International, 218 (1): 29～44.

Rhodes T E, Gasse F, Lin R, et al. 1996. A Late Pleistocene Holocene lacustrine record from Lake Manas, Zunggar (northern Xinjiang, western China). Palaeogeography Palaeoclimatology Palaeoecology, 120 (1): 105～121.

Shi Y, Yu G, Liu X, et al. 2001. Reconstruction of the 30～40 kaBP enhanced Indian monsoon climate based on geological records from the Tibetan Plateau. Palaeogeography Palaeoclimatology Palaeoecology, 169 (1): 69～83.

Wünnemann B, Hartmann K. 2001. Morphodynamics and Paleohydrography of the Gaxun Nur Basin, Inner Mongolia, China. Zeitschrift Fur Geomorphologie Supplementband, 147～168.

Yang L, Chen F, Chun X, et al. 2008. The Jilantai Salt Lake shorelines in northwestern arid China revealed by remote sensing images. Journal of arid environments, 72 (5): 861～866.

Yang X, Liu T, Xiao H. 2003. Evolution of megadunes and lakes in the Badain Jaran Desert, Inner Mongolia, China during the last 31, 000 years. Quaternary International, 104 (1): 99～112.

Zhang H, Ma Y, Li J J, et al. 2001. Palaeolake evolution and abrupt climate changes during last glacial period in NW China. Geophysical Research Letters, 28 (16): 3203～3206.

Zhang H, Wünnemann B, Ma Y, et al. 2002. Lake Level and Climate Changes between 42 000 and 18 000 ^{14}C a BP in the Tengger Desert, Northwestern China. Quaternary Research, 58 (1): 62～72.

Zhang H, Peng J, Ma Y, et al. 2004. Late Quaternary palaeolake levels in Tengger Desert, NW China. Palaeogeography Palaeoclimatology Palaeoecology, 211: 45～48.

第4章　猪野泽晚第四纪沉积地层与年代

4.1　猪野泽沉积地层

河西走廊地区是我国主要的内陆河流域之一，内陆河在其尾闾地区较易形成终端湖泊。处于干旱区的内陆终端湖泊，蒸发量较大，导致湖水含盐量较高，所以湖泊沉积物受碳库效应影响显著。在猪野泽地区，已有兰州大学王乃昂教授领导的本书作者（Li and Morll，2009a，2009b，2011，2012a，2012b；Li et al.，2010，2013）及 Pachur（1995），张虎才等（Zhang et al.，2001，2002，2004，2006）等多个研究团队进行了晚第四纪地层学及年代学研究，为猪野泽地区地层对比研究和建立可靠的年代序列打下坚实基础（图 4.1）。

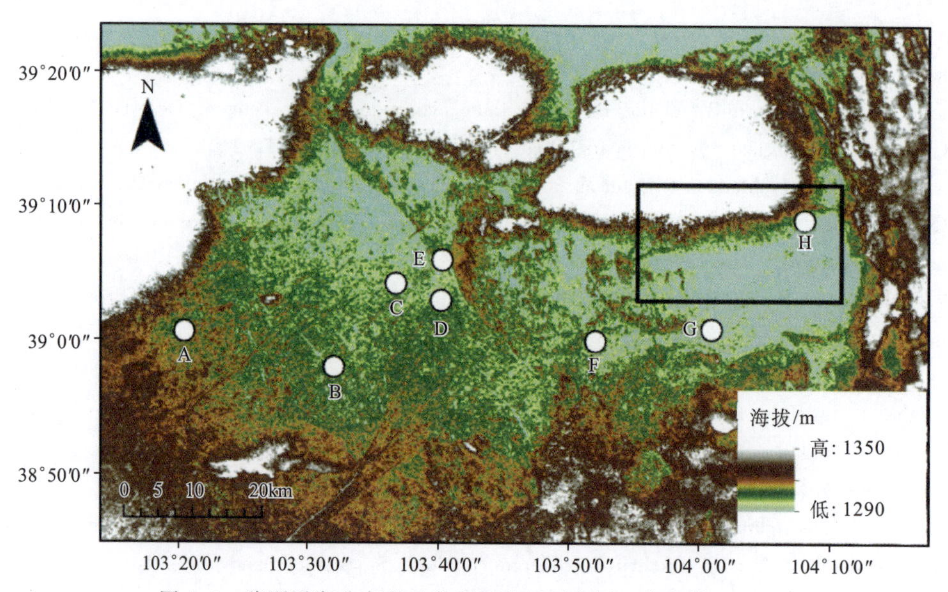

图 4.1　猪野泽湖盆高程及各剖面位置示意图（李育等，2012）

白色实心圆指示了猪野泽 10 个全新世沉积剖面位置：A. Sanjiaocheng 剖面；B. XQ 剖面；C. QTL-03 剖面；D. QTH01 剖面和 QTH02 剖面；E. Yiema 剖面；F. SKJ 剖面；G. Baijianhu 剖面；H. BJ-S2 剖面和 JTL 剖面。方框所示区域为古湖岸堤所在位置

猪野泽各剖面沉积物显示出湖相层与风成沉积层交错出现的特征。其中，湖相沉积物以青灰色粉砂为主，多夹杂褐色锈斑，偶尔出现极细小黄色砂层。分地区存在黑色泥炭沉积层。晚更新世以来的湖相沉积物中富含碳酸盐，并往往伴有螺壳或蜗牛等软体动物的壳体残渣。同时，湖相沉积层之间往往夹杂有厚度不等的青灰色或黄褐色砂层，因

位于猪野泽湖盆相对位置的差异，这些砂层可能指示了湖泊水动力条件的变化过程，或临近区域风沙活动状况。此外，各剖面顶部通常沉积了不同厚度的晚全新世风成沉积物，说明该区域晚全新世以来湖泊退缩强烈，湖相沉积层被风成沉积物所替代（李育等，2012）。

4.2　猪野泽沉积物年代学

利用湖泊沉积物进行古气候、环境重建的可信度在很大程度上依赖于严格地层年代学框架的建立及其可靠性与分辨率。随着第四纪年代学的发展，有关定年技术正向高灵敏度探测、样品少、精度高的方向改进。在年代序列的建立过程中，以下环节具有至关重要的作用：①年代样品的采集方法及采集层位；②年代样品测试之前的制备方法；③对于测试出的年代样品进行“碳库效应”校正和树轮校正。为了获得尽可能真实的年代数据，在采样过程中，首先要做好精细分层采样的地层控制；选择湖泊沉积物测年样品时，需要选择未受改造或发生再堆积、保存完好有机质含量较高的沉积物，测定其普通^{14}C 年代，并选择蜗牛化石或植物残体等测定 AMS^{14}C 年代，以确保样品年代数据的可靠性和精确度。

美国科学家 W. F. Libby 创立了稳定碳同位素测年的方法，也因为这项成就，他获得了 1960 年的诺贝尔化学奖（Arnold and Libby，1949）。从^{14}C 测年法发明以后，在考古和环境变化领域广泛应用，并引起了学术界的一场革命。常规^{14}C 测年对样品量的要求较大，需要从年代样品中提取 5g 左右的纯碳才能进行较精确地定年。随着加速质谱仪（AMS）^{14}C 测年技术的发展，使得测量小样本量的^{14}C 年代成为可能。碳库效应指由于测年样品形成后样品中的^{14}C 和^{12}C 的比值因各种原因没有反映当时大气中的^{14}C 和^{12}C 的比值所造成的测年结果和样品实际年龄的误差。造成^{14}C 测年碳库效应的原因有许多，湖泊沉积物中碳库效应主要由于水生植物在进行光合作用时，利用了溶解在水中的较老的碳酸盐类分解出的二氧化碳，或者测年样品中掺杂了早期就死亡的水生植物遗体，而导致测出的年代偏老，湖泊碳库效应对^{14}C 年代测定的影响在不同的湖泊差别较大（Bradley，1985；Regnell，1992；Geyh et al.，1998；孙湘君等，1993；任国玉，1998）。对于湖泊沉积碳库效应的解决办法，首先是挑选合适的测年材料，如湖泊沉积物中的陆源植物残体、孢粉等（周卫建等，1998，2001）。为了获得尽可能真实的年代数据，必须做好精细分层采样的地层控制，选用沉积物中保存完好的陆源植物残体测年，这是在缺乏年纹泥校正绝对年代情况下提高湖泊沉积物年代精度的根本途径。对于不同时段或不同测年物质，可采用不同的技术方法，并相互比较和检验。总之，采样控制、测年物质、物源复杂、再沉积作用、测年技术、δ^{13}C 校正、碳库校正、日历年龄校正等均需要事先有所考虑。相对于陆生植物或有机物来讲，水生植物遗体容易受到湖泊“碳库效应”的影响而使年代偏老，为了校正湖泊沉积物中水生有机质或植物残体的^{14}C 年代，可以选择同一层位的陆生植物残体进行测年，然后比较二者之间的差值，这样可以估算该层位碳库效应的影响。在干旱地区，湖泊沉积物的氧化性较强，陆生植物残体不易在湖相地层中保存，这为评价湖泊沉积物的碳库效应带来了很多困难，随着

AMS ^{14}C 测年技术的发展，使用孢粉浓缩物测年成为了可能，但是前处理过程较为复杂，需要反复离心、筛选、重液分离才能有效地去除各种杂质，年代样品的总孢粉浓度也是孢粉浓缩物测年的限制因素之一。如果剖面中缺乏陆生植物残体，孢粉浓缩物总量也达不到年代测定所需量的时候，可以测定现代湖水的 ^{14}C 年代或者湖泊表层沉积物的年代，这种方法可以用来估算该湖泊现代的碳库效应，不过各个沉积时代，“碳库效应”的影响会有差别，测定现代湖水或者湖泊表层沉积物的年代，只是为校正碳库效应提供一个背景参考。猪野泽地区沉积剖面及年代见表 4.1～表 4.3。

表 4.1 猪野泽地区沉积剖面基本信息

编号	剖面名称	经纬度 (lat, long)	海拔/m	深度/m	参考文献
1	Sanjiaocheng	39°00′N 103°20′E	1320	7.00	Chen et al., 2001, 2003, 2006
2	XQ	38°58′N 103°32′E	1316	8.50	/
3	QTL-03	39°04′N 103°36′E	1302	3.80	Zhao et al., 2008
4	QTH01	39°03′N 103°40′E	1309	7.50	Li et al., 2009a, b
5	QTH02	39°03′N 103°40′E	1309	7.40	Li et al., 2009a, b
6	Yiema	39°06′N 103°40′E	1300	6.00	Chen et al., 1999
7	SKJ	39°00′N 103°52′E	1305	3.55	/
8	Baijianhu	39°01′N 104°01′E	1298	3.50	Pachur et al., 1995; Zhang et al., 2004
9	BJ-S2	39° 09′N 104° 08′E	1308	2.40	Long et al., 2012
10	JTL	39° 09′N 104° 08′E	1308	3.00	/

根据所处位置的不同，按猪野泽湖盆中部、猪野泽东侧湖盆和猪野泽西侧湖盆，将所有 10 个沉积剖面分为三组，进行沉积地层对比和年代学讨论。

表 4.2 Baijianhu、Yiema、QTL-03、Sanjiaocheng、QTH01、QTH02、XQ、JTL 和 SKJ 剖面 ^{14}C 年代

剖面及深度 /m	测年材料	^{14}C 年代 /(a B.P.)	^{14}C 年代校正结果 (2σ)/(cal. a B.P.)	实验室编号 /参考文献
Baijianhu				
0.26	有机碳	970±60	866 (738-977)	Zhang et al., 2004
0.34	有机碳	1910±60	1852 (1714-1988)	Zhang et al., 2004
0.57	有机碳	3320±130	3567 (3263-3890)	Zhang et al., 2004
0.92	有机碳	6420±70	7347 (7177-7460)	Zhang et al., 2004
0.92	有机碳	6670±100	7543 (7334-7703)	Zhang et al., 2004
2.90	有机碳	18620±325	22183 (21429-23256)	Pachur et al., 1995
Yiema				
0	有机质	2580±60	2661 (2461-2842)	Chen et al., 1999
0.23	有机质	1310±60	1233 (1074-1314)	Chen et al., 1999
0.40	有机质	2030±50	1988 (1882-2120)	Chen et al., 1999

续表

剖面及深度/m	测年材料	^{14}C年代/(a B. P.)	^{14}C年代校正结果(2σ)/(cal. a B. P.)	实验室编号/参考文献
0.45	有机质	2560±80	2615 (2362-2784)	Chen et al., 1999
0.53	有机质	4230±85	4744 (4523-5030)	Chen et al., 1999
3.50	有机质	9010±160	10108 (9629-10552)	Chen et al., 1999
4.40	有机质	11350±274	13215 (12673-13746)	Chen et al., 1999
QTL-03				
0.40	有机质	2835±35	2941 (2857-3063)	Zhao et al., 2008
1.18	有机质	2675±40	2784 (2744-2853)	Zhao et al., 2008
2.06	有机质	3860±35	4290 (4156-4412)	Zhao et al., 2008
3.74	有机质	6285±35	7216 (7159-7289)	Zhao et al., 2008
3.80	有机质	11445±50	13312 (13180-13428)	Zhao et al., 2008
Sanjiaocheng				
0.10	有机质	4873±130	5614 (5321-5902)	Chen et al., 2001, 2003, 2006
0.90	碳屑	2450±50	2525 (2356-2708)	Chen et al., 2001, 2003, 2006
1.20	碳屑	3000±95	3180 (2893-3393)	Chen et al., 2001, 2003, 2006
1.45	碳屑	3110±80	3320 (3077-3548)	Chen et al., 2001, 2003, 2006
1.45	有机质	3641±95	3967 (3699-4235)	Chen et al., 2001, 2003, 2006
1.65	有机质	4010±60	4490 (4294-4804)	Chen et al., 2001, 2003, 2006
2.60	有机质	6214±75	7109 (6910-7274)	Chen et al., 2001, 2003, 2006
3.00	有机质	7670±135	8482 (8181-8969)	Chen et al., 2001, 2003, 2006
3.30	有机质	7888±140	8746 (8408-9086)	Chen et al., 2001, 2003, 2006
4.70	碳屑	9840±90	11271 (10882-11692)	Chen et al., 2001, 2003, 2006
4.70	有机质	10374±260	12118 (11275-12680)	Chen et al., 2001, 2003, 2006
5.25	有机质	14340±250	17454 (16869-18023)	Chen et al., 2001, 2003, 2006
5.40	孢粉浓缩物	15900±140	19104 (18798-19412)	Chen et al., 2001, 2003, 2006
5.70	有机质	15262±450	18420 (17473-19416)	Chen et al., 2001, 2003, 2006
QTH01				
2.25	有机质	1550±60	1447 (1316-1551)	LUG96-44
2.50	有机质	2470±90	2547 (2351-2740)	LUG96-45
2.62	螺壳	3140±40	3369 (3263-3448)	BA05223
2.90	有机质	3300±90	3537 (3356-3821)	LUG96-46
3.15	有机质	4130±110	4652 (4298-4953)	LUG96-47
3.15	螺壳	4160±40	4702 (4571-4831)	BA05224
3.60	有机质	4530±80	5168 (4881-5449)	LUG96-48
4.25	有机碳	5960±65	6796 (6652-6953)	LUG96-49
4.25	螺壳	5920±40	6742 (6658-6854)	BA05225
4.25	孢粉浓缩物	6510±40	7429 (7322-7494)	BA101234

续表

剖面及深度/m	测年材料	^{14}C 年代/(a B. P.)	^{14}C 年代校正结果(2σ)/(cal. a B. P.)	实验室编号/参考文献
5.37	有机质	8412±62	9437 (9293-9530)	LUG02-25
5.61	孢粉浓缩物	14220±50	17299 (16989-17599)	BA101237
5.72	有机质	9183±60	10353 (10234-10502)	LUG02-23
QTH02				
1.99	孢粉浓缩物	4300±25	4856 (4830-4958)	BA101254
3.88	螺壳	6550±40	7461 (7344-7563)	BA05222
3.88	孢粉浓缩物	7705±35	8487 (8413-8575)	BA101256
4.75	螺壳	6910±40	7739 (7671-7833)	BA05221
4.75	孢粉浓缩物	7735±35	8510 (8432-8587)	BA101257
5.91	螺壳	11175±50	13069 (12875-13241)	BA05218
XQ				
0.45	有机质	3628±58	3946 (3731-4144)	Zhao et al., 2008
0.48	孢粉浓缩物	5855±30	6678 (6567-6745)	BA101249
1.62	有机质	5176±68	5937 (5746-6177)	Zhao et al., 2008
2.28	有机质	3758±65	4126 (3926-4405)	Zhao et al., 2008
3.51	有机质	21101±220	25220 (24539-25862)	Zhao et al., 2008
3.98	孢粉浓缩物	22380±100	27063 (26301-27716)	BA101248
4.29	有机质	18803±207	22431 (21816-23290)	Zhao et al., 2008
6.00	有机质	22158±189	26618 (26052-27580)	Zhao et al., 2008
6.03	孢粉浓缩物	21000±120	25045 (24575-25510)	BA101247
6.23	有机质	10400±80	12275 (12029-12555)	Zhao et al., 2008
7.42	有机质	12688±117	14992 (14237-15572)	Zhao et al., 2008
8.13	孢粉浓缩物	15360±60	18619 (18499-18792)	BA101246
8.27	有机质	11650±110	13512 (13290-13753)	Zhao et al., 2008
JTL				
0.98	有机质	6071±80	6939 (6744-7162)	LUG-03-08
1.00	孢粉浓缩物	8000±40	8875 (8663-9009)	BA101253
1.29	有机质	6350±114	7271 (6987-7475)	LUG-03-07
1.50	有机质	7410±140	8224 (7952-8454)	LUG-03-06
1.81	有机质	6688±100	7558 (7419-7732)	LUG-03-05
SKJ				
0.58	孢粉浓缩物	3630±25	3941 (3866-4070)	BA101239
0.93	有机质	2541±57	2605 (2366-2759)	Zhao et al., 2008
1.14	有机质	4808±70	5525 (5324-5659)	Zhao et al., 2008

表 4.3 QTH01 剖面 12 个 OSL 年代和 BJ-S2 剖面的 7 个 OSL 年代（Long et al., 2010, 2011, 2012）。所有年代均校正至 AD 1950 以便与 ^{14}C 年代对比

深度/m	K/%	Th/ppm*	U/ppm	剂量/(Gy/ka)	De/Gy	OSL 年代/(ka B. P.)
QTH01 剖面						
1.30	1.93±0.06	10.16±0.35	2.50±0.25	3.32±0.24	4.10±0.10	1.2±0.1
1.70	1.93±0.06	6.04±0.27	1.11±0.18	2.65±0.20	4.70±0.09	1.8±0.1
2.50	0.58±0.03	2.65±0.16	11.19±0.35	2.02±0.16	4.70±0.10	2.3±0.2
2.90	0.97±0.04	4.34±0.20	6.27±0.27	1.76±0.13	6.50±0.20	3.7±0.3
3.75	0.32±0.02	1.70±0.14	4.08±0.21	0.76±0.07	4.10±0.30	5.3±0.6
4.55	1.30±0.05	2.93±0.18	4.47±0.23	1.63±0.12	11.80±0.50	7.2±0.6
4.95	0.97±0.03	2.82±0.17	8.10±0.28	1.49±0.12	11.50±0.30	7.7±0.7
5.60	1.17±0.04	5.48±0.25	10.65±0.35	2.21±0.18	21.60±0.50	9.7±0.8
6.00	1.46±0.05	7.63±0.27	7.74±0.30	2.08±0.16	24.50±1.00	11.8±1.0
6.50	1.88±0.06	7.13±0.27	1.50±0.21	1.87±0.14	25.41±0.41	13.6±1.1
7.00	1.97±0.06	5.31±0.24	1.27±0.20	2.31±0.19	30.26±0.31	13.0±1.1
7.50	1.97±0.06	4.42±0.21	1.09±0.20	2.40±0.19	36.90±0.37	15.4±1.2
BJ-S2 剖面						
0.30	1.70±0.06	7.82±0.26	2.96±0.18	3.34±0.19	21.85±0.69	6.5±0.4
0.60	1.85±0.09	6.72±0.15	1.41±0.11	3.02±0.19	22.30±0.40	7.4±0.5
0.90	1.93±0.06	5.89±0.24	1.66±0.17	3.09±0.18	22.30±0.60	7.2±0.5
1.30	1.86±0.06	5.76±0.23	1.23±0.16	2.90±0.18	28.00±0.50	9.6±0.6
1.60	1.77±0.07	4.85±0.21	1.06±0.16	2.72±0.17	25.50±0.50	9.4±0.6
1.90	1.53±0.06	6.26±0.27	1.48±0.16	2.67±0.16	33.80±0.20	12.7±0.8
2.40	1.75±0.06	6.27±0.27	1.69±0.15	2.91±0.18	40.10±1.20	13.8±0.9

* 1ppm=10^{-6}

1. 猪野泽湖盆中部的 QTL-03 剖面，QTH01、02 剖面和 Yiema 剖面（图 4.2）

QTH01 和 QTH02 剖面位于猪野泽中部，剖面地表海拔 1309m。剖面位置位于终端湖泊腹地，对于湖泊水位高低的变化较为敏感，这样也有利于研究全新世猪野泽湖泊的演化过程。两剖面靠近相距不足百米，地理坐标为 39°03′N，103°40′E。剖面（需采样一侧）自上而下刮去表面层，露出新鲜层理，并进行系统样品和年代样品采集。

QTH01 剖面深度 6.92m，共采集剖面样品 292 个，在湖相沉积层位为 2cm 间隔采样，砂层或砂黄土层位为 5cm 间隔采样。QTH01 剖面共采集年代样品 11 个，用于放射性碳同位素测年，其中在距地表 262cm、315cm、425cm 三个层位的年代样品为蜗牛化石，用于 AMS ^{14}C 测年。QTH01 剖面所有样品均完成了粒度、磁化率、碳酸盐含量、总有机碳、C/N 和有机碳同位素分析。QTH02 剖面深度为 7.36m，共采集 2 组样品，一组为全剖面 2cm 间隔采样，用于粒度测试；另一组为全剖面 10cm 间隔采样，用

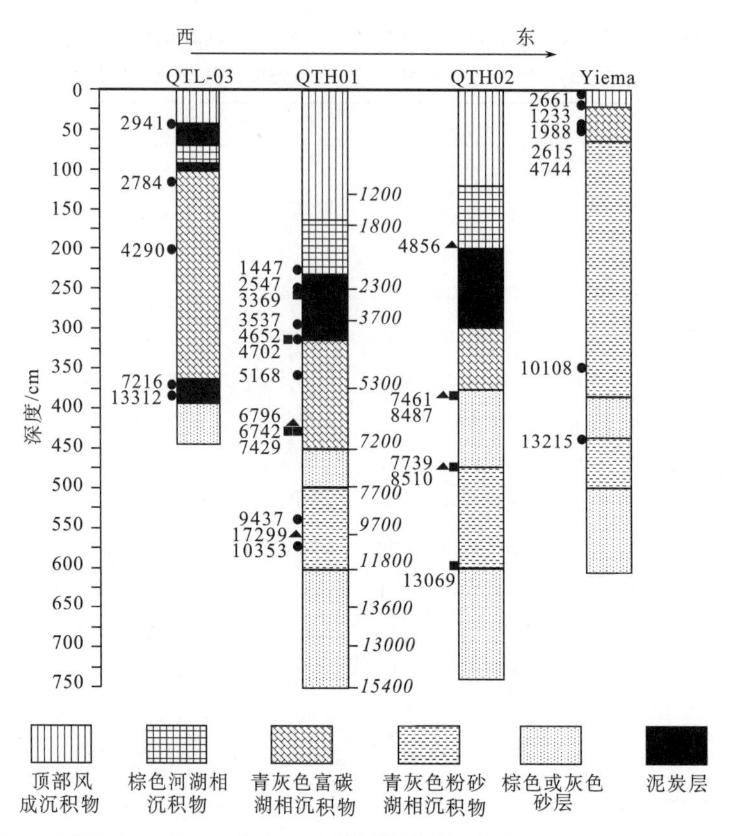

图 4.2　QTH01，QTH02，QTL-03 和 Yiema 剖面岩性，^{14}C 年代（cal a BP）和 OSL（a BP）年代

圆形表示全样有机^{14}C 年代，正方形表示碳酸盐或壳体^{14}C 年代，

三角形表示炭屑或孢粉浓缩物 AMS ^{14}C 年代，斜体为 OSL 年代

图 4.3　QTH02 剖面全景（李育，2009）

于孢粉分析，在 QTH02 剖面也采集了 3 个蜗牛化石样品进行 AMS ^{14}C 测年。QTH01 与 QTH02 两剖面的沉积层序列基本相同，按岩性大致分为以下 7 段（图 4.3，图 4.4），描述如下：A：灰黄色或黄褐色黄土状风成沉积物，粒径来看大都为粉砂和砂，黏土含量较少，沉积物中夹杂植物根系，剖面顶部为现代荒漠土壤，受到人类活动影响。B：红褐色粉砂状黏土，沉积物胶结成块状，包含褐色锈斑。C：黑色或灰黑色泥炭沉积物，与灰绿色、灰白色湖相沉积物形成条带状的沉积物，从沉积物粒径来看，该段沉积物为砂含量较高，其次为粉砂，粒度参数存在一定波动，并且可以在该层位找到一些砾石，这种泥炭与湖相沉积物夹杂的地层指示该时期湖面在波动中退缩。D：灰白色湖相沉积物，碳酸盐

含量很高，从粒径来看为黏土状粉砂，该时期粒度参数波动不大，沉积环境较稳定。E：灰色砂层，沉积物颗粒以砂为主，在剖面上部分位置可见到斜层理，软体动物壳体化石夹杂在沉积物中，指示湖岸沉积结构。F：灰色、灰白色、灰黑色黏土状粉砂沉积物，粒度参数较为稳定。G：剖面底部为黄褐色砂层，上部变为灰色砂层，底部砂层分选较好，上部砂层中粉砂和黏土的含量提高，指示了湖泊在该时期开始形成（隆浩，2006）。

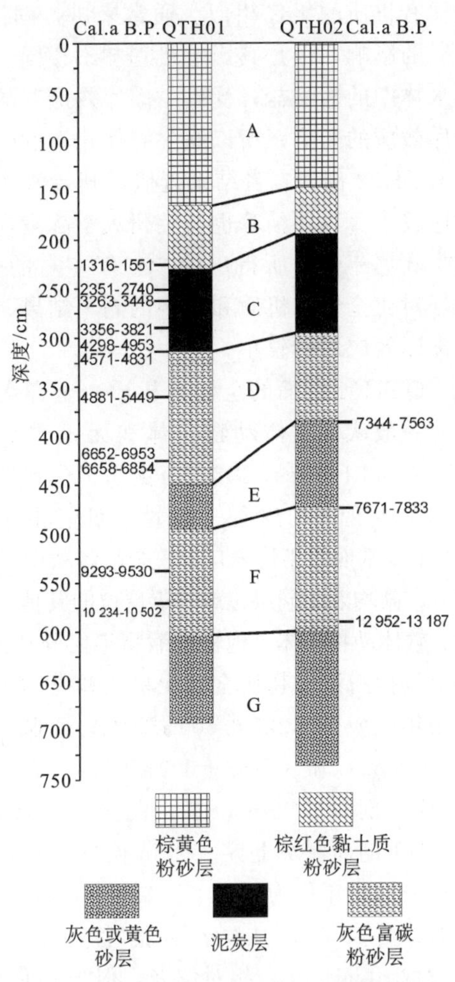

图 4.4　QTH01 与 QTH02 剖面对比及岩性示意图（李育，2009）

QTH01 和 QTH02 剖面年代框架的建立，基于采集自两个剖面的总共 14 个普通^{14}C 年代和 AMS ^{14}C 年代，及部分孢粉浓缩物年代。QTH01 的普通^{14}C 年代于 2001 年 10 月 QTH01 剖面上采集，总共包括了 8 个普通^{14}C样品，其中 7 个用于全样有机质^{14}C 年代测定，1 个用于全样无机碳^{14}C年代测定；QTH01 剖面中，还测定了 3 个层位的蜗牛壳体化石样品，样品来源于在该剖面上采集的系统样，蜗牛壳体化石样品多集中在湖相地层。QTH02 剖面的年代样品采集于 2004 年 10 月，包括 3 个层位的蜗牛壳体化石，主要集中在湖相沉积层位。为了保证提取出足量的碳，普通^{14}C 样品的采集量在 2 kg 左右。所有普通^{14}C 年代，均在兰州大学放射性碳同位素年代学实验室测定，AMS ^{14}C 年代主要在北京大学考古与文博学院 AMS ^{14}C 年代学实验室完成。QTH01 和 QTH02 剖面年代样品层位及深度、年代测定结果、年代校正结果（使用 Calib 5.1 程序将^{14}C 年龄换算成日历年）及样品实验室编号，如表 4.2 所示。QTH02 剖面的年代学样品较少，是因为两剖面相距较近，经野外对比层位，发现两剖面岩性可相互对比，QTH01 剖面年代可以根据岩性及粒度分析结果插入 QTH02 剖面使用，所以只采集了 3 个年代样品。

根据表 4.2 所示的年代结果，可以发现，在 QTH01 剖面，课题组选取了 3.15m 和 4.25m 两个层位，进行了不同测年物质的对比，用来考察碳库效应对该剖面的影响，结果显示在该两个层位，3.15m 全样有机质和蜗牛壳体化石的年代近似，只相差 30 年，甚至小于系统误差，4.25m 全样无机碳和蜗牛壳体化石的年代也近似，同样小于系统误差。为了对比同一层位的两个不同测年物质，课题组选择了两个不同的年代学实验室和不同的测年方式，这些都证明了该层位年代的可靠性。蜗牛壳体化石为有机碳测年，在 4.25m 其结果与全样无机碳测年结果相似，而且在 3.15m 层位，蜗牛壳体却与全样有机质的年代相似。通常来讲，湖泊中的软体动物壳体与有机质都受到“碳库效应”的影响，但是其影响机理却不相同。软体动物壳体碳酸盐的形成过程直接来源于湖泊水体中的碳酸盐，受到“碳库效应”的直接影响，而湖泊水生植物只是间接受到湖泊碳库效应的影响，所以蜗牛壳体化石的碳库效应应该远远大于湖泊有机质，而 QTH01 和 QTH02 剖面二者结果近似，其差值甚至小于系统误差。由此可推出，该湖泊的碳库效应较小。这项估算也与兰州大学陈发虎教授在猪野泽地区根据对比全样有机质年代和陆生碳屑年代，所得出的 500 年左右的碳库效应结果类似（陈发虎等，2001）。所以，根据对比全样有机质和蜗牛的测年结果，及综合前人研究，猪野泽全新世期间湖泊沉积物碳库效应影响较小。

QTH01 剖面的全样有机质、全样无机质和软体动物壳体的年代具有较好的一致性。一般认为软体动物壳体和无机质中无机碳部分来自于湖水中的 CO_3^{2-} 和 HCO_3^-（Fritz and Fontes，1980），更易于受到硬水效应的影响，会老于有机质年代，QTH01 剖面所体现出的这种一致性，可能由于湖泊在测年物质形成时期的硬水效应较弱。QTH02 剖面的年代来自于三个软体动物壳体和三个孢粉浓缩物。从孢粉浓缩物的测年结果来看，其均老于同层位或临近层位的其他年代。其中，QTH01 剖面 4.25m 位置，全样有机质、软体动物壳体、孢粉浓缩物年代分别为（5960±65），（5920±40），（6510±40）aB. P.，同层位孢粉浓缩物比全样无机质和壳体年代分别老 550 年和 590 年；5.61m 位置孢粉浓缩物年代为（14220±50）aB. P.，而临近层位 5.37m 和 5.72m 的全样有机质年代为（8412±62）和（9183±60）a B. P.，孢粉浓缩物比上、下层位年代均偏老超过 5000a。QTH02 剖面 1.99m 位置，泥炭层上界的孢粉浓缩物年代为（4300±25）aB. P.，比 QTH01 剖面泥炭上界 2.25m 位置的年代（1550±60）a 偏老 2750a，砂层上、下界的孢粉浓缩物年代为（7705±35）和（7735±35）aB. P.，比壳体的年代（6550±40）和（6910 ± 40）aB. P. 分别偏老 1155a 和 825a。QTL-03 剖面底部的一个年代（13312cal. aB. P.）相对偏老，但与 QTH01 和 QTH02 剖面相比，QTL-03 剖面并未深入到晚冰期，这个年代可能受到硬水效应的影响。Yiema 剖面的两个全样有机质年代（13215 和 10108 cal. aB. P.）表明，晚冰期到早、中全新世过渡期的沉积物在千年尺度上以青灰色沉积物为主。

2. 猪野泽东侧湖盆的 Baijianhu 剖面，SKJ 剖面，BJ-S2 剖面和 JTL 剖面（图 4.5）

SKJ 和 JTL 为猪野泽东侧子湖盆白碱湖的两个全新世剖面，SKJ 剖面位于猪野泽中部，地理坐标 39°00′N，103°52′E，海拔 1305m，采集厚度 3.55m。剖面除在距地表 14～24cm 处为浅褐色黏土层，其余部分由砂层和粉砂层夹杂两个湖相沉积层位（45～90cm，190～240cm）构成。JTL 剖面位于白碱湖东北部岸堤，地理坐标 39°09′N，104°08′E，海拔 1308m，采集厚度 2.70m。剖面 183cm 以下为砾石层，95～130cm 和 149～183cm 为灰白色湖相粉砂层，其余均为砂砾层。综合来看，虽然 JTL 剖面细砂含量相对较低，但 SKJ、JTL 剖面总体含砂量较高，这可能与本地区沉积物受腾格里沙漠风沙活动的影响较大有关。

Baijianhu 剖面年代结果显示，在千年尺度上，22183～7543cal. a B. P. 为连续的青

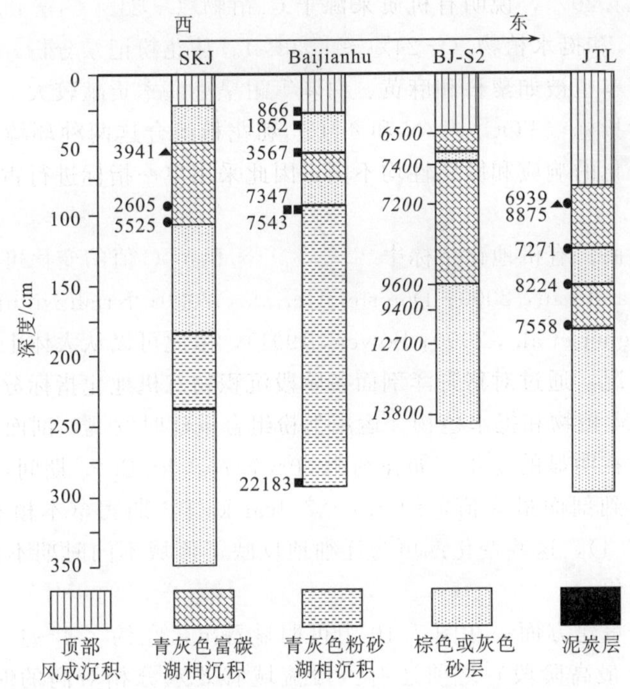

图 4.5　SKJ 剖面，Baijianhu 剖面，BJ-S2 剖面和 JTL 剖面岩性，^{14}C 年代（cal a BP）和 OSL（a BP）年代

圆形表示全样有机^{14}C 年代，正方形表示碳酸盐或壳体^{14}C 年代，三角形表示炭屑或孢粉浓缩物 AMS ^{14}C 年代，斜体为 OSL 年代

灰色湖相沉积物；中全新世富含碳酸盐的河湖相沉积物（7347～3567cal. a B. P.）与猪野泽中部的剖面一致。BJ-S2 剖面的七个 QSL 年代结果表明早、中全新世碳酸盐富集的湖泊沉积相对连续。JTL 剖面与 BJ-S2 剖面较近，四个全样有机质年代有轻微倒置，但是总体较一致，均指示该剖面湖相沉积层位形成于中全新世，孢粉浓缩物年代老于同层位全样有机质年代 1929a，其岩性与年代与 BJ-S2 剖面较为相似。中全新世湖相沉积物中存在的大量碳酸盐，在早全新世和晚全新世并未发现。SKJ 剖面位于猪野泽中部，岩性和年代与湖盆中部较为一致，其^{14}C 年代来源于两个全样有机质和一个孢粉浓缩物，全样有机质年代显示上部的湖相沉积层形成于中、晚全新世，孢粉浓缩物年代也同样指示为晚全新世，但是比下部的全样有机质年代偏老。SKJ 剖面富含碳酸盐的青灰色湖相沉积物同样在中全新世（5525～3941cal. a B. P.）富集，早全新世为粉砂质湖相沉积物。

3. 猪野泽西侧湖盆的 Sanjiaocheng 剖面和 XQ 剖面（图 4.6）

XQ 剖面位于猪野泽西部，距离石羊河的入湖口较近。剖面中 8.30m 和 4.15m 处地层分别由黄色的风成砂沉积变为湖相沉积，剖面共测得 9 个^{14}C 年代数据，可能是由于较老物质被流水携带的缘故，导致了明显的年代倒置现象。因此，并不能根据年代数

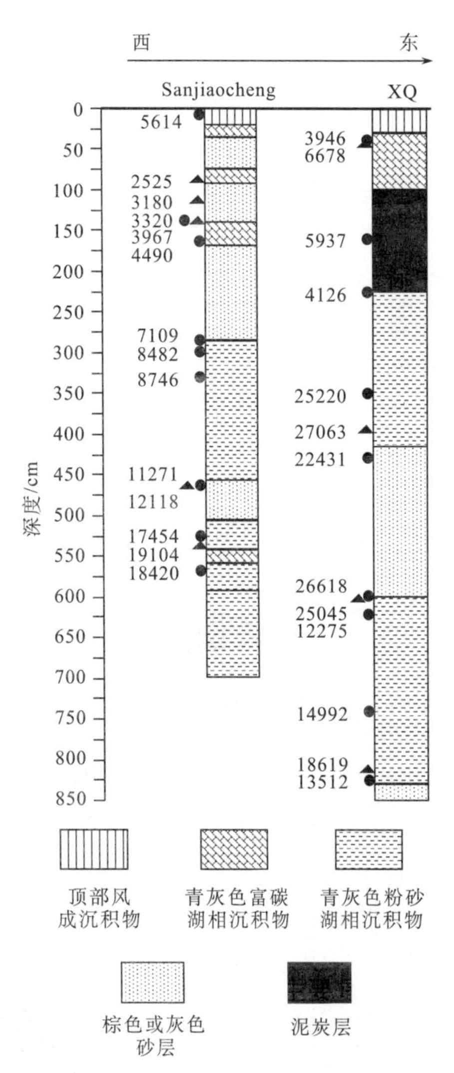

图 4.6　Sanjiaocheng 剖面和 XQ 剖面岩性，^{14}C 年代（cal a B. P.）和 OSL（a B. P.）年代圆形表示全样有机^{14}C 年代，正方形表示碳酸盐或壳体^{14}C 年代，三角形表示炭屑或孢粉浓缩物 AMS ^{14}C年代，斜体为 OSL 年代

据来进行气候阶段的划分，只有依据地层岩性的对比分析判断，并根据已知的准确年代进行地层年代控制。考虑到两次湖相沉积发育的同时性，因此 8.30m 和 4.15m 处的年代可以定为 13000a B. P. 和 6700a B. P.。其年代结果最为复杂。根据该剖面全样有机质年代，其最底部年代显示为末次冰消期，下部湖相层的其他两个全样有机质结果也显示为末次冰消期，但在下部湖相层和中部砂层交接的位置，一个全样有机质年代则显示为末次盛冰期，砂层以上湖相层的两个全样有机质也显示了末次盛冰期的年代，再往上泥炭层和湖相沉积层的三个全样有机质年代显示为中、晚全新世。从整体趋势来看，孢粉浓缩物与全样有机质的年代趋势类似，最底部孢粉浓缩物年代显示为末次冰消期，底部湖相层与砂层交接位置的孢粉浓缩物显示末次盛冰期的年代，砂层上部孢粉浓缩物年代同样显示为末次盛冰期，最上部湖相层孢粉浓缩物年代显示为中全新世。四个孢粉浓缩物年代显示的结果除了砂层下部的年代比全样有机质年轻 1158 a 外，其他结果均老于同层位的全样有机质年代。Sanjiaocheng 剖面海拔 1320m，为一人工开挖的探槽剖面，厚 700cm，由厚层湖相亚黏土夹多层泥炭层及风成的薄层细粉砂组成。剖面沉积连续，无间断。Sanjiaocheng 剖面的 14 个年代建立了约 18cal. ka B. P. 以来相对较好的年代序列。晚冰期到早全新世千年尺度下，青灰色湖相沉积物在 12118～7109cal. a B. P. 间连续；中全新世上部（对应深度约 225～100cm）为富含碳酸盐的湖相沉积物。

综合猪野泽湖盆不同位置 10 个全新世剖面 102 个^{14}C 年代和 35 个 OSL 年代，可得出如下结论：猪野泽中部末次冰期和早全新世湖相沉积开始于约 13cal ka BP，甚至更早。在 QTH01 和 QTH02 剖面，早全新世沉积物与中全新世沉积物在碳酸盐含量上有明显差异；在猪野泽西侧湖盆晚冰期至早全新世，青灰色湖相沉积物在千年尺度下连续沉积，开始时间约为 13cal. ka B. P.；而在猪野泽东侧湖盆在早全新世也形成了青灰色湖相沉积物，这种情况在 SKJ 和 Baijianhu 剖面尤为明显。因此，在整个猪野泽湖盆，晚冰期和早全新世，青灰色湖相沉积层在约 13cal. ka B. P. 时开始沉积，并在猪野泽不同位置广泛存在；约 7.5cal. ka B.P. 到约 3.0cal. ka B.P.，猪野泽湖盆中主要是富含碳酸盐的湖相沉积物；晚全新世则以湖泊退缩为主要特征。

参考文献

陈发虎，朱艳，李吉均. 2001. 民勤盆地湖泊沉积记录的全新世千百年尺度夏季风快速变化. 科学通报，46：1414～1419.

李育，王乃昂，李卓仑，等. 2012. 通过孢粉浓缩物 AMS ^{14}C测年讨论猪野泽全新世湖泊沉积物再沉积作用. 中国科学（D辑）：42（9）：1429～1440.

隆浩. 2006. 季风边缘区全新世中期气候变化的古湖泊记录. 兰州大学硕士毕业论文.

任国玉. 1998. 内蒙古湖相沉积中^{14}C年代测定中"硬水"影响的发现. 湖泊科学，10（3）：80～82.

孙湘君，杜乃秋，陈因硕. 1993. 西藏色林错湖相沉积物的花粉分析. 植物学报，35（12）：943～950.

周卫建，周杰，萧家仪. 1998. 花粉浓缩物的加速器^{14}C年代测定初探. 中国科学（D辑）：28：453～458.

周卫建，卢雪峰，武振坤，等. 2001. 若尔盖高原全新世气候变化的泥炭记录与加速器放射性碳测年. 科学通报，46（12）：1040～1044.

Arnold J R，Libby W F. 1949. Age determinations by radiocarbon content：checks with samples of known age. Science，110（2869）：678～680.

Bradley R S. 1985. Quaternary Palaeolimatoloty. Allen and Unwin，Boston.

Chen F，Shi Q，Wang J M. 1999. Environmental changes documented by sedimentation of Lake Yiema in arid China since the Late Glaciation. Journal of Paleolimnology，22（2）：159～169.

Chen F，Zhu Y，Li J，et al. 2001. Abrupt Holocene changes of the Asian monsoon at millennial and centennial scales：Evidence from lake sediment document in Minqin Basin，NW China. Chinese Science Bulletin，46（23）：1942～1947.

Chen F，Wu W，Holmes J A，et al. 2003. A mid-Holocene drought interval as evidenced by lake desiccation in the Alashan Plateau，Inner Mongolia，China. Chinese Science Bulletin，48（14）：1～10.

Chen F，Cheng B，Zhao Y，et al. 2006. Holocene environmental change inferred from a high-resolution pollen record，Lake Zhuyeze，arid China. The Holocene，16（5）：675～684.

Fritz P，Fontes J. 1980. Handbook of Environmental Isotope Geochemistry. Amsterdam：Elsevier Scientific Publishing Company.

Geyh M A，Schotterer U，Grosjean M. 1998. Temporal changes of the ^{14}C reservoir effect in lakes. Radiocarbon. 40（2）：921～931.

Li Y，Wang N A，Cheng H，et al. 2009a. Holocene environmental change in the marginal area of the Asian monsoon：A record from Zhuye Lake，NW China. Boreas，38（2）：349～361.

Li Y，Wang N A，Morrill C，et al. 2009b. Environmental changeimplied by the relationship between pollen assemblages and grain-size in NW Chinese lake sediments since the Late Glacial. Review of Palaeobotany and Palynology，154（1）：54～64.

Li Y，Morrill C. 2010. Multiple factors causing Holocene lake-level change in monsoonal and arid central Asia as identified by model experiments. Climate Dynamics，35（6）：1119～1132.

Li Y，Wang N，Li Z，et al. 2011. Holocene palynological records and their responses to the controversies of climate system in the Shiyang River drainage basin. Chinese Science Bulletin，56（6）：535～546.

Li Y，Wang N A，Chen H，et al. 2012a. Tracking millennial-scale climate change by analysis of the modern summer precipitation in the marginal regions of the Asian monsoon. Journal of Asian Earth Sciences, 58 (1): 78～87.

Li Y, Wang N, Li Z, et al. 2012b. Reworking effects in the Holocene Zhuye Lake sediments: A case study by pollen concentrates AMS ^{14}C dating. Science China Earth Sciences, 55 (10): 1669～1678.

Li Y, Morrill C. 2013. Lake levels in Asia at the Last Glacial Maximum as indicators of hydrologic sensitivity to greenhouse gas concentrations. Quaternary Science Reviews, 60 (1): 1～12.

Long H, Lai Z, Wang N, et al. 2010. Holocene climate variations from Zhuyeze terminal lake records in East Asian monsoon margin in arid northern China. Quaternary Research, 74 (1): 46～56.

Long H, Lai Z, Wang N, et al. 2011. A combined luminescence and radiocarbon dating study of Holocene lacustrine sediments from arid northern China. Quaternary Geochronology, 6 (1): 1～9.

Long H, Lai Z, Fuchs M, et al. 2012. Timing of Late Quaternary palaeolake evolution in Tengger Desert of northern China and its possible forcing mechanisms. Global and Planetary Change, 92: 119～129.

Pachur H J, Wünnemann B, Zhang H. 1995. Lake Evolution in the Tengger Desert, Northwestern China, during the last 40 000 Years. Quaternary Research, 44 (2): 171～180.

Regnell J. 1992. Preparing pollen concentrates for AMS dating. Radiocarbon. 36 (3): 407～412.

Zhang H, Ma Y, Li J J, et al. 2001. Palaeolake evolution and abrupt climate changes during last glacial period in NW China. Geophysical Research Letters, 28 (16): 3203～3206.

Zhang H, Wünnemann B, Ma Y, et al. 2002. Lake level and climate changes between 42 000 and 18 000 ^{14}C a BP in the Tengger Desert, Northwestern China. Quaternary Research, 58 (1): 62～72.

Zhang H C, Peng J L, Ma Y Z, et al. 2004. Late quaternary palaeolake levels in Tengger Desert, NW China. Palaeogeography Palaeoclimatology Palaeoecology, 211 (1): 45～58.

Zhang H C, Ming Q Z, Lei G L, et al. 2006. Dilemma of dating on lacustrine deposits in an hyperarid inland basin of NW China. Radiocarbon, 48 (2): 219～226.

Zhao Y, Yu Z, Chen F, et al. 2008. Holocene vegetation and climate change from a lake sediment record in the Tengger Sandy Desert, northwest China. Journal of Arid Environments, 72 (11): 2054～2064.

第5章　猪野泽碎屑矿物与可溶性盐类

湖泊沉积物中矿物组合是古气候环境研究的敏感性指标之一，蕴含着丰富的区域和过去全球变化信息（金章东，2011）。不同矿物组合类型对流域环境、生物演化、风化-剥蚀速率及区域构造活动和不同时间尺度气候变化的响应（Lerman，1978；Hakanson and Jansson，1983；Jin et al.，2001，2005；Last and Smol，2001；吴艳宏等，2004），被广泛应用于古环境研究中。

湖泊沉积物所含矿物包括盐类矿物和碎屑矿物，盐类矿物是碱金属、碱土金属的卤化物，硫酸盐，碳酸盐，重碳酸盐及少量硼酸盐、硝酸盐等矿物的总称，能够揭示湖区的降水、湖水的盐度和温度等环境特征（Crowley，1993；Bryant et al.，1994；姚波等，2011），譬如，碳酸盐类矿物是古环境重建研究的重要指标，Rhodes 等（1996）将沉积物中碳酸盐含量与部分矿物及有机地化指标相结合，重建了 Lake Manas 晚更新世以来环境演变情况；Wei 和 Gasse（1999）的研究证明了碳酸盐中氧同位素对夏季风的指示意义；陈敬安等（1999，2002）通过对洱海、程海湖泊沉积物的精细采样研究，认为温度及其引起的相关变化控制了沉积物碳酸盐含量，湖泊内生碳酸钙沉淀因子可视为气候冷暖变化的良好代用指标；我国盐湖资源与生态环境备受关注（郑绵平，2010），研究其他盐类矿物，如钾盐，硫酸盐，硝酸盐等，对完善我国盐湖成盐理论体系，合理开发利用和保护盐湖资源与环境具有明显的理论意义和应用价值，郑大中和郑若锋（2006）通过研究钾盐矿床的物质来源，发现富钾热液是找寻钾盐矿床的重要指示；郑喜玉（2000）全面总结了乌尊布拉克湖特色盐类硝酸钾盐的形成环境、物质成分和沉积特征，其对硝酸钾盐的形成演化机理的探讨，扩展了我国盐湖研究的新领域；孙青等（2004）研究了9个硫酸盐型盐湖表层（0～10cm 深）沉积物中的长链烯酮，发现咸水湖和盐湖中长链烯酮不饱和度与湖泊水体温度相关性较好，可能会成为湖泊沉积物重建古温度的重要替代指标。而石英，长石等硅酸盐矿物及大多数黏土矿物，化学稳定性较好，不易风化，是碎屑矿物的主要组成矿物，可以反映源区岩石类型、风化剥蚀强度以及冰川、风力作用的方式和强度等（Morton and Hallsworth，1994，1999；Frihy et al.，1995；Ruhl and Hodges，2005；Hallsworth et al.，2000；陈丽蓉，2008；王中波等，2010），在古气候研究中应用广泛。其中，黏土矿物的形成与转化受气候条件控制，可揭示全球性环境演变特征和演变规律（Biscaye，1965；Singer，1984；Yuretich et al.，1999；何良彪，1982；汤艳杰等，2002），Mueller 等（2010）就通过研究湖泊沉积物所含黏土矿物，重建了 Guatemala 北部 Lake Petén Itza 距今 85000 年到 200 年的湖面水位波动和古气候变化。

充分认识湖泊沉积物中各类矿物组合的类型、沉积过程，对正确解释矿物学指标显得至关重要。我国拥有大量晚第四纪湖泊沉积记录，盐类矿物与碎屑矿物在这些记录中广泛存在。众多湖泊沉积矿物组合研究结果，如西北干旱区的巴里坤湖（薛积彬和钟巍，2008）、博斯腾湖（张成君等，2007）、艾丁湖（李秉孝等，1989）、呼伦湖（吉磊等，1994）、岱海（沈吉等，2001）、猪野泽（陈发虎等，2001），吉兰泰盐湖和查哈诺尔湖盆（李容全，1990；郑喜玉等，1992），以及部分青藏高原高寒区湖泊记录，如松西错（Gasse et al.，1991）、茶卡盐湖（Liu et al.，2008）等，均显示在碎屑矿物含量增加的层位，盐类矿物，尤其是碳酸盐矿物均呈现明显的低值，能明显看出盐类矿物与碎屑矿物存在的反相关关系。如何从地球科学的角度正确理解这种关系，关系到湖泊沉积物中矿物组成作为气候指标的解释和应用。

5.1　猪野泽盐类矿物

我国夏季风西北缘气候受亚热带季风系统和中纬度西风带的共同影响（Vandenberghe et al.，2006；Zhao et al.，2009），是响应长尺度气候变化最为敏感的区域之一（Thompson et al.，1989；Feng et al.，1993；D'Arrigo et al.，2000；Jacoby et al.，1996；Li et al.，1988），已成为过去全球变化研究的热点地区，已有诸多工作开展。季风变化研究对古气候重建有重要意义，针对不同时间尺度的大量研究已取得一定成果。鹿化煜等（1998）通过对洛川黄土剖面磁化率和粒度的研究，分析了2500ka来东亚季风变化的周期特征；丁仲礼和余志伟（1995）曾以黄土记录为基础，探讨了第四纪东亚季风变化的动力机制；于学峰等（2006）选取若尔盖地区高分辨率泥炭记录，重建了青藏高原东部全新世冬夏季风演化序列；Wang等（2005，2008）通过我国季风区多个石笋记录的精确同位素测试结果，讨论了东亚季风千年和轨道尺度变化，认为中国洞穴石笋高分辨率记录对了解亚洲季风气候的驱动机制有巨大潜力；Chen等（2008）通过亚洲内陆干旱区与季风区的湿度错位相变化研究，提出亚洲季风区、中亚干旱区全新世千年尺度气候变化过程存在差异，认为这种差异主要受控于亚洲季风和西风带气流全新世演化模式的不同，并据此提出千年尺度上全新世气候变化的西风模式和季风模式；Feng等（2006）综合我国干旱、半干旱区近期气候变化研究成果，分别总结了新疆地区、青藏高原北部、内蒙古高原及黄土高原西北部全新世千年尺度气候变化特征，认为我国干旱、半干旱区中全新世适宜期（8～5ka B.P.）是对气候变化延迟响应的结果。植被，生态和水循环变化有助于深化我们对全球气候变化影响自然过程的认识。Li等（2009）重建了猪野泽全新世千年尺度环境变化，同时探讨了季风边缘区气候变化与东亚季风和西风带的关系；Liang等（2006）结合树轮数据与气候、水文和历史文献资料，证实了中国北方1920s到1930s早期干旱灾害的存在，并论证了在中国干旱、半干旱地区运用树轮记录识别大规模干旱事件的可能性；Ma和Fu（2003）模拟得到了我国干旱、半干旱地区地表水文变量的年际变化特征；吴建国和吕佳佳（2009）模拟并分析了气候变化对我国干旱区分布范围的影响，认为我国荒漠化范围将增加，干旱胁迫总体上减弱。

我国夏季风西北缘气候变化研究虽已受到关注，东亚季风和西风带对气候变化的驱动机制也引起广泛讨论（An et al.，2006；李育等，2011a；Zhao and Zhao，2011；Wen et al., 2010)，但相比于我国东南地区 (Wang et al., 2005；An et al., 2000；He et al., 2004；Shao et al., 2006)，该区域受亚洲季风和西风带气流共同影响，边界条件复杂，全新世千年尺度气候变化受研究所限仍缺乏足够证据。猪野泽位于祁连山北麓，是现代亚洲季风边缘区，对气候变化响应敏感，是研究长时间尺度亚洲夏季风影响区北部边界变化的关键区域。因此，本节选择猪野泽青土湖 01、02 剖面 (QTH01、QTH02) 两个全新世剖面，进行 XRD 矿物组成和年代学分析，结合盐类矿物对气候变化的响应特征，探讨盐类矿物古环境意义，明确猪野泽全新世气候变化与亚洲季风之间的关系，以期为季风边缘区全新世千年尺度季风变化机制研究提供证据。剖面基本信息见表 5.1。

表 5.1　QTH01，QTH02 剖面地理位置、海拔及采样信息

剖面名称	地理位置	海拔/m	采集深度/cm	采集方式
QTH01	39°03′N，103°40′E	1309	641	湖相层间隔 2cm，其余层位间隔 5cm 采样
QTH02	39°03′N，103°40′E	1309	641	间隔 2cm 采样

QTH01 和 QTH02 剖面位于猪野泽湖盆中心，为探井剖面 (图 4.1)。QTH01 剖面顶部 0～165cm 深为黄色和褐色的黏土或砂质黏土沉积物，受人类活动干扰较大；165～230cm 深为棕色冲积相粉砂质粘土；230～315cm 深为粉砂质泥炭层，含有植物残体和软体动物壳体；315～450cm 深由灰色粉砂，黏土和碳酸盐组成，是典型的湖相沉积层位；450～495cm 深为青灰色砂层，含有破损的软体动物壳体；495～603cm 深为富含碳酸盐的灰色粉砂湖相沉积层；603～641cm 深为灰色或黄色砂层，分选较好。QTH02 剖面岩性特征与 QTH01 相似。

根据剖面矿物组成分析结果，QTH01，QTH02 剖面盐类矿物类型主要由碳酸盐矿物和硫酸盐矿物组成。为了更好地总结盐类矿物含量变化规律，结合岩性和年代数据，将各剖面划分为 A (晚冰期及早全新世，约 13000～7400cal. a B. P.)、B (中全新世，约 7400～3000cal. a B. P.) 和 C (晚全新世及现代，约 3000～0cal. a B. P.) 三个时段 (各剖面 A、B、C 时段对应深度见表 5.2)，同时选择各剖面存在最为普遍、含量最高的五种碎屑矿物：石英、钠长石、白云母、斜绿泥石和钙长石，来表征碎屑矿物平均含量变化，并分时段计算主要碎屑矿物，碳酸盐矿物、硫酸盐矿物和氯化物矿物含量变化及各矿物种类不同时段含量变化，最终得到 QTH01，QTH02 剖面全新世千年尺度盐类矿物和主要碎屑矿物含量变化结果 (图 5.1)，及不同种类矿物 A、B 段平均含量变化结果 (表 5.3)。

表 5.2　QTH01，QTH02 剖面 A、B、C 时段对应深度

剖面名称	时段 A	时段 B	时段 C
QTH01	430～640cm	225～430cm	0～225cm
QTH02	405～640cm	190～405cm	0～190cm

表 5.3 QTH01，QTH02 剖面盐类矿物及主要碎屑矿物平均百分含量变化

矿物平均含量/%		QTH01			QTH02		
		A	B	C	A	B	C
主要碎屑矿物	石英	24.27	9.9	28.65	21.42	15.78	28
	钠长石	17.55	6.2	16.13	19.42	9.11	23.8
	白云母	14.86	3.8	26.48	9.67	3.67	5.2
	斜绿泥石	4.23	2.7	7.35	2.67	5.33	10
	钙长石	9.55	5.05	7.3	1.08	1.11	11.2
碳酸盐	方解石	9.32	39	4.22	13.17	31.89	2.4
	文石	6.73	13.15	0	10.50	15.22	0
	白云石	0.36	0.1	2.04	0.75	0	0.4
	铁白云石	0.05	0	0	0.08	0	0
硫酸盐	石膏	0	0	1.22	0	0.33	0
	氯铅芒硝	0	0	0.04			
	重钾矾	0.23	0	0			
	黄铁钠矾	0	0.35	0	0	0	1.4
	白钠镁矾				0.92	0	0
	酸性铵矾	0.36	0	0			
	基铁矾	0.14	0	0.09			

由图 5.1 可以看出，QTH01 剖面主要碎屑矿物平均含量在 60%以上，最高达到 97%，是矿物组成的主要成分。其含量在 A 时段末期和 B 时段（225～450cm）有明显低值，平均含量 29%，最高也仅为 63%；在其余层位，QTH01 剖面主要碎屑矿物含量均较高，A 时段高值区（450～641cm 对应深度）平均百分含量达到 73.25%，但仍略低于 C 时段高值区（0～225cm）的 85.91%。QTH01 剖面碳酸盐类矿物含量在 A 时段平均含量仅为 16.45%，且主要集中在 470～570cm 对应深度，此层位碳酸盐平均含量达到 23.10%；在主要碎屑矿物含量明显较低的 B 时段（225～430cm 对应深度），碳酸盐类矿物在此大量富集，平均含量达到 51.41%，并在 401cm 深处出现全剖面最高值 81%；在 C 时段（0～225cm 对应深度），碳酸盐类矿物含量明显减少，除在 22.5cm 深处出现较高值 27%外，其余层位多在 5%以下。硫酸盐类矿物仅在 QTH01 剖面零星存在，全剖面平均含量仅为 0.83%，最高值 8%出现在 551cm 深处。QTH02 剖面各矿物类型变化规律与 QTH01 剖面相似。全剖面主要碎屑矿物平均含量为 52.19%，最高达 93%。其含量在 A 时段（405～640cm 对应深度）较为稳定，平均含量 54.25%；在 B 时段（190～405cm 对应深度）的 300～400cm 和 250cm 深左右出现两次低值，其中 300～400cm 深处平均含量低至 25.40%，而 251cm 深处仅为 7%；C 时段（0～190cm 对应深度）含量再次升高，平均含量 78.5%，最高值达到 93%。QTH02 剖面碳酸盐类矿物在 A 时段平均含量为 24.50%，进入 B 时段后含量突然升高，在 300～400cm 深处

平均含量高达58.8%，251cm深处为68%，为两个明显高值，对应主要碎屑矿物的低值区。C时段碳酸盐类矿物含量极低，仅在75cm深处略微升高，达到10%。而硫酸盐类矿物同样仅在个别层位出现，全剖面平均含量为0.81%，561cm处出现最高值11%。YC剖面主要碎屑矿物平均含量高达83.17%，最高值97%，其含量整体变化并不明显，只是在A时段初期（330～415cm对应深度）含量略低，平均含量为72.06%，最高值为87%，此外，主要碎屑矿物在地表（10cm深处）存在低值，7.5cm深处出现最低值44%。

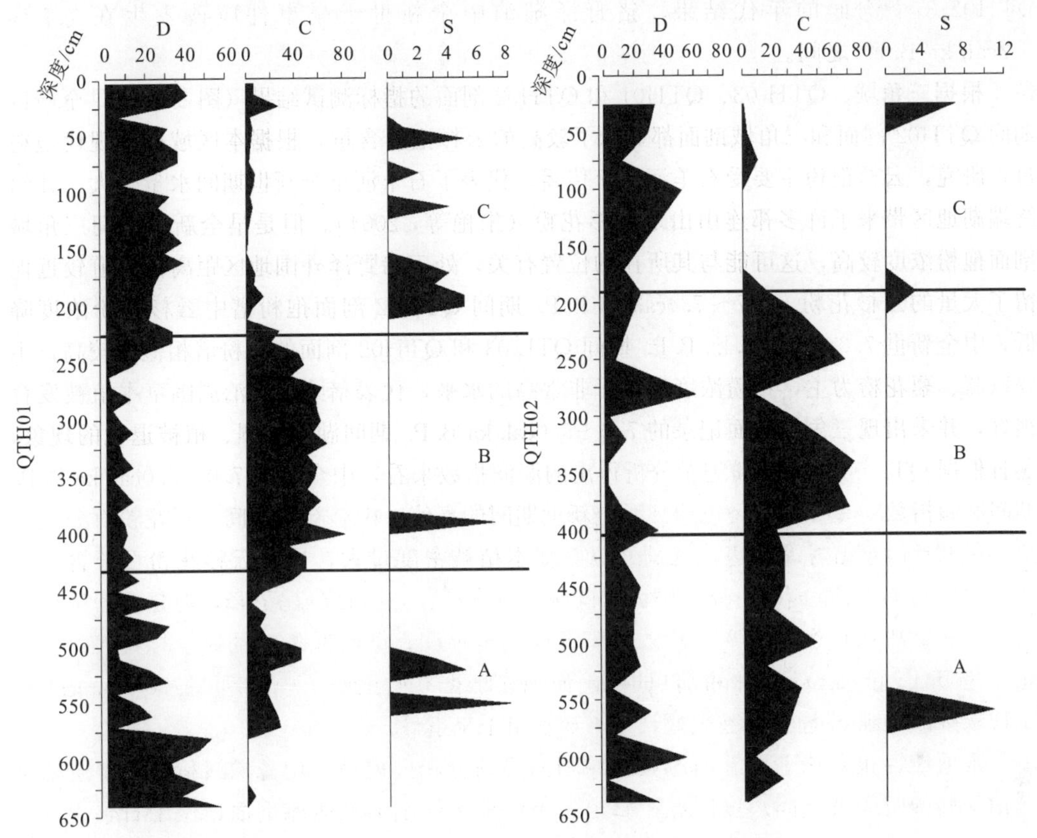

图5.1 QTH01、QTH02剖面主要碎屑矿物和不同类型盐类矿物百分含量变化

D代表主要碎屑矿物；C代表碳酸盐类矿物；S代表硫酸盐类矿物

由表5.3可进一步发现，QTH01和QTH02剖面盐类矿物种类及其含量变化规律较为相似。就盐类矿物种类而言，QTH01和QTH02剖面盐类矿物均以方解石、文石为主的碳酸盐占大多数，尤其是方解石，从A到B时段含量显著升高，C时段虽重新降低，但在两剖面B时段平均含量均达到30%以上，文石在A、B时段较为富集，C时段极少存在，白云石在三个时段含量变化不大，而铁白云石仅在A时段少量出现；QTH01和QTH02剖面同时有含少量硫酸盐，石膏和黄铁钠矾的在B、C时段较为普遍，A时段并不存在。同时QTH01剖面硫酸盐种类较QTH02剖面略显丰富，含有多种QTH02剖面未出现的矿物，其中氯铅芒硝仅在C时段有少量存在，重钾矾，酸性铵

矾则只在A时段存在，基铁矾含量从A到C有所下降，而QTH02剖面含有QTH01剖面不存在的白钠镁矾，且在A时段平均含量达到相对较高的1.22%。两剖面均不含氯化物等其他盐类矿物。由此可见，两剖面碳酸盐类矿物均以方解石为主，同时含有文石，白云石和铁白云石，硫酸盐类矿物仅零星存在。

通过对三个剖面盐类矿物种类及含量变化进行对比研究，发现QTH01、QTH02剖面盐类矿物均以方解石、文石类的碳酸盐为主，硫酸盐类矿物仅零星出现。盐类矿物的沉淀需要长期干旱的气候、盐水补给、可控制盐水浓度的封闭环境及适宜岩盐保存等特定自然地理与地质环境和气候条件（卫管一和张长俊，1995）。虽然盐类矿物是干旱气候的产物，但是某种类型矿物能否沉淀由其Gibbs自由能决定，离子浓度和矿物本身性质是影响盐类矿物沉淀的重要因素。因此，猪野泽和盐池湖泊沉积物中盐类矿物种类与含量的时空变化，指示了湖泊演化对气候变化的响应过程，使其成为古气候古环境信息的良好载体。

矿物本身溶解度或标准平衡常数决定了矿物沉淀的难易程度，而碳酸盐溶解度一般小于硫酸盐，可优先沉淀，故碳酸盐的富集代表了相对湿润的环境（李明慧等，2010）。猪野泽QTH01、QTH02剖面碳酸盐矿物在A时段普遍存在，同时伴随着碎屑矿物的大量沉积（图5.1），说明在全新世早期，石羊河流域受夏季风影响，上游降水较多，终端湖猪野泽扩张，径流携带了流域沿途的沉积物在终端湖沉积，使湖水离子浓度升高，碳酸盐类矿物易于沉淀；B时段，夏季风减弱，气候较早全新世更为干旱，湖泊开始退缩，湖水中各离子浓度进一步升高，碳酸盐类矿物含量达到全新世峰值。而在湖水离子浓度升高，碳酸盐类矿物大量析出沉淀的同时，入湖径流和降水对猪野泽的淡水补给并未明显减弱，所以除零星出现的硫酸盐类矿物外，QTH01、QTH02剖面未见其他盐类矿物；而在晚全新世（C时段），气候极端干旱，流域降水减少，入湖径流显著减弱，沉积物以风成沉积为主，湖泊急剧退缩甚至干涸，碳酸盐类矿物很难有效保存，含量迅速降低。此时沉积的碎屑矿物，应当是猪野泽周边巴丹吉林沙漠和腾格里沙漠表层沉积物在风力搬运下就近沉积的结果（Pye，1987；李恩菊，2001）。

晚冰期以来，伴随着北半球大陆冰盖的迅速消退，格陵兰冰芯和Cariaco盆地的钻孔记录均指示了北大西洋地区温度升高的气候特征（Lea et al.，2003；Rasmussen et al.，2006）。亚洲夏季风的强弱与北半球强烈的太阳辐射密切相关，受低纬度轨道尺度太阳辐射变化和赤道复合带位置变化的综合作用（Berger and Loutre，1991），夏季日辐射在10 ka左右达到最大值（杨文光等，2008），使亚洲夏季风迅速推进，季风区边界向西北扩张。同时，晚冰期以来的石笋记录，季风区湖泊记录和青藏高原区湖泊记录证明（Shen et al.，2005；Liu et al.，2007；Fleitmann et al.，2003；Dykoski et al.，2005；Wang et al.，2002；Morrill et al.，2006；Yancheva et al.，2007；Zhu et al.，2009），夏季风在晚冰期开始增强，在早、中全新世期间依然强盛。中全新世之后，夏季太阳辐射强度减弱，季风区边界向东南迁移（安芷生等，1993）。而气候特征受西风带控制的区域，在进入全新世后，虽然西风环流被强烈的太阳日辐射增强，但由于高纬度地区仍然被冰盖覆盖，中纬度地区温度较低，大量冰盖融水注入北大西洋，温盐环流减弱（Koç et al.，1993；Birks and Koc，2002；Dahl-Jensen et al.，1998），低SST抑制海面蒸发，本区干旱气候在早全新世并未改变，高海拔冰盖对太阳辐射响应的滞后效应是造成早全新世相对干旱的主要原因（杨文光等，2008）；随着高纬度地区冰盖消融、温度上升，北大西洋 SST 升高和区域气旋活动加强，这一区域中全新世有效湿度达到最大值（Chen et al.，2008）。据此，Chen 等（2008）根据亚洲内陆干旱区与季风区的湿度错位相变化，提出了千年尺度上全新世气候变化的西风模式和季风模式，已被全新世气候模拟和现代气候学研究所证实（Li and Morill，2010；Jin et al.，2012），西风带控制的干旱区与季风边缘区末次冰期以来湖泊沉积记录的气候变化过程也显示出类似差异（Xiao et al.，2004；Herzschuh，2006）。猪野泽位于现代亚洲季风界线的西北边缘区，QTH01、QTH02 剖面盐类矿物含量变化指示的气候变化特征呈现明显的季风区特征，其中早全新世季风影响最为强烈，中、晚全新世逐步减弱。因此，猪野泽在整个全新世均受到夏季风水汽输送的影响。

综上所述，QTH01、QTH02 剖面盐类矿物以方解石、文石类的碳酸盐为主，硫酸盐类矿物仅零星出现。末次冰期和早全新，QTH01、QTH02 剖面受季风输送水汽影响明显，碳酸盐类矿物能较好沉积；中全新世 QTH01、QTH02 剖面受夏季风影响减弱，湖泊退缩，碳酸盐类矿物含量达到峰值；晚全新世猪野泽以风成沉积为主，气候干旱，碳酸盐类矿物难以保存，硫酸盐和氯化物矿物含量出现高值，说明夏季风西北边界进一步向南迁移。本节研究证实了全新世千年尺度下，夏季风西北边界在石羊河流域的变化，这一事实对明确夏季风西北缘千年尺度季风变化机制，预测未来长尺度气候变化有重要意义。

5.2　猪野泽盐类与碎屑矿物反相关关系的沉积学解释

猪野泽是我国西北干旱区古环境研究的热点地区，自 20 世纪 60 年代以来，已有很多研究在该区域开展（冯绳武，1963；李并成，1993；陈发虎等，2001；朱艳等，2004；Zhao et al.，2008；Li et al.，2009）。本书作者之前在本地区的研究中，也发现了盐类矿物与碎屑矿物的反相关关系，认为不同水动力条件下沉积过程的差异可能是造成这种现象的原因。通过研究猪野泽盐类矿物与碎屑矿物含量变化，同时进行粒度数据分析，明确不同水动力条件下盐类矿物与碎屑矿物的沉积模式，在此基础上，对比盐类矿物含量变化与粒度参数间的关系，尝试从沉积学的角度解释盐类矿物与碎屑矿物反相关关系，可以为湖泊动力学以及古气候环境定量研究提供重要的科学依据。

粒度数据的测定使用 Mastersize2000 激光粒度仪，该仪器测量范围为 0.02～2000μm，重复测量误差小于 2%。实验结果经仪器配套软件分析，可直接导出每个样品各粒级百分含量，频率曲线，累计曲线，及平均粒径（Mean），中值粒径（Median），众数粒径（Mode）等参数。实验步骤如下：①取 0.2～0.4g 样品加入足量 10%浓度的双氧水（H_2O_2），加热至沸；②加入足量 10%浓度的稀盐酸（HCl），加热至沸腾，充分反应后静置 12 小时；③去除上层清液，加入 10ml 浓度为 0.05mol/L 的六偏磷酸钠 [$(NaPO_3)_6$]，摇匀后超声波振荡清洗 10 分钟；④将振荡后形成的高分散颗粒悬浮液用激光粒度仪进行粒度测量。矿物种类及相对百分含量测定使用 X 射线衍射方法。样品经玛瑙研钵研磨至100目左右，使用荷兰帕纳科公司的X-pert Pro型粉晶X射线衍射检测。该仪器X射线发生器最大输出功率为3kW，陶瓷X光管最大功率为2.2kW（Cu靶），测角仪半径为135～320mm，发散狭缝包括固定狭缝和索拉狭缝，测定误差±5%。实验结果使用物相分析软件X'Pert High Score Plus处理，最终确定矿物种类及相对百分含量。

晚第四纪以来，猪野泽地形、地质条件改变较小，本地区粒度的改变主要反映搬运营力、搬运方式和沉积环境的变化（隆浩，2006）。表征样品粒度分布特征的粒度参数，主要包括平均粒径（Mean），中值粒径（Median），众数粒径（Mode），黏土（Clay），粉砂（Silt），砂（Sand）等。平均粒径表示沉积物颗粒的粗细，以其为基础的剖面粒度韵律曲线，是研究沉积韵律的基础；中值粒径反映沉积物粒度组成的等分状况；众数粒径指示粒度组成中含量最高的粒级；黏土是沉积物中粒径4μm以下的细粒物质，指示径流减弱后的稳定静水沉积环境；粉砂（4～63μm）是湖泊和河流悬移质的主要成分，其含量可被视为水动力条件变化的指标；粒径大于63μm的砂则被认为是湖泊沉积退缩后，较粗碎屑颗粒被风力或河流搬运带入浅水湖沼，指示相对干旱的浅湖相沉积环境（Pye，1987；Sun et al.，2002；任明达和王乃梁，1985；赵强等，2003）。为明确猪野泽各剖面水动力条件与沉积环境，选取部分粒度参数，进行沉积物粒度特征研究是必要的。

猪野泽湖泊沉积物整体岩性特征以灰色粉砂为主，同时含有棕色或黑色沉积层位。QTH01，QTH02，XQ，SKJ和JTL五个剖面顶层被厚度不一的晚全新世风成沉积物覆盖（各剖面相对位置见图4.1）。各剖面均有两个湖相沉积层位，湖相层间出现的灰色或棕色砂层，指示了湖泊水位和水动力条件的变化。因此，为便于分析并更好的总结规律，根据岩性和湖泊沉积物粒度特征变化，将QTH01，QTH02，SKJ，JTL剖面分为五段（A，B，C，D和E），其中A、C含砂量相对较高，B、D为湖相沉积层，E则由顶层风成沉积物构成；XQ剖面分为4段（A，B，C和D），其中A、C为湖相沉积层。分段结果和各段部分平均粒度参数见表5.4。根据分段结果，分别计算5剖面各分段1000μm以下不同粒径的平均百分含量，并作粒度频率曲线（图5.2）。

表5.4　QTH01，QTH02，XQ，SKJ和JTL剖面分段结果，及各段部分粒度参数，主要碎屑矿物和盐类矿物，碳酸盐百分含量平均值

剖面	深度与各项指标均值	A	B	C	D	E
QTH01	深度/cm	641～580	580～500	500～450	450～220	220～0
	平均粒径/μm	197.5	135.5	128.4	73.0	74.8
	中值粒径/μm	153.7	71.9	113.3	37.0	36.9
	众数粒径/μm	212.0	162.0	130.5	65.0	66.7
	黏土/%	3.24	7.51	7.52	12.69	8.96
	粉砂/%	14.38	46.35	10.76	58.87	63.24
	砂/%	82.38	46.15	81.72	28.43	27.80

续表

剖面	深度与各项指标均值	A	B	C	D	E
QTH01	石英/%	42.17	17.89	19.20	11.09	28.45
	钠长石/%	10.67	19.78	25.80	6.83	16.05
	云母/%	3.67	16.78	23.80	4.83	27.68
	斜绿泥石/%	3.71	6	1.6	3.35	7.14
	方解石/%	1.00	9.44	7.6	38.39	3.18
	文石/%	0	13.22	3.8	11.87	0
	碳酸盐/%	1.00	26.5	11.4	50.4	5.3
QTH02	深度/cm	692～630	630～470	470～380	380～210	210～0
	平均粒径/μm	236.6	94.3	133.3	81.6	52.9
	中值粒径/μm	207.9	65.4	122.4	43.1	36.1
	众数粒径/μm	206.7	97.1	131.2	90.3	51.8
	黏土/%	0.11	9.04	3.84	11.13	15.50
	粉砂/%	0.64	41.63	11.44	51.08	55.62
	砂/%	99.24	49.33	84.72	37.79	28.87
	石英/%	24.00	18.80	22.33	14.75	27.33
	钠长石/%	18.00	15.00	28.67	9.13	21.33
	云母/%	7.50	11.40	9.67	4.13	4.33
	斜绿泥石/%	0	3.38	1.5	4.86	10.5
	方解石/%	10.00	14.60	15.00	33.88	4.67
	文石/%	5.00	15.20	10.00	17.13	0
	碳酸盐/%	15.5	31.0	25.33	52.1	5.0
XQ	深度/cm	825～600	600～420	420～25	25～0	
	平均粒径/μm	84.0	166.6	53.4	174.0	
	中值粒径/μm	65.4	152.8	20.6	158.3	
	众数粒径/μm	72.9	161.1	32.4	189.6	
	黏土/%	32.31	2.60	23.83	6.04	
	粉砂/%	37.42	8.00	57.90	12.15	
	砂/%	30.26	89.40	18.27	81.81	
	石英/%	24.29	34.60	27.43	28.00	
	钠长石/%	13.14	16.80	15.86	16.50	
	云母/%	25.43	16.80	32.57	35.00	
	斜绿泥石/%	13.2	2.6	8.25	0	
	方解石/%	3.29	1.00	4.71	3.00	
	文石/%	0	0	0	0	
	碳酸盐/%	4.4	1.2	4.9	3.0	

续表

剖面	深度与各项指标均值	A	B	C	D	E
SKJ	深度/cm	355～240	240～180	180～120	120～50	50～0
	平均粒径/μm	186.6	123.6	147.6	98.8	92.9
	中值粒径/μm	172.3	108.1	135.7	86.9	80.5
	众数粒径/μm	177.4	149.3	147.6	135.9	100.6
	黏土/%	2.31	6.94	4.09	7.99	12.53
	粉砂/%	5.37	25.09	10.50	32.23	30.65
	砂/%	92.32	67.96	85.40	59.77	56.82
	石英/%	27.00	23.00	28.33	25.25	25.80
	钠长石/%	13.67	16.33	12.67	11.75	19.00
	云母/%	24.83	12.00	26.67	28.25	19.00
	斜绿泥石/%	3.33	4	2.67	4.5	4.4
	方解石/%	0	14.00	0	4.25	3.00
	文石/%	0	0	0	0	0
	碳酸盐/%	0	14.0	0	4.3	3.0
JTL	深度/cm	300～185	185～145	145～115	115～75	75～0
	平均粒径/μm	283.0	115.3	179.4	124.7	182.4
	中值粒径/μm	214.7	64.0	117.2	43.6	138.9
	众数粒径/μm	216.5	75.8	122.9	54.8	146.3
	黏土/%	3.06	10.53	5.48	8.75	3.95
	粉砂/%	6.79	55.01	31.97	53.56	15.14
	砂/%	90.15	34.46	62.56	37.69	80.91
	石英/%	32.20	6.33	28.50	16.67	30.00
	钠长石/%	17.40	22.00	14.00	10.33	18.25
	云母/%	25.00	39.00	28.50	29.67	22.25
	斜绿泥石/%	1.5	9	3	3.75	2.33
	方解石/%	2.40	3.33	1.50	8.33	1.75
	文石/%	0	0	1.50	23.67	1.00
	碳酸盐/%	2.4	4.5	3.0	32.0	3.0

根据表 5.4 中各项粒度参数，猪野泽各剖面岩性和粒度变化特征存在以下三个特点：①湖相层沉积物粉砂含量高于黏土和砂的含量，其余层位以砂占绝大多数，同时，湖相沉积层平均粒径、中值粒径、众数粒径的值，明显低于其他层位。如 QTH02 剖面，湖相沉积层 B、D 段，平均粉砂含量分别达到 41.63%和 51.08%，但在 A、C 段，砂的含量占到了 99.24%和 84.72%；同时，B、D 段平均粒径（94.3μm，81.6μm）、中值粒径（65.4μm，43.1μm）和众数粒径（97.1μm，90.3μm）的值相对较低，而 A、C 段此类指标的值均大于 200μm 和 120μm。②较早湖相层（D、C 段）沉积物细粒

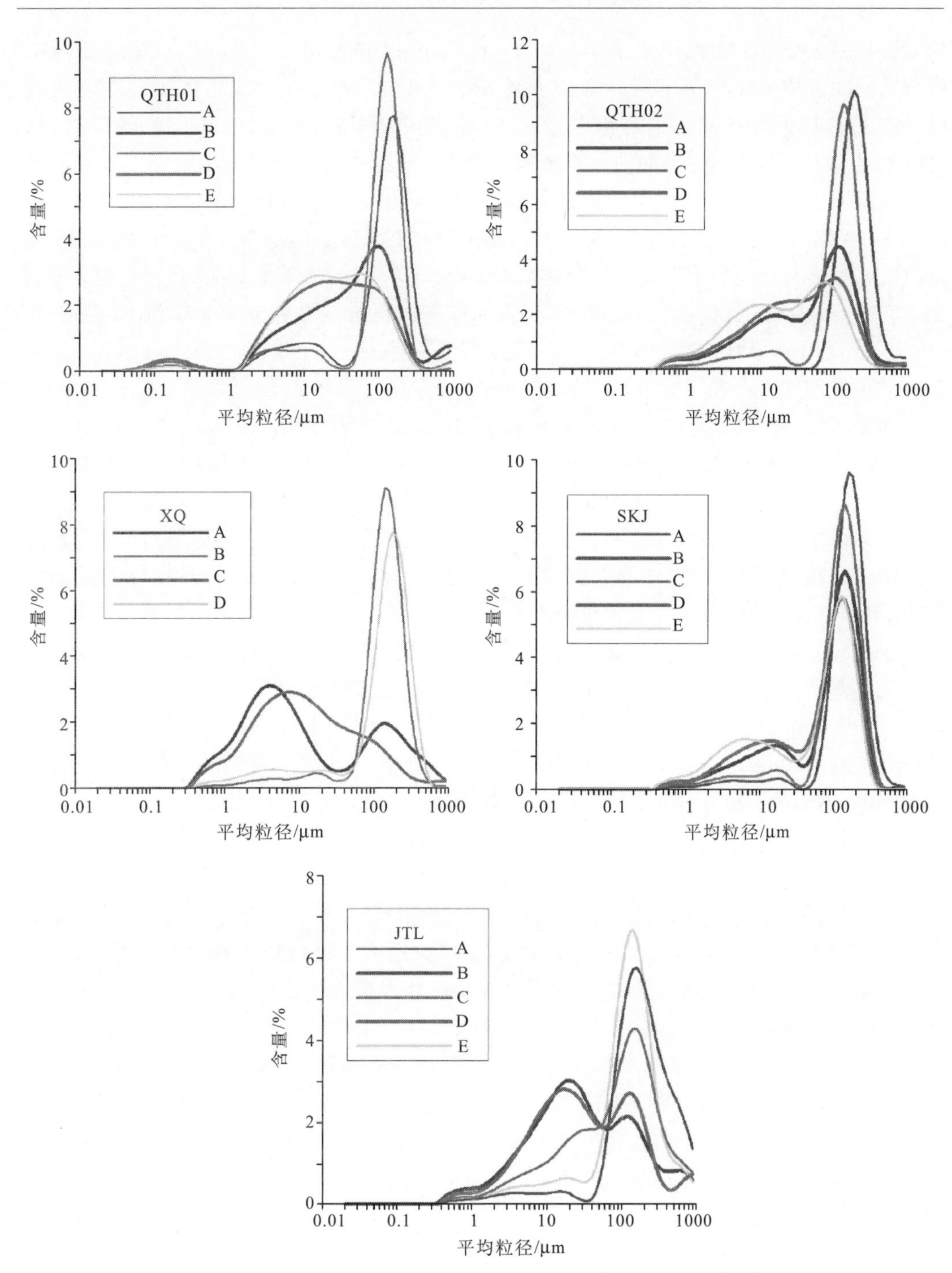

图 5.2　QTH01，QTH02，XQ，SKJ，JTL 剖面各段平均粒度频率曲线

物质含量高于较晚湖相层（B、A 段）。以中值粒径为例，QTH01 剖面 B、D 段平均中值粒径分别为 71.9μm 和 37.0μm；QTH02 剖面 B、D 段则为 65.4μm 和 43.1μm；XQ 剖面 A 段平均中值粒径为 65.4μm，高于 C 段的 20.6μm；SKJ、JTL 剖面 B、D 段平

均中值粒径也呈现了相同规律（108.1μm，86.9μm；64.0μm，43.6μm）；③猪野泽不同位置剖面粒度分布特征不同。湖盆东侧 SKJ、JTL 剖面以砂含量占绝大多数，西侧 QTH01，QTH02 和 XQ 剖面粉砂含量相对较多。同时相对于 SKJ 和 JTL 剖面，QTH01，QTH02 和 XQ 剖面的沉积物粒径更细，分选更好，这种沉积物粒度分布的不均一，说明湖泊不同位置沉积环境存在差异。就湖相沉积层而言，SKJ、JTL 剖面 B、D 段平均粒径分别为 123.59μm，98.81μm 和 115.35μm，124.72μm；湖盆西侧 QTH01 剖面 B、D 段平均粒径为 135.45μm 和 73.03μm，QTH02 剖面达到 94.33μm 和 81.62μm，XQ 剖面 A、C 段为 84.04μm 和 53.37μm，均小于湖盆东侧 SKJ、JTL 剖面。而 QTH01 剖面 B 段平均粒径出现的相对高值，是由个别样品（518cm 深处的和 577cm 深处的）平均粒径异常地大于 500μm 造成。

同时，对比 5 剖面各段粒度频率分布曲线，发现在湖相沉积层，峰值均在 200μm 以下，曲线变化特征与其他层位有明显差异。QTH01 剖面 B、D 段粒径变化曲线在 0.05μm 以前和 1μm、40μm、300μm 处有交点，D 段曲线在 0.05～1μm，1～40μm 区间高于 B 段曲线，B 段曲线在 40～300μm 及 300μm 以后高于 D 段曲线，表明 D 段含有更多细粒沉积物，B、D 段平均中值粒径分别为 135.45μm 和 73.03μm；QTH02 剖面 B、D 段曲线在 60μm 处交叉，B 段在大于 60μm 的区间拥有绝对高值，小于 60μm 的区间沉积物粒径百分含量低于 D 段，B、D 段平均中值粒径分别为 94.33μm 和 81.62μm；XQ 剖面 A 段在 0.3～6μm、80～1000μm 含量相对较高，平均中值粒径 84.04μm，C 段在 6～80μm 高于 A 段，平均中值粒径 53.37μm；SKJ 剖面 B、D 段曲线变化特征相近，均在 170μm 左右拥有绝对高值，13μm 处有一小峰，平均中值粒径分别为 123.59μm 和 98.81μm，但在大于 100μm 区间，B 段含量高于 D 段，D 段粒径 100μm 以下沉积物含量则相对较高；JTL 剖面 B、D 段均呈现“双峰”结构，峰值分别出现在 13μm、170μm 附近，平均中值粒径分别为 115.35μm 和 124.72μm，小于 10μm 的区间两段含量相近，D 段沉积物在 60～300μm 间含量高于 B 段，其余区间 B 段占优。综上所述，各剖面较早湖相层（D、C 段）沉积物细粒物质含量均高于较晚湖相层（B、A 段）。除湖相层外，其他层位粒径变化特征相似，均表现为在 100～200μm 出现最大值，在 10～20μm 附近出现一个较小的峰值。

5 个剖面的矿物成分分析结果显示，碎屑矿物主要由石英（Quartz）、钠长石（Albite），云母（Muscovite）和斜绿泥石（Clinochlore）组成，并可见少量钙长石（Anorthite），地开石（Dickite），冰长石（Adularia）等矿物；盐类矿物以碳酸盐类矿物方解石（Calcite）和文石（Aragonite）占绝大多数，其余盐类矿物，如硫酸盐类，硼酸盐类，氯化物等，仅在个别样品中零星存在，且含量均在 5％以下，故猪野泽地区盐类矿物含量变化应当与碳酸盐矿物含量变化一致，可通过对比研究不同剖面碳酸盐含量变化，探讨反相关关系的沉积学解释。分析各剖面分段后盐类矿物与碎屑矿物含量变化，发现其与岩性和粒度数据变化具有较好的一致性。QTH01 剖面 A 段石英含量高达 42.17％，C 段石英、钠长石、云母含量分别为 19.20％，25.80％和 23.80％，E 段石英和云母含量分别达到 28.45％和 27.68％，而在 B、D 段，单种碎屑矿物含量均低于 20％，但斜绿泥石在 B 段出现了相对高值（6％），同时方解石、文石在此两段富集，使碳酸盐含量达到26.5%和50.4%，远高于其他层位；QTH02剖面碳酸盐类矿物以方解石和文石为主，二者在各分段的含量变化并未呈现某种明显规律，但碳酸盐含量依然在B、D段含量最高，为31%和52.1%。主要的碎屑矿物中，石英和钠长石在A、C、E段含量略高于其他分段，云母反而在B段出现了最高值（11.4%），斜绿泥石在B、D段也出现了相对高值；XQ剖面石英和钠长石含量在湖相沉积层A、C段低于其他分段，但云母和斜绿泥石含量却相对较高，其中斜绿泥石在A、C段含量更是达到了13.2%和8.25%，远高于B、D段的2.6%和0%。同时，方解石为主的碳酸盐类矿物在A、C段含量（4.4%，4.9%）明显高于B、D段（1.2%，3.0%）；SKJ剖面B、D段为湖相沉积，仅石英的含量略低于其他分段，但最少也达到23%，钠长石在B段出现相对高值（16.33%），云母和斜绿泥石则在D段出现最高值（28.25%和4.5%）。碳酸盐矿物以方解石为主，B段含量为14%，高于D段（4.3%）和E段（3.0%），A、C段未检测出碳酸盐存在；JTL剖面，石英在B、D段含量较低，仅为6.33%和16.67%，而其余分段均在30%左右。与此同时，同为碎屑矿物的云母和斜绿泥石在B、D段含量却高于其余分段，钠长石在B段出现最高值（22.00%）。碳酸盐类矿物以方解石为主，但文石在D段的大量富集，是D段碳酸盐含量高达23.67%，B段碳酸盐含量仅为4.5%，但仍然高于其他层位（≤3%）。综上所述，猪野泽各剖面湖泊沉积物中，盐类矿物与碎屑矿物总体上存在明显反相关关系。湖相沉积层位碳酸盐含量高于其他层位，且除SKJ剖面外，其余剖面较早湖相层碳酸盐含量均高于较晚湖相层，而所有的碳酸盐含量相对高值，都对应了平均粒径，中值粒径和众数粒径的相对低值。

湖泊沉积物的搬运方式和沉积过程，构成了湖泊沉积过程的主要内容。搬运方式一定，搬运动力大小稳定时，沉积物粒度总体为单因子控制的单组分分布（Sun et al.，2002）。但自然界中，搬运方式和动力类型较为多样，沉积物中单个组分可能是不同动力下搬运方式共同作用的结果。在一般的尘暴事件中，砂和粉砂级粗粒跃移组分（70～500μm）只能上升到近地表的几厘米到几米的高度，并在水平方向上跃移同样量级的距离，并就近形成风成砂沉积（Pye，1987）；在封闭湖泊中，强降水事件也可能导致跃移组分的沉积（孙东怀等，2001）。入湖径流携带的悬移组分，尤其是其中的粉砂（4～63μm），反映了径流量，流体厚度和流速，是构成湖相沉积的主要组分（Sun et al.，2002），风力作用也可搬运黄土中平均粒径20～70μm的粉砂组分进行近地面短距离悬移，在1000km内快速沉积（孙东怀等，2000）。由此可见，粒度特征相同的湖泊沉积物，因搬运方式和动力的复杂性，其代表的环境意义可能存在差异。

已有的湖泊沉积学研究表明，湖水能量是控制沉积物粒度分布的重要因素（Campell，1997），但在不同时间尺度下，湖泊沉积物粒度变化的因素不同。在长时间尺度、低分辨率研究中，细粒和粗粒沉积物分别代表了湖面的扩张和收缩；而在短时间尺度、高分辨率研究中，湖泊沉积物粒度反映了降水量的大小，年际尺度干旱、湿润变化等信息（陈敬安等，2003）。在本节研究的千年尺度下，细粒和粗粒沉积物分别代表了湖水物理能量降低和增强的阶段（王君波和朱立平，2002）。理想沉积模式中，从湖岸到湖心水动力条件由强变弱，沉积物的粒度特征通过其大小反映了水动力条件（孙千里等，2001）。当水动力条件增强时，湖岸碎屑物较容易到达沉积中心点，沉积物颗粒较粗；反之，当水动力条件减弱，湖岸碎屑物难以全部到达沉积中心，造成沉积物以细粒为主。Sun 等（2002）通过对水成、风成环境下沉积物粒度特征函数分析及组分分离，发现河流沉积物粒度分布特征由悬移组分和跃移组分组成，封闭湖中的沉积物主要为径流搬运的悬移组分，它的粒度反映了降水特征，所以水成沉积物中跃移组分的出现，代表了强降水频数的增加；而风成沉积物中的黏土级组分主要由西风带搬运的粉尘物质组成，在一定程度上指示了西风环流的强度。而在湖泊不同位置，水动力条件的不同使粒度特征存在差异。在理想沉积条件下，湖岸到湖心水动力条件逐渐减弱，湖泊沉积物以环带状，按照砾—砂—粉砂—黏土的规律向湖心过渡，因此湖心的沉积物粒度值的变化应大致反映水动力搬运条件强弱的变化（孙永传和李惠生，1986）。所以，应当在明确沉积物运移过程和沉积过程的动力机制的基础上，探讨其气候意义。

我国大量晚第四纪湖泊沉积记录中盐类矿物与碎屑矿物的反相关关系（Gasse et al.，1991；沈吉等，2001；陈发虎等，2001；张成君等，2007），在猪野泽地区五个剖面中均有表现。而猪野泽地区粒度和矿物组成研究结果，盐类矿物与碎屑矿物的含量变化，与岩性和粒度数据变化相关。不同动力条件下沉积机制的差异，可能控制了盐类矿物与碎屑矿物间反相关关系的形成。通过对 5 个剖面湖相沉积层粒度与碳酸盐含量进行对比研究，发现在粒径 200μm 以下的粉砂和极细砂为主的湖相沉积物中，即相对稳定的深水环境下（赵强等，2003），碳酸盐为主的盐类矿物富集，碎屑矿物相对较少。

根据前文所述，猪野泽湖相沉积物主要以粉砂和极细砂为主，这一粒径区间的沉积物同时也是湖相沉积中悬移组分的主要组分。中国干旱区湖泊的扩张往往伴随着流域性的强降水（Chen et al.，2003；陈发虎等，2001），径流携带的全流域表层碳酸盐在终端湖汇集，使猪野泽成为石羊河流域的“碳汇”。同时，受东亚冬季风环流主导（安芷生等，1991；Zhang et al.，1996），黄土或古土壤中平均粒径 20～70μm 的粉砂组分也可能受风力作用，被搬运到此处沉积。但风力搬运沉积的悬移组分应当远少于径流携带，否则应当有更多粗粒的跃移组分存在（Pye，1987）。除湖泊沉积层外，猪野泽各剖面其他层位以砂层为主。根据猪野泽周边巴丹吉林沙漠和腾格里沙漠沉积物粒度特征研究（李恩菊，2011），两沙漠地表沉积物的颗粒组成均以中砂（250～500μm）和细砂(125～250μm）为主，在风力搬运作用下可就近沉积（Pye，1987）。虽然强降水事件也可能导致跃移组分的沉积，但这与猪野泽各剖面中砂层代表的干旱环境不符。因此，猪野泽湖相沉积层中的高碳酸盐含量主要来自于流水搬运，而风力作用对砂层的形成贡献较大。

由于湖盆内部不同位置水动力条件并不一致，猪野泽各剖面碳酸盐含量存在差异(各剖面具体位置见图 4.1）。QTH01 和 QTH02 剖面位于靠近河口的西侧湖盆，且处于猪野泽中心位置，沉积环境稳定；XQ 剖面距入湖口较近，水动力条件相对较强，以碳酸盐为主的盐类矿物难以在此稳定沉积，较重的碎屑矿物却可以在此处沉积；据岩性对比，SKJ、JTL 剖面湖相沉积厚度和时段均不及西侧湖盆，可以推断，在气候相对干旱时，猪野泽可能由若干个水位不同的小湖泊组成，加之东侧湖盆的 SKJ、JTL 剖面远离河口，且中间有沙梁阻隔，入湖径流对其影响有限，较易被搬运的盐类矿物也难以到达此处。因此，QTH01 和 QTH02 剖面的碳酸盐含量明显高于 XQ，SKJ，JTL 等其他剖面。在相同剖面的不同沉积阶段，水动力条件也存在差异，影响了湖相层中碳酸盐含量的变化。QTH01 和 QTHO2 剖面湖相层不同粒径平均百分含量变化情况相似。B 段在 100μm 粒径上拥有绝对高值，但 D 段沉积物在 1～60μm 粒径区间所占比重明显高于 B 段。同时 QTH01 和 QTHO2 剖面 B 段平均碳酸盐含量分别达到 26.5%和 16.4%，均明显低于 D 段的 50.35%和 48.14%。XQ 剖面 A 段平均碳酸盐含量为 4.4%，C 段为 4.88%，而 C 段沉积物在 200μm 以下粒径区间所占比重略高于 A 段。C 段细粒物质多于 A 段，表明其水动力条件较弱，入湖径流搬运能力不足，碎屑矿物难以到达，利于盐类矿物沉积。同时水分输入减少，蒸发析出的碳酸盐增多，所以碳酸盐矿物为主的盐类矿物在沉积物粒径更小，水动力条件更弱，沉积环境更为稳定的 D 段和 C 段能更好地富集。

不同的是，SKJ、JTL 剖面 B、D 段不同粒径平均百分含量变化情况无明显差异，且均在 13μm、170μm 粒径上出现峰值，但碳酸盐含量与平均粒径的关系，却呈现出粗粒径对应高盐类矿物含量的现象。SKJ 剖面在 170μm 粒径上出现最高值，B 段略大于 D 段，13μm 粒径上处为一小峰，D 段略大于 B 段；B 段碳酸盐含量（14%）大于 D 段（4.25%）。而 JTL 剖面 170μm 粒径上处峰值略低于 13μm 的粒径值，B 段在 13μm 粒径上小于 D 段，在 170μm 粒径上大于 D 段，平均碳酸盐含量则为 D 段（26%）大于 B 段（4.5%）。这可能是由于 SKJ、JTL 剖面远离河口，受局地环境条件影响所致。SKJ 剖面位于湖盆中心，当气候相对干旱时，植被退化，风力将周围粒径相对较大的砂粒吹入湖中沉积，使沉积物粒径平均粒径增大，这也使得 SKJ 剖面不同粒径下平均百分含量变化趋势，湖相沉积层与其他层位沉积物相近。同时，强烈的蒸发使碳酸盐含量升高。JTL 剖面位于猪野泽东北部岸堤，沉积环境受降水和岸边流影响较大，其碳酸盐来源主要是降水在地表汇流时携带，以及来自岸边流冲刷河岸搬运的碳酸盐。SKJ、JTL 剖面虽然沉积模式不同，但都在向湖中汇聚更多碳酸盐的同时，也将大量较粗的碎屑颗粒一同带入，使沉积物平均粒径增大，表现为盐类矿物含量在较粗粒径沉积物中反而更高。

因此，在明确湖泊沉积物来源，搬运方式和沉积动力机制的基础上，通过对比研究猪野泽湖盆不同位置 5 个剖面湖相沉积物中，粒度参数与碳酸盐矿物含量之间的关系，发现猪野泽湖相沉积层中高含量的碳酸盐主要来自于流水搬运，盐类矿物与碎屑矿物的反相关关系，受水动力条件控制。各剖面湖相沉积层位粒径 200μm 以下的粉砂和极细砂是以碳酸盐为主的盐类矿物的主要富集区，但不同位置剖面间存在差异。沉积环境稳定的 QTH01 和 QTH02 剖面碳酸盐类矿物含量明显较高，在水动力条件过强的 XQ 剖面和距入湖口过远的 SKJ、JTL 剖面含量相对较低。QTH01，QTH02 和 XQ 剖面沉积环境主要由入湖径流主导，湖泊沉积物中碳酸盐含量高值对应较细的平均粒径。在相同剖面的不同沉积阶段，水动力条件同样影响了湖相层中碳酸盐含量变化，使碳酸盐为主的盐类矿物在沉积物粒径更小，水动力条件更弱，沉积环境更为稳定的 D 段和 C 段能更好地富集。而受局地环境影响较大的 SKJ、JTL 剖面，湖相沉积层呈现粗粒径对应高碳酸盐值的现象。所以，干旱区湖泊沉积物中盐类矿物含量与其沉积过程密切相关，盐类矿物在全球变化研究中的应用，应当建立在充分研究其沉积动力机制的基础上。

同时，研究湖泊碳酸盐沉积与气候变化的关系可以明确湖相沉积系统中碳循环机制。由图 5.3～图 5.7 可以看出，五个剖面矿物组成和碳酸盐含量伴随岩性和粒度而存在

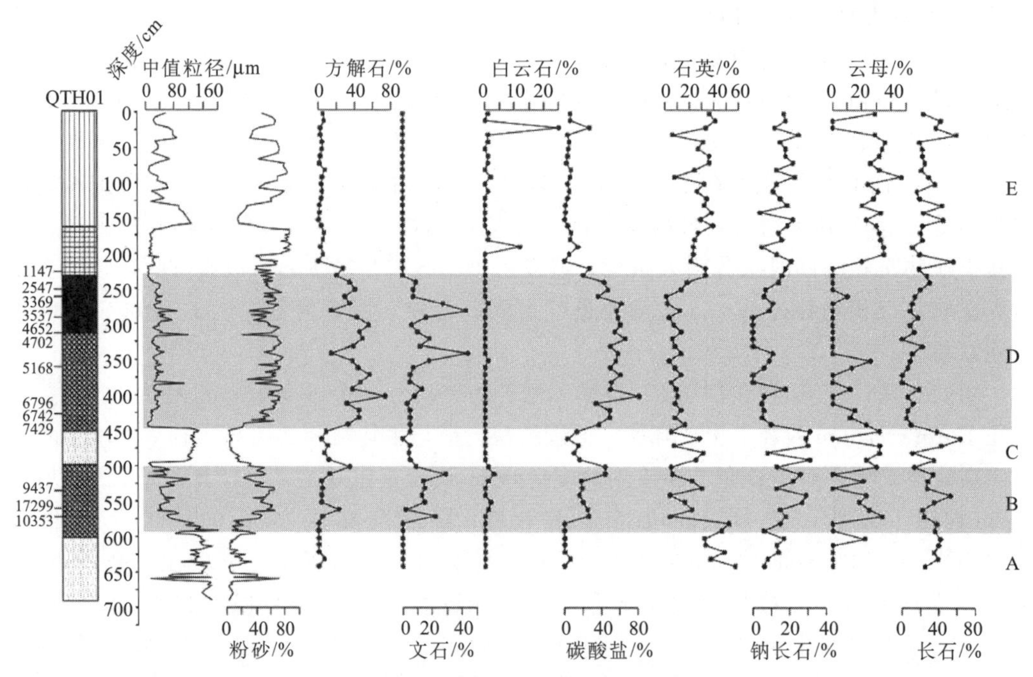

图 5.3 QTH01 剖面粉砂含量，中值粒径，碳酸盐类矿物含量及主要碎屑矿物含量

灰色阴影指示了富含碳酸盐的典型湖相沉积层位。图中年代为校正的^{14}C 年龄（cal. a B. P.）

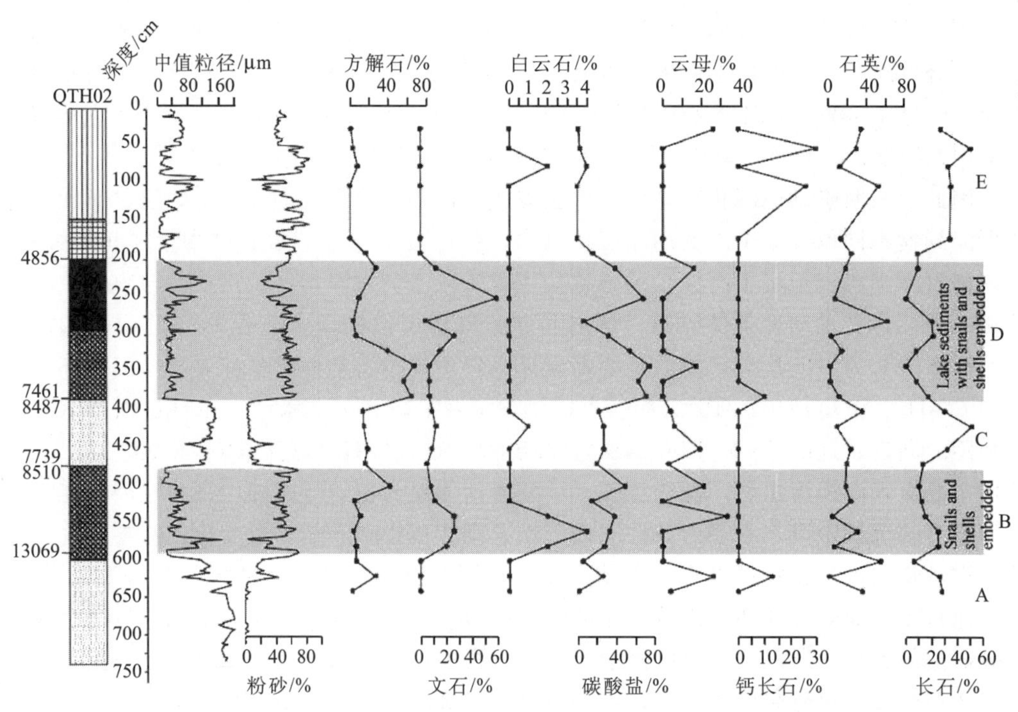

图 5.4 QTH02 剖面粉砂含量，中值粒径，碳酸盐类矿物含量及主要碎屑矿物含量

灰色阴影指示了富含碳酸盐的典型湖相沉积层位。图中年代为校正的^{14}C 年龄（cal. a B. P.）

差异。方解石和文石是QTH01，QTH02和JTL剖面的主要碳酸盐类矿物，XQ和SKJ剖面碳酸盐类矿物则以方解石为主。白云石在各剖面沉积物中也有发现，但仅在个别层位少量存在，并不影响五个剖面碳酸盐类矿物含量变化。方解石和文石的含量在QTH01、QTH02剖面呈反相关，而在JTL剖面呈正相关。据野外考察，文石含量较高的层位往往存在较多的螺壳和蜗牛。因此，猪野泽文石含量主要来自于螺壳和蜗牛。石英，钠长石，斜绿泥石，白云母和钙长石是猪野泽碎屑矿物的主要成分，易由周边沙漠被风力搬运至此沉积。

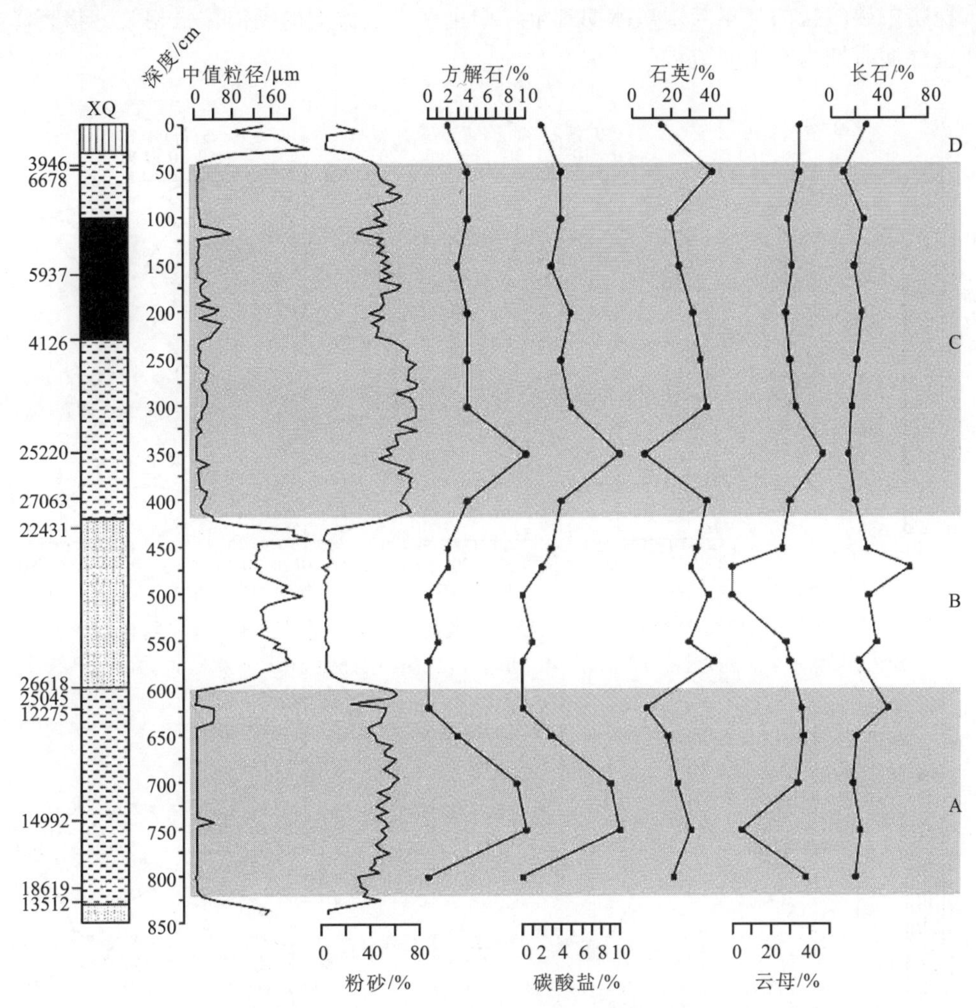

图5.5　XQ剖面粉砂含量，中值粒径，碳酸盐类矿物含量及主要碎屑矿物含量

灰色阴影指示了富含碳酸盐的典型湖相沉积层位。图中年代为校正的^{14}C年龄（cal. a B. P.）

猪野泽文石含量主要来自于螺壳和蜗牛。方解石和文石含量之间的关系取决于软体动物的多少和沉积环境的差异。石英，钠长石，斜绿泥石，白云母和钙长石是猪野泽碎屑矿物的主要成分，易由周边沙漠被风力搬运至此沉积。猪野泽所处的河西走廊地区大气降水以HCO_3^--Ca^{2+}型（或Ca^{2+}-Mg^{2+}型）为主，流域上游海拔大于3500m的地区，地下水化学成分与降水相似，矿化度小于0.3 g/L，所含离子以 HCO_3^-，Ca^{2+} 和 Mg^{2+} 为主；海拔3500～2000m地区，矿化度升高至0.5～1.0g/L，地下水水化学特征趋于复杂，HCO_3^-，SO_4^{2-}，Ca^{2+} 和 Mg^{2+} 是其主要成分。由此可见，海拔变化导致了流域内降水和蒸发的差异，使全流域地下水化学特征由南至北，呈现淡水带-咸水覆盖下的淡水-微咸水带和咸水带的变化特征（丁宏伟和张举，2005；白福和杨小荟，2007）。猪野泽早、中全新世时期碳酸盐富集，水化学特征与降水接近，因此当时降水和蒸发比例当与现代不同，千年尺度下，干旱区湖泊在较湿润时期产生无机碳富集。所以，干旱区湖泊沉积物中碳酸盐的富集与末次冰期到早、中全新世过渡期的湖泊扩张相关，猪野泽在全新世湿润时期为石羊河流域的“碳汇”。

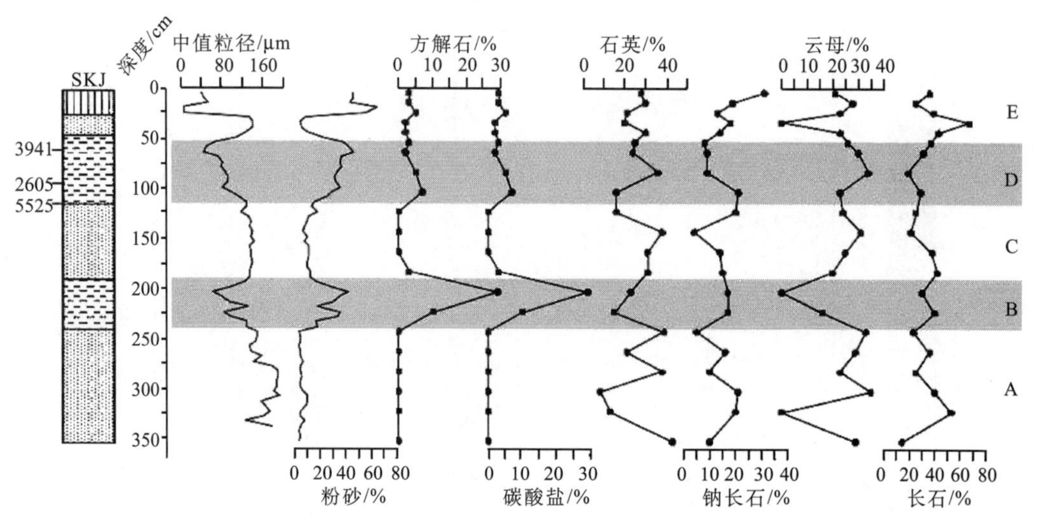

图5.6　SKJ剖面粉砂含量，中值粒径，碳酸盐类矿物含量及主要碎屑矿物含量

灰色阴影指示了富含碳酸盐的典型湖相沉积层位。图中年代为校正的^{14}C年龄（cal. a B. P.）

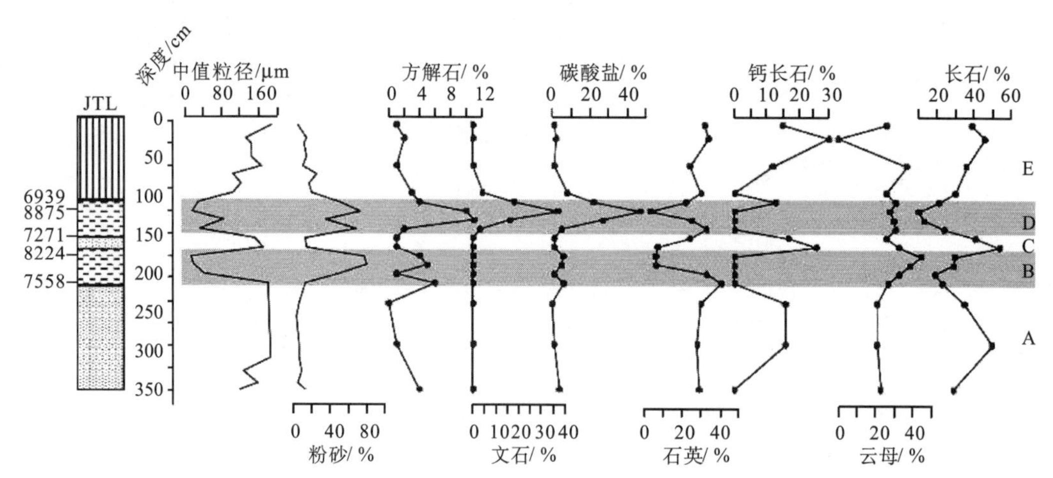

图5.7　JTL剖面粉砂含量，中值粒径，碳酸盐类矿物含量及主要碎屑矿物含量

灰色阴影指示了富含碳酸盐的典型湖相沉积层位。图中年代为校正的^{14}C年龄（cal. a B. P.）

5.3　猪野泽全新世砂层成因探讨

扫描电镜作为沉积学研究手段始于 20 世纪 60 年代（Krinsley and Perdok，1962），目前这一方法已广泛运用于地学各个领域（于丽芳和杨志军，2008；陈丽华等，1986；谢又予，1985；戴枫年，1988；吴正，1995；张光威和杨子赓，1996；伍永秋和崔之久，1998；江新胜等，2000；尹雪斌等，2003；宋春晖等，2009；石磊等，2010；崔晓庄等，2011），积累了大量不同沉积环境下石英砂表面形态特征的成果。石英砂在沉积过程中由于搬运介质、搬运形式及沉积环境不同，常常会在其颗粒表面留下反映不同的形状及外貌特征，同时石英砂具有硬度大、化学稳定性强等性质，因而运用扫描电镜分析石英砂的表面微结构特征可以推断其沉积、形成环境和搬运演化历史（陈丽华等，1986；谢又予，1985）。地处我国两大沙漠包围的石羊河终端湖猪野泽（图 5.8）一直是晚第四纪时期气候变化研究的焦点。对于这一区域已有许多研究成果（李育等，2011a，2011b，2011c；隆浩等，2007；赵强等，2005，2007），大多是基于湖泊沉积物中的古环境信息，如孢粉、有机地化指标、碳酸盐、沉积物粒度等环境代用指标来探讨该区域较大时间尺度上的古气候变化，也对某些环境突变事件做了论证，如高湖面、百年尺度的干旱事件等，但对湖泊沉积物本身的形成原因及过程探讨较少。然而，湖泊沉积物的变化也反映着古环境的变迁，因而，探明各沉积层的成因及其来源，可为重建古环境提供有力旁证。

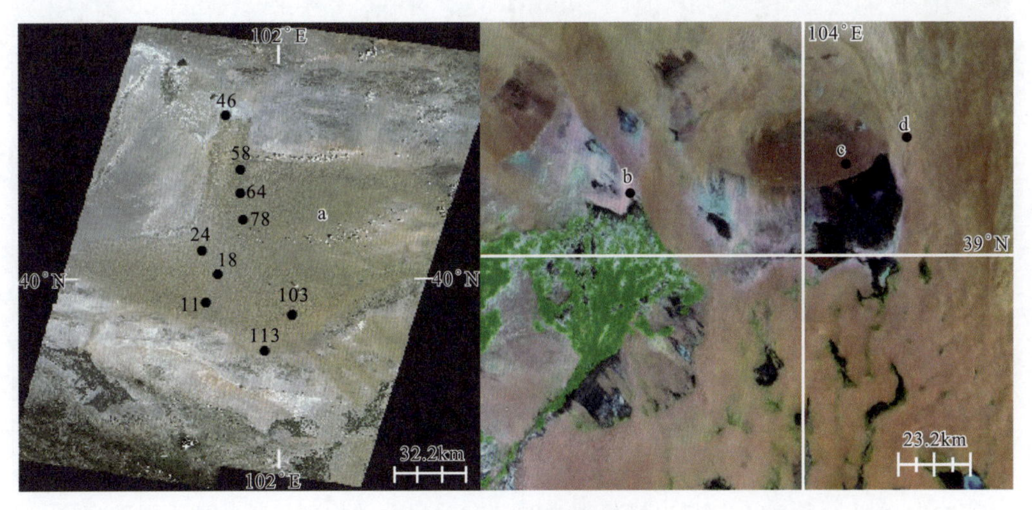

图 5.8　研究区及采样点

a. 巴丹吉林沙漠采样点；b. 猪野泽；c. 古湖泊岸堤采样点；d. 腾格里沙漠采样点

本节针对古湖岸进行系统采样，并通过扫描电镜手段将猪野泽古湖岸全新世剖面中部和底部砂层的 35 组砂样和巴丹吉林沙漠、腾格里沙漠以及白碱湖岸堤的 16 组砂样进行表面形态的对比分析，揭示了猪野泽 QTH01 和 QTH02 两个剖面中砂层形成的原因及过程，为揭示猪野泽地区古环境的演变过程以及晚第四纪时期该地区湖岸的变迁提供依据。

图 5.9 采样点

a. 巴丹吉林沙漠采样点；b. QTH02 剖面砂层；c. 古湖泊岸堤采样点；d. 腾格里沙漠采样点

本节使用 QTH01 剖面 16 组样品，QTH02 剖面 19 组样品，共 35 组采自剖面中部和底部砂层的样品做电镜分析。将巴丹吉林沙漠 39.13°N～41.78°N、101.47°E～102.41°E，共 9 组样品；腾格里沙漠 39.15°N、104.18°E，3 组样品；白碱湖古湖岸堤 39.08°N、104.08°E，4 组样品选为对比样品（图 5.9）。在以上各组样品均挑选出 2～3g 砂粒进行电镜扫描。

粒径 0.005～0.01mm 石英砂基本可反映它的成因类型，特征成因组合发育不全；0.01～0.125mm 石英砂完全可以反映成因类型，表面结构成因组合发育较全；0.125～0.5mm 石英砂基本为各成因沉积物中的最活跃组分，表面结构成因组合发育齐全；大于 0.5mm 石英砂表面特征及成因组合不全（李靖等，2003；方学敏等，1998）。因此本次试验将样品过 30 和 120 目试验筛，选取粒径为 0.5～0.125mm 的石英砂来观察。

将所选 0.125～0.5mm 的样品过 30 目和 120 目试验筛，后用浓度为 20％的 HCl 浸泡 8 小时，用蒸馏水反复冲洗直至上清液为中性，再分别使用草酸溶液和无水乙醇再次冲洗至中性，清洗完毕后将砂样烘干，然后在双目镜下挑选较好样品，使用 EIKOIB-3、IB-5 型离子镀膜仪喷镀金膜后即可用扫描电镜观测。实验中运用了 S-4800 扫描电镜仪器观测，在兰州大学物理科学与技术学院完成。

石英砂颗粒在不同成因下各种表面结构特征已有总结（宋春晖等，2009；石磊等，2010；崔晓庄等，2011；史兴民和徐素宁，2007；李明慧等，2008），其中与本研究有关的表面结构特征及其成因如表 5.5 所示。

表 5.5　不同成因下的石英砂颗粒表面结构特征

成因	磨圆度	机械成因结构	化学成因结构
风成	圆状（1 级）； 次圆状（2 级）	碟形坑；贝壳状断口（少见）； 麻面；平行解理面；新月形撞击坑	硅质球；硅质鳞片； 薄膜；SiO_2零星沉淀
水成	次圆状（2 级）； 次棱角状（3 级）	V 形坑；水下磨光面； 贝壳状断口（小型）	硅质鳞片；薄膜； 硅质球；溶蚀结构（热）
冰水成因	棱角状（4 级）	贝壳状断口（大型） 平行擦痕或刻痕	发育较少

猪野泽 QTH01、QTH02 剖面石英砂风成环境下的典型结构有碟形坑和麻面，两剖面碟形坑结构分布频率分别为 11.86%和 40.40%，麻面分别为 13.55%和 11.11%，虽然 QTH01 和 QTH02 剖面砂样之间存在差别，但石英砂风成结构分布频率大致趋势与现代沙丘样品和岸堤样品分布频率较为相似（图 5.10），巴丹吉林沙漠石英砂碟形坑和麻面结构分别为 36.95%和 13.64%，腾格里砂样分别为 23.52%和 29.41%，岸堤砂样分别为 31.57%和 15.78%。具体统计见表 5.6。

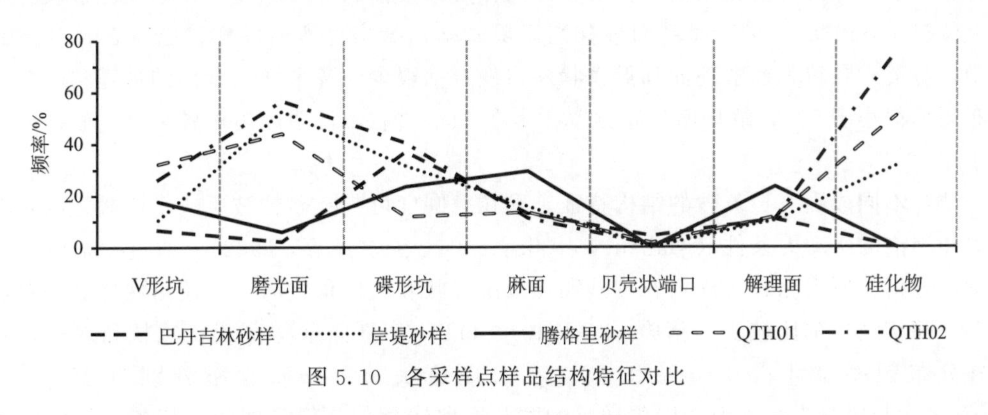

图 5.10　各采样点样品结构特征对比

猪野泽剖面石英砂中水成环境下的典型结构有 V 形坑、水下磨光面和硅化物沉淀结构。QTH01、QTH02 剖面砂样中 V 形坑分布频率分别为 32.20%和 26.26%，水下磨光面分布频率分别为 44.06%、56.56%，硅化物沉淀结构分别为 50.84%、75.75%。比较这三种水成特征结构发现，猪野泽剖面样品 V 形坑分布频率明显少于水下磨光面和硅化物沉淀结构，这可能与砂层形成过程中经历的不同水动力条件有关。与岸堤砂样相比，猪野泽剖面砂样中水成结构分布特征与岸堤砂样较为相似，但从砂层整体沉积形态来看，岸堤砂层表面明显具有其特有的层理结构。干旱环境中的巴丹吉林沙漠和腾格里沙漠砂样与水成环境下的样品相比，硅化物沉淀结构明显少于后者。具体统计见表 5.6。

猪野泽 QTH01、QTH02 剖面绝大部分石英砂表面既存在代表风成环境的结构又存在代表水成环境的结构，说明其既经历了风成环境，又经历了水成环境，而且大部分石英砂表面的水成结构叠加于风成结构之上，形成了代表不同沉积环境的微结构共存的

表 5.6 石英颗粒表面结构成因类型的颗粒频率统计 (单位:%)

特征	巴丹吉林沙漠砂样	岸堤	腾格里沙漠砂样	QTH01 剖面	QTH02 剖面
圆状	10.63	16.21	2.94	13.69	6.83
次圆状	31.91	32.43	20.58	23.28	40.17
次棱角状	27.65	18.91	47.05	26.02	28.20
棱角状	29.78	32.43	29.41	36.98	24.78
V 形坑	6.52	10.52	17.64	32.20	26.26
磨光面	2.17	52.63	05.88	44.06	56.56
碟形坑	36.95	31.57	23.52	11.86	40.40
麻面	13.04	15.78	29.41	13.55	11.11
贝壳状端口	4.34	0	0	01.69	1.01
解理面	10.86	10.52	23.52	11.86	11.11
硅化物	0	31.57	0	50.84	75.75

复合结构。解理面与贝壳状断口一般在冰川作用或较强的外力碰撞、物理风化下较为发育（戴枫年，1988）。猪野泽剖面砂样与岸堤砂样、腾格里沙漠砂样、巴丹吉林沙漠砂样中，石英砂颗粒表面解理面和贝壳状断口发育都很少。各采样点砂样的贝壳状断口的分布频率都小于5%，解理面分布频率大多在11%左右，说明冰川对各采样点砂样影响较小。

结合不同成因下石英砂的结构特征，颗粒磨圆度可判断砂粒被风或水流搬运的相对距离和湖泊的水动力条件（Mahaney et al.，2004；王永焱等，1982）。通过扫描电镜从磨圆度分析，所观测各采样点石英砂颗粒以次圆状和次棱角状居多，棱角状样品相对也较多，圆状结构都比较少。猪野泽 QTH01、QTH02 剖面砂样次圆状颗粒和次棱角状颗粒分布频率总计占 49.3%和 68.37%，棱角状颗粒分布频率分别为 36.98%、24.78%。与巴丹吉林沙漠、岸堤样品的磨圆度曲线相似，但是同为现代沙丘沙的巴丹吉林沙漠砂样和腾格里沙漠砂样在颗粒磨圆度上也有明显差别（图 5.11），这可能是由于腾格里沙漠样品较少，在统计中没有代表性。从磨圆度分布的表现来看 QTH01 和 QTH02 剖面的石英砂磨圆度不等，但次圆状和次棱角状居多，且与沙丘沙磨圆度特征相似，风成特征明显，说明这部分石英砂颗粒经历不同距离的风力搬运过程。

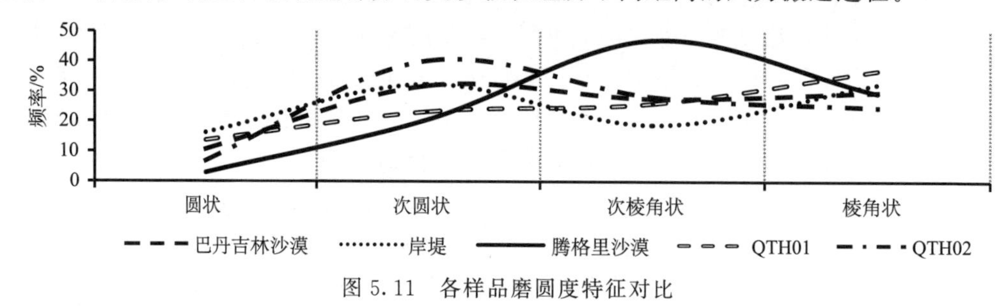

图 5.11 各样品磨圆度特征对比

在风成环境下，石英砂颗粒多次圆状和次棱角状外形。在此背景下，石英砂表面常有碟形坑、麻面等风成环境下的典型特征结构（Mahaney et al.，2004）。猪野泽 QTH01 和 QTH02 剖面样品中，绝大部分砂样既有风成结构也有水成结构。QTH01 和 QTH02 剖面砂样与岸堤砂样中的风成结构分布特征，与现代沙丘的风成结构分布特征较为相似，说明两者在形成过程中经历了与现代沙丘形成过程大致相似的风成环境。QTH01 和 QTH02 剖面绝大部分砂样表面存在麻面，以及硅质沉淀、V 形坑和麻面、碟形坑和 V 形坑等复合结构（图 5.12-a，b，c），这说明这部分砂粒既经历了风成环境，同时也经历了水成环境。猪野泽 QTH01、QTH02 剖面水下磨光面和硅质沉淀大多是在风成特征基础之上形成，大部分碟形坑底部沉淀有硅化物，或凹坑底部已经被磨光（图 5.12-d，e）说明这一时期流域风沙活动频繁，使得这部分砂粒在风力环境中形成这些典型的风成结构，后期搬运到湖盆，在湖泊弱的水动力条件和相对较高的盐度环境下，形成了磨光面和硅质沉淀结构。猪野泽砂层石英砂的风成结构保存的也较完好，说明后期在水环境中没有经历强烈的搬运。QTH01、QTH02 剖面石英砂磨圆度相对较高，绝大部分石英砂外形呈次圆状和次棱角状，磨圆度特征与岸堤砂样和现代沙丘砂样较为相似（图 5.12-f，g，j），说明剖面砂层与岸堤砂层在形成时的搬运过程与现代沙丘砂较为相似。

猪野泽剖面水环境下的石英砂颗粒表面典型的结构特征有 V 形坑、水下磨光面以及小规模的硅化物沉淀结构。V 形坑的大小、深浅、多少及分布范围和流水冲击能量有关，其形成需相对较强的水动力条件（Mahaney et al.，2004）。水下磨光面一般与相对稳定的水动力条件相关。猪野泽 QTH01、QTH02 剖面砂样中，不论是发育有 V 形坑的石英砂颗粒数量，还是 V 形坑结构的分布频率，都明显少于水下磨光面和硅化物沉淀结构，而且这部分表面有 V 形坑的石英砂颗粒磨圆度都较高，以次圆状颗粒居多，V 形坑边缘多被磨圆（图 5.12-h），硅化物沉淀结构形成在 V 形坑之上（图 5.12-i），说明这少部分石英砂可能先经历了较长的河流搬运过程，后期汇入水动力条件相对稳定的湖泊环境中后，在低凹的 V 形坑底部沉淀了硅化物，且河水的盐度和水动力条件也不利于硅质沉淀的形成。剖面砂样的 V 形坑分布至少也说明了该时期河流对湖泊的影响较小或水流搬运作用不强。QTH01、QTH02 剖面砂样水成结构分布特征与岸堤石英砂水成结构的分布频率较相似（图 5.12-j），岸堤一般是形成于稳定的水动力环境之下，且具有岸堤砂层特有的斜纹层理，而剖面砂层不具斜纹层理，因此说明，剖面砂层与岸堤砂层形成时所处的水动力环境较为相似，但猪野泽剖面位置并非为岸堤，且砂粒在后期经历的水环境较为稳定，湖泊没有较大的波动。

在进行石英砂颗粒形态结构分析时，发现猪野泽 QTH01、QTH02 剖面、岸堤、现代沙丘砂样中，贝壳状断口和解理面结构发育都很少，说明冰川作用对各采样点石英砂形成的影响都较小。猪野泽 QTH01、QTH02 剖面砂样中发育有贝壳状断口的石英砂颗粒磨圆度一般都很差，多为棱角状（图 5.12-k），猪野泽距上游冰川发育的祁连山距离较远，经搬运颗粒磨圆度应较好，而这部分砂粒磨圆度相对都较差，可排除冰水作用的影响，因此这部分砂粒很可能是湖泊周围砂粒经较强风力作用或

图 5.12　扫描电镜下石英砂表面典型微结构

a. QTH02 剖面砂样麻面与硅化物沉淀复合结构；b. QTH01 剖面砂样 V 形坑与麻面复合结构；c. QTH02 剖面石英砂 V 形坑与碟形坑共存；d. QTH02 剖面砂样碟形坑中的硅化物沉淀；e. QTH01 剖面样品中底部被磨光的碟形坑；f. QTH02 剖面砂样磨圆度；g. 现代沙丘砂样磨圆度；h. QTH01 剖面砂样 V 形坑边缘被磨圆；i. QTH01 剖面 V 形坑底部的硅化物沉淀；j. 岸堤石英砂颗粒；k. QTH02 剖面具贝壳状断口的棱角状石英砂颗粒；l. 现代沙丘样品平整的表面

物理风化下形成后汇入湖盆的近源沉积物，这也说明这一时期湖泊周围植被覆盖度较低，本节作者在对该流域古气候重建时也得出这一阶段有相对的干旱事件（李育等，2011a，2011b，2011c）。

石英砂化学特征的形成与弱的水动力作用和高盐环境有关，化学结构在不同的环境中也有所不同。高温潮湿的环境化学结构较发育（Mahaney and Kalm，2000），多化学溶蚀结构，如溶蚀坑或沟等。气候相对干冷的环境，化学结构不发育，只有规模较小的硅化物沉淀结构，如硅质球、硅质鳞片，薄膜等硅化物的零星沉淀。对于北方干旱区，石英砂硅化物沉淀结构在稳定的水环境中发育的相对要多，在沙丘砂表层中分布较少。现代沙丘砂样石英颗粒表面化学结构发育较少，颗粒表面比较平整（图5.12-l），这是因为沙漠气候干燥，沙丘经常运动（Mahaney and Kalm，2000），不利于石英砂化学结构的形成。与巴丹吉林沙漠相比，猪野泽QTH01和QTH02剖面样品中硅化物的沉淀结构较多，多为硅质鳞片、薄膜、硅质球等结构，并不发育大规模的硅质沉淀和溶蚀结构，这可能与北方干旱区相对低温的环境有关。

综合上述分析可得，猪野泽QTH01、QTH02剖面砂层大部分石英砂兼具风成结构和水成结构，且水成特征覆盖于风成特征之上，说明剖面砂层是先经历了风成环境，后转向湖相沉积，这一时期流域较强的风沙活动可能是其动力因子。少部分砂是通过流水输入湖泊。处于古湖泊不同位置的QTH01、QTH02剖面与岸堤，其样品中石英砂颗粒表面风成结构、水成结构和磨圆度特征都较相似，说明两者砂层形成过程相似。两者与现代沙丘砂样的磨圆度特征也较相似，说明都经历了大致与现代沙丘砂相同的搬用过程。通过比较分析剖面与岸堤砂样结构特征得知，猪野泽砂层沉积时期，该流域风沙活动强烈，湖泊水动力条件稳定，河流对湖泊的影响较小，湖泊没有较大的波动。

参考文献

安芷生，Porter S C，吴锡浩. 1993. 中国中、东部全新世气候适宜期与东亚夏季风变迁. 科学通报，38（1）：1302～1305.

安芷生，吴锡浩，汪品先，等. 1991. 最近130ka中国的古季风——Ⅰ. 古季风记录. 中国科学（B辑），10（1）：1076～1081.

白福，杨小荟. 2007. 河西走廊黑河流域地下水化学特征研究. 西北地质，40（3）：105～110.

陈发虎，朱艳，李吉均，等. 2001. 民勤盆地湖泊沉积记录的全新世千百年尺度夏季风快速变化. 科学通报，46（23）：1414～1419.

陈敬安，万国江，陈振楼，等. 1999. 洱海沉积物化学元素与古气候变化. 地球化学，28（6）：562～570.

陈敬安，万国江，汪福顺. 2002. 湖泊现代沉积C环境记录研究. 中国科学，32（1）：73～80.

陈敬安，万国江，张峰，等. 2003. 不同时间尺度下的湖泊沉积物环境记录——以沉积物粒度为例. 中国科学（D辑），33（6）：563～568.

陈丽华，缪昕，于众. 1986. 扫描电镜在地质学上的应用［M］. 北京：科学出版社：21～44.

陈丽蓉. 2008. 中国海沉积矿物学. 北京：海洋出版社，22～30.

陈隆亨，曲耀光. 1992. 河西地区水土资源及其开发利用. 北京：科学出版社，6～46.

崔晓庄，江新胜，伍皓，等. 2011. 云南西北部丽江—剑川地区古近纪宝相寺组石英砂颗粒表面特征. 地质通报，30（8）：1238～1244.

戴枫年. 1988. 我国北方沙漠地区沙丘石英的表面特征与环境的关系. 干旱区资源与环境，2（2）：25～35.

丁宏伟，张举. 2005. 河西走廊地下水水化学特征及其演化规律. 干旱区研究，22（1）：24～28.

丁仲礼，余志伟. 1995. 第四纪时期东亚季风变化的动力机制. 第四纪研究，2（1）：63～74.

方学敏，万兆惠，匡尚富. 1998. 黄河中游淤地坝拦沙机理及作用. 水利学报，10（1）：49～52.

冯绳武. 1963. 民勤绿洲的水系演变. 地理学报，29（1）：241～249.

郭晓寅，陈发虎，颉耀文，等. 1999. 自然条件下石羊河终闾湖泊模拟研究. 自然资源学报，14（4）：94～97.

何良彪. 1982. 海洋沉积岩芯中黏土矿物变化与古气候变迁的关系. 科学通报，27（13）：809～812.

吉磊，夏威岚，项亮，等. 1994. 内蒙古呼伦湖表层沉积物的矿物组成和沉积速率. 湖泊科学，6（3）：227～232.

江新胜，徐金沙，潘忠习. 2000. 四川盆地白垩纪沙漠石英沙颗粒表面特征. 沉积与特提斯地质，23（1）：60～65.

金章东. 2011. 湖泊沉积物的矿物组成、成因、环境指示及研究进展. 地球科学与环境学报，33（1）：38～48＋81.

李并成. 1993. 猪野泽及其历史变迁考. 地理学报，48：55～59.

李秉孝，蔡碧琴，梁青生. 1989. 吐鲁番盆地艾丁湖沉积特征. 科学通报，34（8）：608～610.

李恩菊. 2001. 巴丹吉林沙漠与腾格里沙漠沉积物特征的对比研究. 西安：陕西师范大学.

李靖，张金柱，王晓. 2003. 20 世纪 70 年代淤地坝水毁灾害原因分析. 中国水利，17（1）：55～56.

李明慧，康世昌，郑绵平. 2008. 青藏高原中部扎布耶茶卡 142ka 以来石英砂表面特征及环境意义. 冰川冻土，30（1）：125～130.

李明慧，易朝路，方小敏，等. 2010. 柴达木西部钻孔盐类矿物及环境意义初步研究. 沉积学报. 2010，28（6）：1213～1228.

李容全. 1990. 内蒙古高原湖泊与环境变迁. 北京：北京师范大学出版社.

李育，王乃昂，李卓仑，等. 2011a. 石羊河流域全新世孢粉记录及其对气候系统响应争论的启示. 科学通报，56（2）：161～173.

李育，王乃昂，李卓仑. 2011b. 河西猪野泽沉积物有机地化指标之间的关系及古环境意义. 冰川冻土，33：334～340.

李育，王乃昂，李卓仑. 2011c. 甘肃石羊河流域猪野泽湖泊沉积物粒度敏感组分与花粉组合关系. 湖泊科学，23（2）：295～302.

李育，王乃昂，李卓仑，等. 2012. 通过孢粉浓缩物 AMS^{14}C 测年讨论猪野泽全新世湖泊沉积物再沉积作用. 中国科学（D 辑）：42（9）：1429～1440.

隆浩. 2006. 季风边缘区全新世中期气候变化的古湖泊记录. 兰州：兰州大学.

隆浩，王乃昂，马海州，等. 2007. 腾格里沙漠西北缘湖泊沉积记录的区域风沙特征. 沉积学报，25（4）：626～631.

隆浩，王乃昂，李育，等. 2007. 猪野泽记录的季风边缘区全新世中期气候环境演化历史. 第四纪研究，27（3）：371～381.

鹿化煜，安芷生，刘洪滨. 1998. 洛川黄土记录的最近 2500ka 东亚冬夏季风变化周期. 地质论评，44（5）：553～558.

任明达，王乃梁. 1985. 现代沉积环境概论. 北京：科学出版社，1～4.

沈吉，王苏民，朱育新，等. 2001. 内蒙古岱海古水温定量恢复及其古气候意义. 中国科学（D 辑）：31（12）：51～57.

石磊，张跃，陈艺鑫，等. 2010. 贡嘎山海螺沟冰川沉积的石英砂扫描电镜形态特征分析. 北京大学学报，46（2）：53～59.

史兴民，徐素宁. 2007. 新疆玛纳斯河湖积平原中砂物质的特征与环境意义. 水土保持研究，14（6）：157～159.

宋春晖，孟庆泉，夏维民，等. 2009. 青藏高原北缘古近纪石英砂表面特征及其古环境意义. 沉积学报，

27 (1)：94～103.

孙东怀，鹿化煜，Rea D，等. 2000. 中国黄土粒度的双峰分布及其古气候意义. 沉积学报，18 (3)：327～335.

孙东怀，安芷生，苏瑞侠，等. 2001. 古环境中沉积物粒度组分分离的数学方法及其应用. 自然科学进展，11 (3)：269～276.

孙青，储国强，李圣强，等. 2004. 硫酸盐型盐湖中的长链烯酮及古环境意义. 科学通报，49 (17)：1789～1792.

孙千里，周杰，肖举乐. 2001. 岱海沉积物粒度特征及其古环境意义. 海洋地质与第四纪地质，21 (1)：93～95.

孙永传，李惠生. 1986. 碎屑岩沉积相和沉积环境. 北京：地质出版社，65～81.

汤艳杰，贾建业，谢先德. 2002. 黏土矿物的环境意义. 地学前缘，9 (2)：337～344.

王君波，朱立平. 2002. 藏南沉错沉积物的粒度特征及其古环境意义. 地理科学进展，21 (5)：459～467.

王中波，杨守业，李日辉，等. 2010. 黄河水系沉积物碎屑矿物组成及沉积动力环境约束. 海洋地质与第四纪地质，30 (4)：78～90.

王永焱，滕志宏，岳乐平. 1982. 黄土中石英颗粒表面结构与中国黄土的成因. 地理学报，37 (1)：35～40.

卫管一，张长俊. 1995. 岩石学简明教程 [M]. 北京：地质出版社.

吴建国，吕佳佳. 2009. 气候变化对我国干旱区分布及其范围的潜在影响. 环境科学研究，22 (2)：199～206.

吴艳宏，李世杰，夏威岚. 2004. 可可西里苟仁错湖泊沉积物元素地球化学特征及其环境意义. 地球科学与环境学报，26 (3)：64～68.

吴正. 1995. 我国内陆沙漠与海岸沙丘石英颗粒表面结构的对比研究. 中国沙漠，15 (3)：201～206.

伍永秋，崔之久. 1998. 昆仑山垭口地区第四纪地层石英砂表面特征与沉积环境. 应用基础与工程科学学报，6 (2)：117～124.

谢又予. 1985. 中国石英砂表面结构特征图谱. 北京：海洋出版社.

薛积彬，钟巍. 2008. 新疆巴里坤湖全新世环境记录及区域对比研究. 第四纪研究，28 (4)：610～620.

杨文光，郑洪波，谢昕，等. 2008. 南海北部陆坡沉积记录的全新世早期夏季风极强事件. 第四纪研究，28 (3)：425～430.

姚波，刘兴起，王永波，等. 2011. 可可西里库赛湖 KS～2006 孔矿物组成揭示的青藏高原北部晚全新世气候变迁. 湖泊科学，23 (6)：903～909.

尹雪斌，孙立广，刘晓东. 2003. 南极无冰区典型沉积环境石英砂表面结构特征及其在沉积环境识别中的应用. 极地研究，15 (1)：1～10.

于丽芳，杨志军. 2008. 扫描电镜和环境扫描电镜在地学领域的应用综述. 中山大学研究生学刊，29 (1)：54～61.

于学峰，周卫健，Franzen L G，等. 2006. 青藏高原东部全新世冬夏季风变化的高分辨率泥炭记录. 中国科学：D辑，36 (2)：182～187.

张成君，郑绵平，Prokopenko A，等. 2007. 博斯腾湖碳酸盐和同位素组成的全新世古环境演变高分辨记录及与冰川活动的响应. 地质学报，81 (12)：1658～1671.

张光威，杨子赓. 1996. 南黄海第四纪时期石英砂表面结构特征及其环境意义. 海洋地质与第四纪地质，16 (3)：37～47.

张克存，屈建军，马中华. 2004. 近 50 a 来民勤沙尘暴的环境特征. 中国沙漠，24 (3)：257～260.

赵强. 2005. 石羊河流域末次冰消期以来环境变化研究. 兰州：兰州大学.

赵强，王乃昂，程弘毅，等. 2003. 青土湖沉积物粒度特征及其古环境意义. 干旱区地理，26 (1)：2～6.

赵强，王乃昂，李秀梅. 2005. 青土湖地区 9500aBP 以来的环境变化研究. 冰川冻土，27 (3)：352～359.

赵强，王乃昂，李秀梅. 2007. 末次冰消期以来古猪野泽湖相地层沉积学及湖面波动历史. 干旱区资源与环境，21 (12)：161～169.

郑大中，郑若锋. 2006. 论钾盐矿床的物质来源和找矿指示. 盐湖研究，14 (4)：9～17.

郑绵平. 2010. 中国盐湖资源与生态环境. 地质学报，84 (011)：1613～1622.

郑喜玉. 2000. 乌尊布拉克湖硝酸钾盐沉积特征. 盐湖研究，8 (1)：41～45.

郑喜玉，张明刚，董继和. 1992. 内蒙古盐湖. 北京：科学出版社.

中国科学院《中国自然地理》编辑委员会. 1984. 中国自然地理气候. 北京：科学出版社，1～30.

朱艳，陈发虎，Adsen B D. 2001. 石羊河流域早全新世湖泊孢粉记录及其环境意义. 科学通报，46 (19)：1596～1602.

朱艳，程波，陈发虎，等. 2004. 石羊河流域现代孢粉传播研究. 科学通报，49 (1)：15～21.

An C B, Feng Z D, Barton L. 2006. Dry or humid? Mid-Holocene humidity changes in arid and semi-arid China. Quaternary Science Reviews, 25 (3)：351～361.

An Z, Porter S C, Kutzbach J E, et al. 2000. Asynchronous Holocene optimum of the East Asian monsoon. Quaternary Science Reviews. 19 (8)：743～762.

Berger A, Loutre M F. 1991. Insolation values for the climate of the last 10 million years. Quaternary Science Reviews, 10 (4)：297～317.

Birks C J, Koc N. 2002. A high-resolution diatom record of late-Quaternary sea-surface temperatures and oceanographic conditions from the eastern Norwegian Sea. Boreas, 31 (4)：323～344.

Biscaye P E. 1965. Mineralogy and sedimentation of recent deep-sea clay in the Atlantic Ocean and adjacent seas and oceans. Geological Society of America Bulletin, 76 (7)：803～832.

Bryant R G, Sellwood B W, Millington A C, et al. 1994. Marine-like potash evaporite formation on a continental playa: case study from Chott el Djerid, southern Tunisia. Sedimentary Geology, 90 (3)：269～291.

Campell C. 1997. Late Holocene lake sedimentology and climate change in southern Alberta, Canada. Quaternary Research, 49 (1)：96～101.

Chen F, Shi Q, Wang J M. 1999. Environmental changes documented by sedimentation of Lake Yiema in arid China since the Late Glaciation. Journal of Paleolimnology, 22 (2)：159～169.

Chen F, Wu W, Holmes J A, et al. 2003. A Mid-Holocene drought interval as evidenced by lake desiccation in the Alashan Plateau, Inner Mongolia China. Chinese Science Bulletin, 48 (14)：1401～1410.

Chen F, Yu Z, Yang M, et al. 2008. Holocene moisture evolution in arid central Asia and its out-of-phase relationship with Asian monsoon history. Quaternary Science Reviews, 27 (3)：351～364.

Crowley J K. 1993. Mapping playa evaporite minerals aviris data: A first report from Death Valley, California. Remote Sensing of Environment, 44 (2～3)：337～356.

Dahl-Jensen D, Mosegaard K, Gundestrup N, et al. 1998. Past temperatures directly from the Greenland ice sheet. Science, 282 (5387)：268～271.

D'Arrigo R, Jacoby G, Pederson N, et al. 2000. Mongolian tree-rings, temperature sensitivity and reconstructions of Northern Hemisphere temperature. The Holocene, 10 (6)：669～672.

Dykoski C A, Edwards R L, Cheng H, et al. 2005. A high-resolution, absolute-dated Holocene and deglacial Asian monsoon record from Dongge Cave, China. Earth and Planetary Science Letters, 233

(1)：71～86.

Feng Z D, An C B, Wang H B. 2006. Holocene climatic and environmental changes in the arid and semiarid areas of China: a review. The Holocene, 16 (1): 119～130.

Feng Z, Thompson L G, Mosley-Thompson E, et al. 1993. Temporal and spatial variations of climate in China during the last 10000 years. The Holocene, 3 (2): 174～180.

Fleitmann D, Burns S J, Mudelsee M, et al. 2003. Holocene forcing of the Indian monsoon recorded in a stalagmite from southern Oman. Science, 300 (5626): 1737～1739.

Frihy O E, Lotfy M F, Komar P D. 1995. Spatial variations in heavy minerals and patterns of sediment sorting along the Nile Delta, Egypt. Sedimentary Geology, 97 (1): 33～41.

Gasse F, Arnold M, Fontes J C, et al. 1991. A 13000-year climate record from western Tibet. Nature, 353 (6346): 742～745.

Hakanson L, Jansson M. 1983. Principles of Lake Sedimentology. Berlin: Springer.

Hallsworth C R, Morton A C, Claoué-Long J, et al. 2000. Carboniferous sand provenance in the Pennine Basin, UK: constraints from heavy mineral and detrital zircon age data. Sedimentary Geology, 137 (3): 147～185.

He Y, Theakstone W H, Zhonglin Z, et al. 2004. Asynchronous Holocene climatic change across China. Quaternary Research, 61 (1): 52～63.

Herzschuh U. 2006. Palaeo-moisture evolution in monsoonal Central Asia during the last 50000 years. Quaternary Science Reviews, 25 (1): 163～178.

Jacoby G C, D'Arrigo R D, Davaajamts T. 1996. Mongolian tree rings and 20th-century warming. Science, 273 (5276): 771～773.

Ji S, Xingqi L, Sumin W, et al. 2005. Palaeoclimatic changes in the Qinghai Lake area during the last 18000 years. Quaternary International, 136 (1): 131～140.

Jin L, Chen F, Morrill C, et al. 2012. Causes of early Holocene desertification in arid central Asia. Climate dynamics, 38 (7～8): 1577～1591.

Jin Z, Wang S, Shen J, et al. 2001. Chemical weathering since the little ice age recorded in lake sediments: a high-resolution proxy of past climate. Earth Surface Processes and Landforms, 26 (7): 775～782.

Jin Z, Wu Y, Zhang X, et al. 2005. Role of late glacial to mid-holocene climate in catchment weathering in the central Tibetan plateau. Quaternary Research, 63 (2): 161～170.

Koç N, Jansen E, Haflidason H. 1993. Paleoceanographic reconstructions of surface ocean conditions in the Greenland, Iceland and Norwegian seas through the last 14 ka based on diatoms. Quaternary Science Reviews, 12 (2): 115～140.

Krinsley D H, Perdok W C. 1962. Applications of electron microscopy to geology. New York Academy of Science, Trans, 25 (1): 3～22.

Last W M, Smol J P. 2001. Tracking Environmental Change Using Lake Sediments. Dordrecht: Kluwer Academic Publishers.

Lea D W, Pak D K, Peterson L C, et al. 2003. Synchroneity of tropical and high～latitude Atlantic temperatures over the last glacial termination. Science, 301 (5638): 1361～1364.

Lerman A. 1978. Lake: Chemistry, Geology, Physics. Berlin: Springer.

Li J J, Feng Z D, Tang L Y. 1988. Late Quaternary monsoon patterns on the Loess Plateau of China. Earth Surface Processes and Landforms, 13 (2): 125～135.

Li Y, Morrill C. 2010. Multiple factors causing Holocene lake-level change in monsoonal and arid central Asia as identified by model experiments. Climate dynamics, 35 (6): 1119～1132.

Li Y, Wang N, Cheng H, et al. 2009. Holocene environmental change in the marginal area of the Asian monsoon: A record from Zhuye Lake, NW China. Boreas, 38: 349～361.

Li Y, Li Z, Zhou X, et al. 2013. Carbonate formation and water level changes in a paleo-lake and its implication for carbon cycle and climate change, arid China. Frontiers of Earth Science, 7 (4): 487～500.

Liang E, Liu X, Yuan Y, et al. 2006. The 1920s drought recorded by tree rings and historical documents in the semi-arid and arid areas of northern China. Climatic Change, 79 (3～4): 403～432.

Liu X, Shen J, Wang S, et al. 2007. Southwest monsoon changes indicated by oxygen isotope of ostracode shells from sediments in Qinghai Lake since the late Glacial. Chinese Science Bulletin, 52 (4): 539～544.

Liu X, Dong H, Rech J A, et al. 2008. Evolution of Chaka Salt Lake in NW China in response to climatic change during the Latest Pleistocene-Holocene. Quaternary Science Reviews, 27 (7): 867～879.

Long H, Lai Z, Wang N, et al. 2010. Holocene climate variations from Zhuyeze terminal lake records in East Asian monsoon margin in arid northern China. Quaternary Research, 74 (1): 46～56.

Ma Z, Fu C. 2003. Interannual characteristics of the surface hydrological variables over the arid and semi-arid areas of northern China. Global and Planetary Change, 37 (3): 189～200.

Mahaney W C, Dirszowsky R W, Milner M W, et al. 2004. Quartz microtextures and microstructures owing to deformation of glaciolacustrine sediments in the northern Venezuelan Andes. Journal of Quaternary Science, 19 (1): 23～33.

Mahaney W C, Kalm V. 2000. Comparative scanning electron microscopy study of oriented till blocks, glacial grains and Devonian sands in Estonia and Lat via . Boreas, 29 (1) : 35～51.

Morrill C, Overpeck J T, Cole J E, et al. 2006. Holocene variations in the Asian monsoon inferred from the geochemistry of lake sediments in central Tibet. Quaternary Research, 65 (2): 232～243.

Morton A C, Hallsworth C. 1994. Identifying provenance-specific features of detrital heavy mineral assemblages in sandstones. Sedimentary Geology, 90 (3): 241～256.

Morton A C, Hallsworth C. 1999. Processes controlling the composition of heavy mineral assemblages in sandstones. Sedimentary Geology, 124 (1): 3～29.

Mueller A D, Anselmetti F S, Ariztegui D, et al. 2010. Late Quaternary palaeoenvironment of northern Guatemala: evidence from deep drill cores and seismic stratigraphy of Lake Petén Itza. Sedimentology, 57 (5): 1220～1245.

Pye K. 1987. Aeolian Dust and Dust Deposits. Academic Press, London, 29～62.

Rasmussen S O, Andersen K K, Svensson A M, et al. 2006. A new Greenland ice core chronology for the last glacial termination. Journal of Geophysical Research: Atmospheres, 111: D06102.

Rhodes T E, Gasse F, Lin Ruifen, et al. 1996. A Late Pleistocene-Holocene lacustrine record from Lake Manas, Zunggar, northern Xinjiang, western China, Palaeogeography Palaeoclimatology Palaeoecology, 120 (1): 105～121.

Ruhl K W, Hodges K V. 2005. The use of detrital mineral cooling ages to evaluate steady state assumptions in active orogens: An example from the central Nepalese Himalaya. Tectonics, 24 (4).

Shao X, Wang Y, Cheng H, et al. 2006. Long-term trend and abrupt events of the Holocene Asian monsoon inferred from a stalagmite $\delta^{10}O$ record from Shennongjia in Central China. Chinese Science Bulletin, 51 (2): 221～228.

Shen J, Xingqi L, Sumin W, et al. 2005. Palaeoclimatic changes in the Qinghai Lake area during the last 18000 years. Quaternary International, 136 (1): 131～140.

Singer A. 1984. The paleoclimatic interpretation of clay minerals in sediments—a review. Earth-Science Reviews, 21 (4): 251～293.

Strand K, Passchier S, Näsi J. 2003. Implications of quartz grain microtextures for onset Eocene/Oligocene glaciation in Prydz Bay, ODP Site 1166, Antarctica. Palaeogeography Palaeoclimatology Palaeoecology. 198: 101～111.

Sun D, Bloemendal J, Rea D K, et al. 2002. Grain size distribution function of polymodal sediments in hydraulic and Aeolian environments and numerical partitioning of the sedimentary components. Sedimentary Geology, 152 (3～4): 263～277.

Thompson L G, Mosley-Thompson E, Davis M E, et al. 1989. Holocene—late Pleistocene climatic ice core records from Qinghai-Tibetan Plateau. Science, 246 (4929): 474～477.

Vandenberghe J, Renssen H, van Huissteden K, et al. 2006. Penetration of Atlantic westerly winds into Central and East Asia. Quaternary Science Reviews, 25 (17): 2380～2389.

Wang R L, Scarpitta S C, Zhang S C, et al. 2002. Later Pleistocene/Holocene climate conditions of Qinghai-Xizhang Plateau, Tibet based on carbon and oxygen stable isotopes of Zabuye Lake sediments. Earth and Planetary Science Letters. 203 (1): 461～477.

Wang Y, Cheng H, Edwards R L, et al. 2008. Millennial and orbital scale changes in the East Asian monsoon over the past 224000 years. Nature, 451 (7182): 1090～1093.

Wang Y, Cheng H, Edwards R L, et al. 2005. The Holocene Asian monsoon: links to solar changes and North Atlantic climate. Science, 308 (5723): 854～857.

Wei K, Gasse F. 1999. Oxygen isotopes in lacustrine carbonates of West China revisited: implications for post glacial changes in summer monsoon circulation. Quaternary Science Reviews, 18 (12): 1315～1334.

Wen R, Xiao J, Chang Z, et al. 2010. Holocene precipitation and temperature variations in the East Asian monsoonal margin from pollen data from Hulun Lake in northeastern Inner Mongolia, China. Boreas, 39 (2): 262～272.

Xiao J, Xu Q, Nakamura T, et al. 2004. Holocene vegetation variation in the Daihai Lake region of north-central China: a direct indication of the Asian monsoon climatic history. Quaternary Science Reviews, 23 (14): 1669～1679.

Yancheva G, Nowaczyk N R, Mingram J, et al. 2007. Influence of the intertropical convergence zone on the East Asian monsoon. Nature, 445 (7123): 74～77.

Yuretich R, Melles M, Sarata B, et al. 1999. Clay minerals in the sediments of Lake Baikal; a useful climate proxy. Journal of Sedimentary Research, 69 (3): 588～596.

Zhang X, Shen Z, Zhang G, et al. 1996. Remote mineral aerosols in Westeries and their contributionsto the Chinese loess. Science in China (D), 39 (2): 134～143.

Zhao Q, Wang N, Li X. 2008. Lacustrine strata sedimentology and lake-level history in ancient Zhuyeze Lake since the Last Deglaciation. Frontiers of Earth Science in China, 2 (2): 199～208.

Zhao Y, Yu Z C, Chen F H. 2009. Spatial and temporal patterns of Holocene vegetation and climate changes in arid and semi-arid China. Quaternary International. 194 (1): 6～18.

Zhao Y, Yu Z, Zhao W. 2011. Holocene vegetation and climate histories in the eastern Tibetan Plateau:

controls by insolation-driven temperature or monsoon-derived precipitation changes? Quaternary Science Reviews，30 (9)：1173～1184.

Zhao Y，Yu Z，Chen F，et al. 2008. Holocene vegetation and climate change from a lake sediment record in the Tengger Sandy Desert，northwest China. Journal of Arid Environment，72 (11)：2054～2064.

Zhu L，Zhen X，Wang J，et al. 2009. A-30000-year record of environmental changes inferred from Lake Chen Co，Southern Tibet. Journal of Paleolimnology，42 (3)：343～358.

第6章　猪野泽孢粉记录与古植被演化

湖泊沉积物孢粉记录是研究古植被、古生态的重要手段，我国干旱-半干旱区全新世孢粉记录主要用于重建古植被及古生态状况（Chen et al.，2006；Zhao et al.，2008；Li et al.，2009a；Li et al.，2009b），而古植被及古生态状况主要受控于该区域的气候条件，所以通过流域性的孢粉记录可以重建该区域全新世期间的气候状况。由于孢粉传播过程、沉积机制和湖泊水动力条件的影响，同一湖泊不同位置孢粉组合存在差异，这可能导致同一区域环境变化研究产生分歧（朱艳等，2004；李育等，2011）。孢粉种类和来源不同导致的花粉传播与沉积过程的差异，会使得孢粉组合与区域植被类型并不完全对应（Luo et al.，2009；田芳等，2009；Xu et al.，2005），已有研究也表明，湖泊不同位置的表层沉积物花粉组合形式存在差异（George and DeBusk，1997；Huang et al.，2010），再加上水流干扰和沉积环境影响，径流入湖区冲积相孢粉组合与湖泊沉积区孢粉组合也不同（田芳等，2009；朱艳和陈发虎，2001），且冲积相孢粉组合的环境指示意义曾受到质疑（Fall，1987）。在古气候研究方面，对同一湖泊不同位置沉积地层孢粉组合的对比和传播动力机制的讨论，有助于进一步明确千年尺度气候变化状况，但是少有湖泊拥有多个不同位置的钻孔或研究剖面，且地层孢粉记录较为单一，难以开展湖盆不同位置沉积地层孢粉学的对比研究。

为了确定石羊河流域风和河水长距离搬运的孢粉对猪野泽湖泊沉积物孢粉谱的影响和贡献，朱艳等（2004）对石羊河流域的空气、表土、河水和河床冲积物中的孢粉进行了系统的分析。其结果显示：河水搬运孢粉的能力远较风强，河水搬运的孢粉对流域中下游河床冲积物和河水孢粉谱的贡献非常大；干旱区与河水有关沉积物孢粉谱的古环境重建很大程度上受河水搬运孢粉的影响。根据朱艳等（2004）的工作，石羊河流域现代花粉传播的特征主要有以下几点：①石羊河流域花粉传播在一定范围内受风的影响，针对云杉花粉，风媒传播的距离仅限于云杉林线下50km以内，超出云杉林线50km以外风力搬运的云杉花粉对孢粉谱的影响快速减弱。②石羊河流域河水传播孢粉的能力远大于风，流域中下游的沉积物中河水搬运山地植物孢粉的含量远高于风力搬运的山地植物孢粉含量。③河水传播的孢粉数量，对下游冲积物孢粉谱的贡献量非常大。④石羊河流域同一地点，不同搬运介质的孢粉谱差异非常大，也就是说，搬运介质不同，孢粉组合对植被的代表性不同。根据现有的石羊河流域孢粉现代过程研究成果来看，猪野泽湖泊沉积物的孢粉主要反映包括上游山地在内的整个流域的植被状况，来源主要有风媒和水媒两种，水媒传播的孢粉对沉积物的孢粉贡献量较大，且水媒孢粉能反映一部分上游山地的孢粉组成状况，但由于不同搬运介质的孢粉谱差异较大，导致了猪野泽沉积物中孢粉来源的复杂性和多解性。Li等（2009a，2009b）根据石羊河流域终端湖泊——猪野泽的全新世湖泊沉积物研究，提出该区域全新世气候适宜期出现在中全新世7.4～4.7cal ka B. P. 期间。Zhao 等（2008）根据猪野泽中部全新世孢粉组合研究，也得出全新世气候适宜期出现在中全新世 7.2～5.2cal. ka B. P. 期间的认识。两研究均显示该流域全新世气候变化与中亚干旱区西风模式相近。但 Chen 等（2006）根据猪野泽西部的三角城剖面全新世沉积物研究，得出该流域全新世气候主要受控于亚洲季风，早全新世 11.0～7.0cal. ka B. P. 期间降水量较多，为全新世气候适宜期，中全新世期间该流域气候比较干旱. 是什么原因导致同一研究区不同地点得出两种完全不同的全新世气候变化模式？因此，对比研究本区域千年尺度古植被古生态变化，了解季风边缘区不同位置全新世气候变化过程的差异，对于研究全新世季风与西风相互作用机制具有重要意义。

6.1 猪野泽及邻近区域孢粉记录

QTH01 和 QTH02 剖面为本书作者在猪野泽中部开挖的全新世剖面，两个剖面相距 80m，海拔 1309m，地理坐标为 39°03′00″N，103°40′08″E，年代由两个剖面根据岩性和粒度组成互相内插得出，孢粉样品采自 QTH02 剖面。QTL-03 剖面（Zhao et al.，2008）地理坐标为 39°04′15″N，103°36′43″E，海拔 1302m；三角城剖面（Chen et al.，2004；Chen et al.，2006）地理坐标为 39°00′38″N，103°20′25″E，海拔 1320m。红水河剖面位于石羊河中游地区红水河阶地上，海拔高度 1460m。红水河剖面由红水河全新世剖面和红水河晚冰期-早全新世剖面（38°10′46″N，102°45′53″E）组成，两剖面相距 1km，基于两个剖面的位置、地表侵蚀状况和沉积物的年代，将两剖面拼接起来，可以得到连续的全新世沉积记录。红水河两剖面位于石羊河中游地区，其沉积相主要受控于石羊河流域中、上游地区的环境状况，降水较多、气候湿润期，形成湖相和泥炭沉积地层，气候干燥时期以砂层沉积为主（Zhang et al.，2000；Ma et al.，2003）。由本书相关年代学讨论章节可知，本研究的 QTH01，QTH02，QTL-03，三角城和红水河剖面全新世沉积物受碳库效应影响较小，其测年误差不会影响本节探讨全新世千年尺度的气候模式。

6.1.1 QTH02 剖面全新世孢粉组合

QTH02 剖面位于猪野泽中部，剖面孢粉分析和年代测定由本书作者完成. QTH02 剖面共采得孢粉样品 74 个，多数样品统计 500 粒以上，个别层位孢粉较少，基本统计在 100 粒以上。共鉴定出 50 余个科属，常见的有 20 余个科属，QTH02 剖面 74 个孢粉样品共鉴定出 50 余个科、属孢粉植物类型，常见的有 20 余个科、属（图 6.1，图 6.2）。花粉植物类型较单调。针叶树主要有云杉属（*Picea*）、圆柏属（*Sabina*）、松属（*Pinus*）及少量的铁杉（*Tsuga*）、雪松（*Cedrus*）、冷杉（*Abies*）等属。其中云杉（*Picea*）花粉主要来自祁连山，由河水将花粉带至终端湖并沉积下来。朱艳等（2004）对该区表土及河水中的孢粉研究也说明了这一点。阔叶树主要有桦木（*Betula*）、榆（*Ulmus*）、栎（*Quercus*）、柳（*Salix*）及少量的椴（*Tilia*）、鹅耳枥（*Carpinus*）、桤木（*Alnus*）、槭树（*Acer*）、胡桃（*Juglans*）、丁香（*Syringa*）、白蜡树（*Fraxinus*）等；灌木花粉主要有蔷薇科（Rosaceae）、豆科（Leguminosae）、榛属（*Corylus*）、鼠李科（Rhamnaceae）、柽柳（Tamaricaceae）及较少的胡颓子（Elaeagnaceae）、忍冬（Caprifoliaceae）、卫茅（Celastraceae）、小檗（Berberidaceae）等科。草本植物花粉主要有禾本科（Gramineae）、菊科（Compositae）、藜科（Chenopodiaceae）、莎草科（Cypraceae）、蒿属（*Artemisia*）、蓼属（*Polygonum*）及少量的石竹科（Caryophyllaceae）、唐松草（*Thalictrum*）、唇形科（Labiatae）、狼毒（*Stellera*）、车前（*Plantago*）、紫草科（Boraginaceae）、十字花科（Cruciferae）、毛茛科（Ranunculaceae）、荨麻科（Urticaceae）、景天科（Crassulaceae）、川续断科（Dipsaceae）、牻牛儿苗科（Geraniaceae）、麻黄（*Ephedra*）、伞形科（Umbelliferae）、蓝雪科的补血草（*Limonium*）等。水生草本植物花粉主要有香蒲属（*Typha*）、眼子菜科（Potamogetonaceae）等。蕨类主要有卷柏（*Selaginella*）、水龙骨（*Polypodium*）。

纵观整个剖面，草本植物花粉是最主要的组成部分，平均含量多在 80%以上，其中蒿属（*Artemisia*），藜科花粉又是草本植物花粉中的主要成分，也有干旱区的指示性植物白刺（*Nitraria*）、沙拐枣属（*Calligonum*），还有指示滞水环境的黑三棱（*Sparganium*）、香蒲（*Typha*）等，表明植物和生态环境的多样性和复杂性。在中国的西北干旱区，水分条件是控制植物生长的主要限制因子，从孢粉记录的角度（如果不采取定量重建的方式），很难提取出孢粉记录中的温度线索；同时，猪野泽是石羊河流域的终端湖，流域各个位置的植被变化都有可能会影响到终端湖沉积物孢粉谱，所以在分析孢粉组合的时候，需要考虑到流域不同部位植被变化对终端湖孢粉记录的影响。根据孢粉百分比和浓度图式（图 6.1，图 6.2），将 QTH02 剖面划分为 6 个孢粉带，代表了猪野泽地区和石羊河流域 5 个时段植被演替和生态环境演化的过程（图 6.1，图 6.2）。

孢粉带Ⅰ，剖面深度 600～736 cm，年代上限为约 13cal. ka B. P. 。从岩性来看沉积物颗粒较粗，含砂量较高，非湖泊沉积物。这一时期草本花粉居多，占花粉总数的 67%～89%，其中蒿（31%～69%）、藜（平均为 9%）、毛茛科（Ranunculaceae）（3%～5.7%）、豆科（Leguminosae）（在个别层位可达到 34%）、荨麻科（Urticaceae）（平均 11%）花粉含量较高；灌木平均百分比 7%，以蔷薇科（Rosaceae）为主。乔木花粉主要有圆柏、桦（*Betula*）、松（*Pinus*）、栎（*Quercus*）等，但百分比多低于 10%。周围林地距猪野泽都较远，乔木花粉都经过长距离传播，推测来自盆地南侧的祁连山地，其乔木植物花粉类型也与现在祁连山山地植被类型一致（吴征镒，1980）。除个别样品外，孢粉浓度较低（11～81 粒/g），表明猪野泽周围及石羊河流域植物密度小，同时花粉种类少，植物属种较为单一，代表了植被较为单一的荒漠植被景观，该时期处于末次冰消期早期，该区域植被类型较为单一，植被密度较小。

孢粉带Ⅱ，剖面深度为 470～600 cm，年代为约 13cal. ka B. P. ～约 7.7cal. ka B. P. ，属末次冰消期和早全新世。该段黏土及粉砂含量增高，为典型的干旱区湖泊沉积物。该段花粉组合的最大特点是乔木百分含量较高，平均 25%左右，最高达 86%，是整个剖面最高值时期。同时代表干旱和荒漠区植物的藜科花粉（Chenopodiaceae）（平均 9%）为整个剖面最低值时期，与藜科植物（Chenopodiaceae）相比生态环境相对湿润的蒿花粉（*Artemisia*）含量增加，最高达 89%，平均为 62%，还有一些灌木和其他草本植物花粉，如麻黄、毛茛科、百合科（Liliaceae）等。

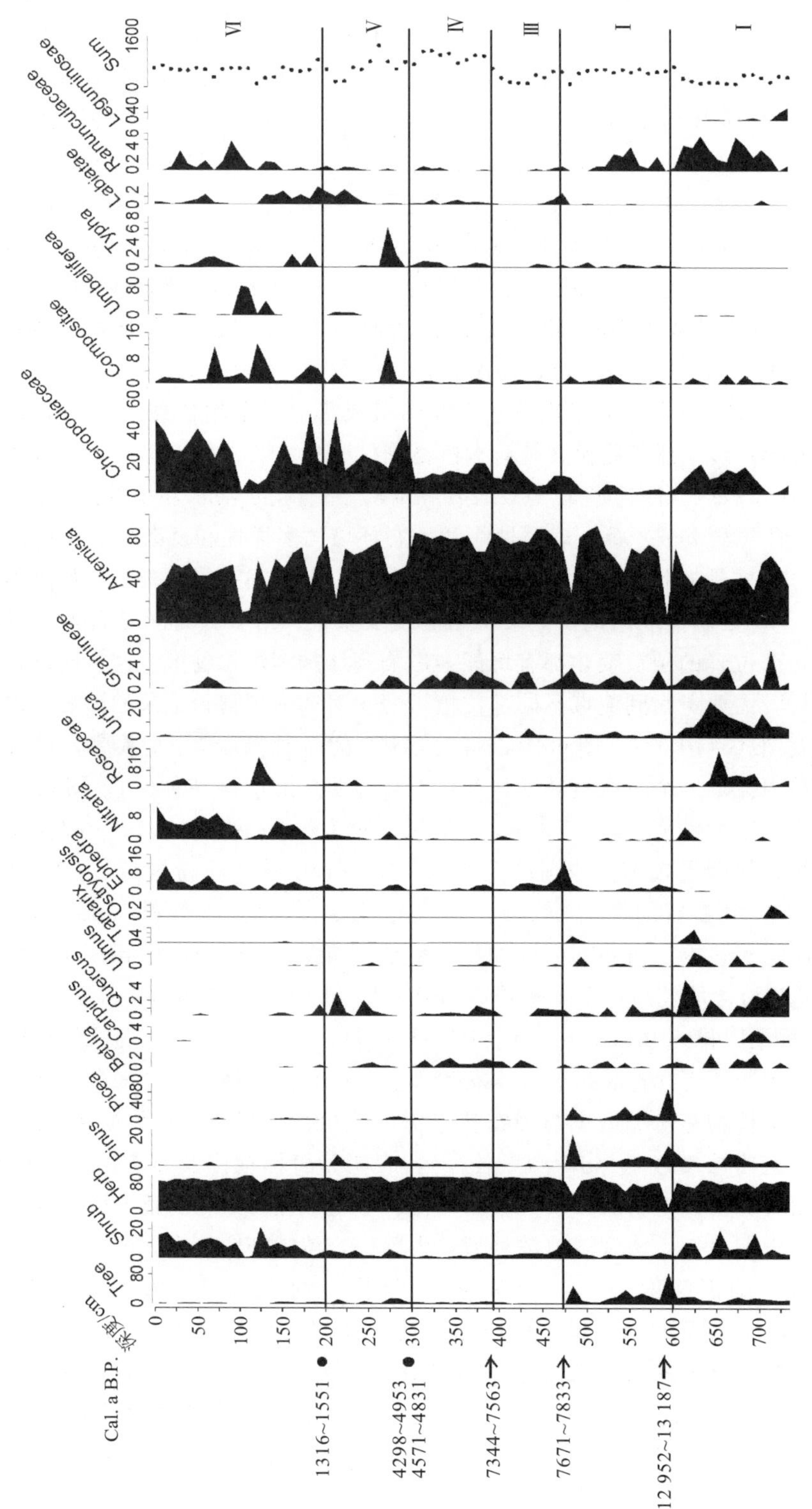

图 6.1　QTH02 剖面孢粉含量百分比图(李育，2009)

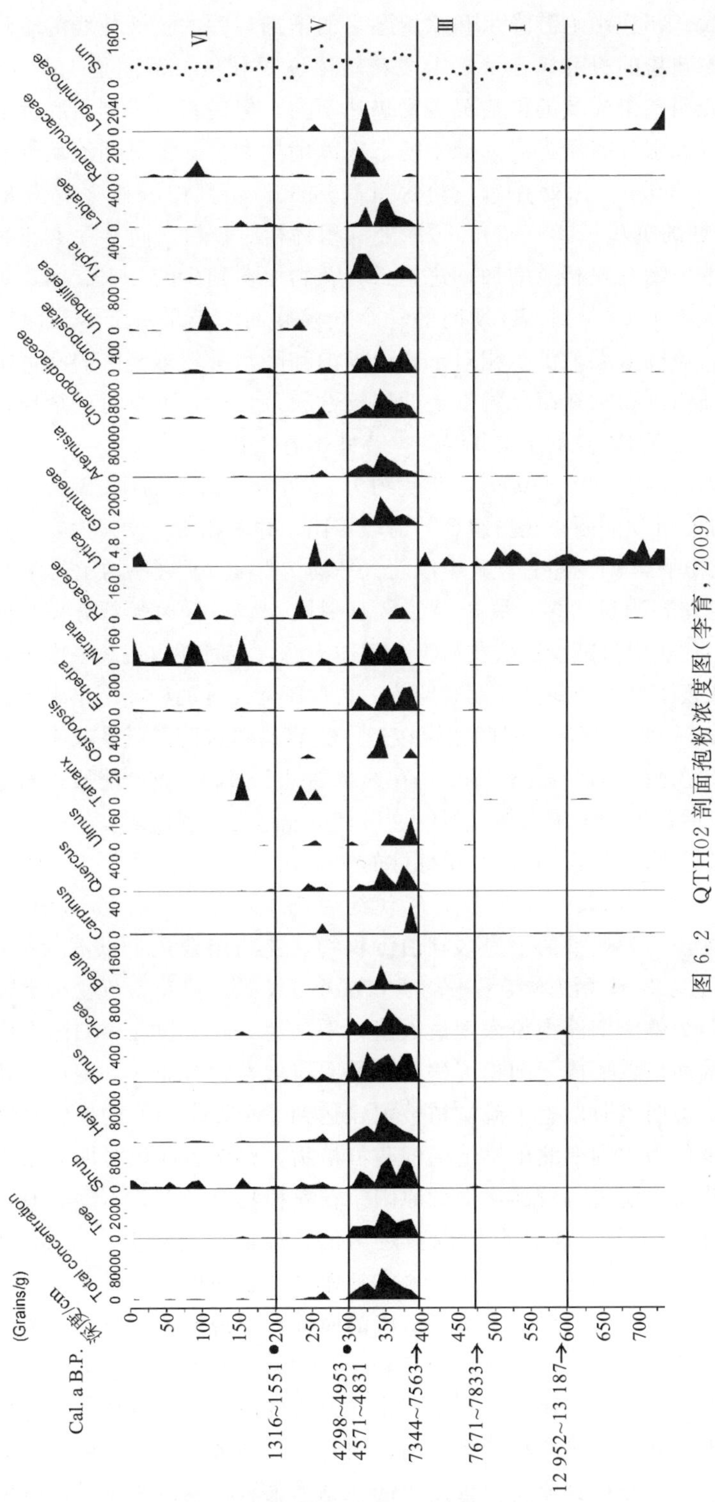

图 6.2　QTH02 剖面孢粉浓度图(李育，2009)

湖泊沉积物的形成表明该时期，湖泊范围达到剖面位置，流域性有效水分增加，河流末端的尾闾湖范围扩大。祁连山上游降水和冰川融水的增加与乔木植被林线的下移增加了尾闾湖沉积物中乔木花粉的百分比含量。本段花粉浓度仍较低，范围是15～421粒/g，平均为149粒/g，说明整个流域的植被覆盖度仍然不高，但是相对于剖面底部的沉积时段，该段流域性的有效水分有所提高，处于晚末次冰消期和全新世早期流域性有效水分提升阶段。该段595～605cm深处乔木花粉含量高达95%，其中云杉含量为86%，有可能对应了B/A暖期的沉积。585～595cm深处沉积物相对较粗，同时乔木花粉减少到20%左右，其他草本植物花粉相应增加，这是云杉花粉由多到少的一个旋回，根据其所处的时代很有可能代表了B/A到YD期间的一个气候旋回。但是由于本剖面的沉积记录位于西北干旱区，该区域湖泊沉积相对于高山湖泊和降水量较多地区的湖泊沉积，其沉积序列不稳定，湖泊沉积物在高分辨率上的连续性较差，所以不是讨论全球性气候突变事件的良好材料，对于B/A和YD事件，本节并不着重探讨。

孢粉带Ⅲ，剖面深度为390～470 cm，年代约为～7.7～约7.4 cal. ka B. P.，该段沉积物岩性砂含量高，湖相沉积间断。花粉组合与前段相比，乔木花粉急剧减少，平均百分比为2%；草本植物花粉平均94%左右，其中以蒿（平均77%）、藜（平均12%）为主，但代表荒漠植被的麻黄花粉明显增多，最高达13%（平均4%）；同时大部分样品的花粉浓度与上一个孢粉带相比，明显减少；从花粉组合整体来看，该时期出现了一次干旱突变事件。本段沉积可能代表了早中全新世过渡时期的一次百年际尺度的极端干旱事件。由于该事件与全球性的“8.2 ka”冷事件，时间相距较近，很容易将这两者联系起来，但是根据本书作者在石羊河中游地区的研究工作显示，在约7.5cal. ka B. P. 这个时段，石羊河中游地区也存在一次百年际尺度的干旱事件，所以这很有可能是石羊河流域在早中全新世过渡时期发生的一次流域性环境突变，可能与全球性的“8.2 ka”冷事件没有必然联系。

孢粉带Ⅳ，剖面深度为300～390 cm，年代约为7.4～约4.7cal. ka B. P.，该段岩性为黏土及粉砂质黏土，为典型的干旱区湖泊沉积物。花粉组合虽仍以蒿（平均77%）藜（平均14%）为主，乔木及灌木花粉平均含量都小于5%，但花粉植物种类较多，且花粉浓度急剧增加，为整个剖面孢粉浓度最大值，平均为38634粒/g。湖泊在中全新世范围再次扩大，在剖面地点形成了湖相沉积物，说明流域性的有效水分增加。花粉浓度达到全新世最大值，说明该时段整个流域植被覆盖达到了全新世期间的最大密度；在这样的情况下，蒿、藜作为中国西北干旱地区的建群植物，必然也在该时期大量生长，这可能是蒿、藜在总花粉中还占有较高比例的原因。花粉植物类型多，本剖面鉴定出来的花粉科、属，其中有45个科、属是在该段鉴定出的，如椴、鹅耳枥、桤木、鼠李科、小檗、石竹科、唐松草、牻牛儿苗科、蓝雪科的补血草、香蒲属、眼子菜科，还有蕨类的卷柏、水龙骨，远远大于其他层位所鉴定出来的属种。这说明该时段，石羊河流域植物种类多，各种植物的分布也较广。本段松花粉（*Pinus*）浓度为340粒/g，云杉花粉浓度为418粒/g，桦浓度达350粒/g，乔木花粉孢粉浓度值远大于其在早全新世时期的数值，恰好说明乔木和其他植物花粉产量较高，同时，受到分布广、密度大的蒿属和藜科植物花粉的影响，乔木花粉百分比含量仍较低。总体来看，本沉积阶段，流域内有效水分达到全新世最佳，流域内植被发育较好，河水从上游祁连山地带来了大量乔木植物花粉（乔木花粉的孢粉浓度大量增加），流域的大部分区域大量生长了蒿、藜等草本植物，并在湖泊周围伴生了香蒲等水生植物。

孢粉带Ⅴ，剖面深度为 200～300 cm，年代为约 4.7～约 1.5cal. ka B. P.，从沉积相来看，该段形成了泥炭和湖相沉积物，二者相互交替，表明了湖泊在波动中退缩的过程。从本段开始，藜科花粉开始增加，平均为 26%；蒿花粉（*Artemisia*）开始减少，平均为 58%。平均总花粉浓度为 4410 粒/g，相对于上一段来看，花粉浓度大幅度下降，表明区域植被覆盖度减小，同时流域性有效水分减少。灌木花粉百分比有所增加，其中麻黄平均百分含量达到 2%左右，白刺平均百分含量达到 1%。该段湖泊开始退缩，在湖盆周围麻黄和白刺等干旱性指示植物开始生长，同时代表干旱环境的藜科植物也在流域范围内增加，流域整体有效水分从该段开始减少。

孢粉带Ⅵ，剖面深度为 0～200 cm，年代约为 1.5～0 cal. ka B. P.，为晚全新世至今。该段砂及粉砂含量较高，黏土含量较低，但在个别层位沉积相变化较大，可能和湖泊退缩过程中不稳定的沉积环境有关。从岩性上来看，本段湖泊基本已经退出剖面所在地点，该段属于陆相沉积物。本段花粉组合以蒿花粉（*Artemisia*）含量继续减少，平均为 46%；藜科花粉（Chenopodiaceae）含量继续增加，范围是 2%～51%，平均为 30%；灌木花粉增多，平均含量为 9.3%；麻黄、白刺（*Nitraria*）、蔷薇科（Rosaceae）、菊科等干旱区的耐旱草本及灌木花粉含量继续增多。花粉浓度继续比前段降低，平均为 1158 粒/g。该段时期，湖泊已基本退出剖面所在位置，全流域有效水分继续减少，大量干旱性植物开始在湖盆周围和全流域生长。在讨论孢粉组合的意义时，并没有使用 AP/NAP 或 *Artemisia*/Chenopodiaceae 等较为流行的孢粉参数，原因是该剖面岩性变化较大，孢粉来源具有多源性，不同的源在不同时期对于整体孢粉组合的贡献也不一样，所以运用孢粉参数的意义不大。

6.1.2　QTL-03 剖面全新世孢粉组合

QTL-03 剖面也位于猪野泽中部，剖面孢粉分析和年代测定由 Zhao 等（2008）完成。该剖面 88 个孢粉样品中，鉴定出 50 个孢粉种类，可以将该剖面孢粉组合分为 4 个孢粉带（图 6.3）。带 A（7.2～5.2cal. ka B. P.），孢粉组合主要由蒿属、藜科和禾本科组成。蒿属百分含量在 60%～70%之间；藜科和禾本科平均百分含量为 25%和 15%。该段孢粉总浓度平均可以达到 30000～40000 粒/g。带 B（5.2～4.3cal. ka B. P.），孢粉组合藜科花粉含量较高，平均百分含量为 50%；蒿属花粉百分含量在 20%～40%之间。菊科花粉最高可以达到 80%。毛茛科和麻黄花粉百分含量均达到全新世期间的最高值。该段总花粉浓度平均为 1000 粒/g。带 C（4.3～3.5cal. ka B. P.），蒿属花粉百分含量增加，平均为 87%；藜科花粉百分含量平均为 15%；禾本科花粉百分含量可以达到 10%。总孢粉浓度在 1000～5000 粒/g 之间。带 D（3.5～0cal. ka B. P.），孢粉组合蒿属百分含量较低，大多在 10%～20%之间。白刺花粉百分含量较高，平均为 32%。根据藜科和菊科花粉的变化，可以将该带分为两部分，3.5～3.0cal. ka B. P. 期间，菊科花粉百分含量高，平均为 95%，总孢粉浓度在 500～3000 粒/g 之间。3000～0cal. a B. P. 期间，孢粉组合中藜科花粉含量较高，平均为 70%，总孢粉浓度小于 600 粒/g。

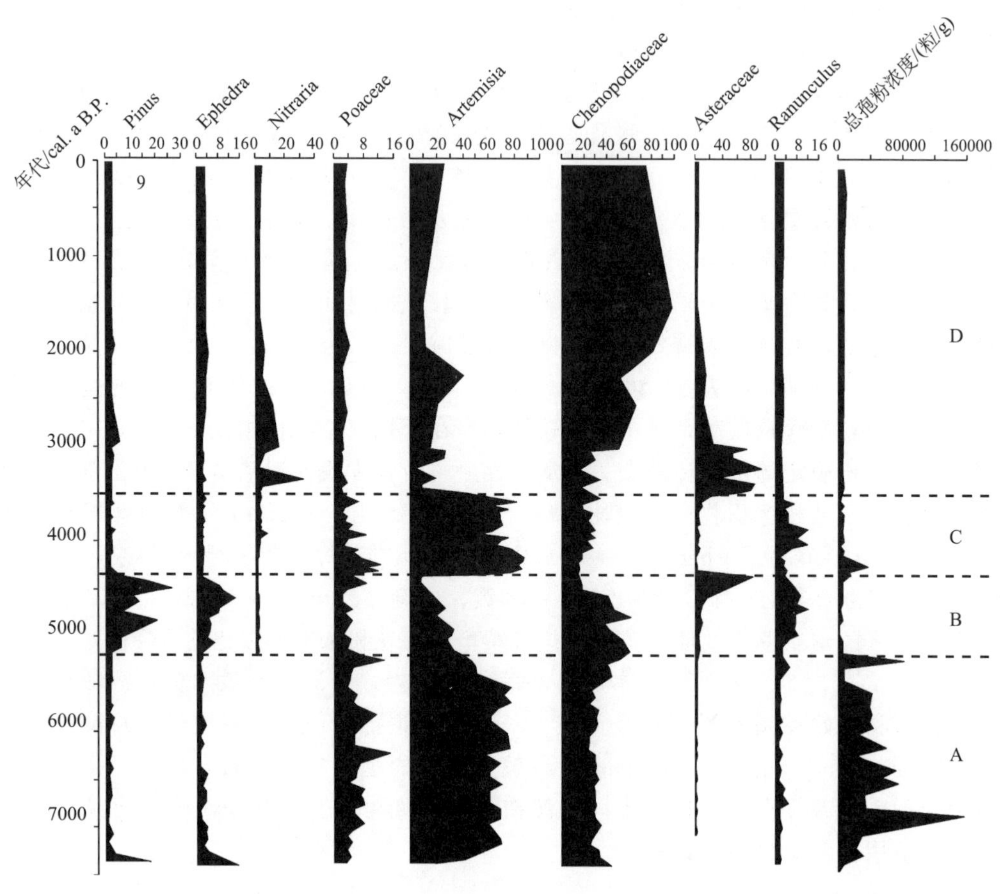

图 6.3 QTL-03 剖面主要孢粉百分比及浓度图

6.1.3 三角城剖面全新世孢粉组合

三角城全新世剖面孢粉分析和年代测定由 Chen 等（2006）完成。该剖面 232 个孢粉样品鉴定出超过 50 个孢粉种类，可将该剖面孢粉组合分为 3 个带（图 6.4）。带 A（11.6～7.1cal. ka B.P.），孢粉组合针叶树百分含量较高，其中圆柏属、云杉属和松属百分含量总和在 50%～90%之间。阔叶树百分含量在 1%～11%之间，蕨类孢子百分含量平均为 4%。灌木和草本植物花粉的百分含量分别为 1%～12%和 2%～18%。该段总孢粉浓度较高，峰值在 2000～3000 粒/g 之间，平均为 400～1500 粒/g. 带 B（7.1～3.8cal. ka B.P.），孢粉组合以草原和荒漠植物为主，针叶树花粉百分含量低。灌木花粉平均为 10%，在个别层位可达 70%（5.5cal. ka B.P.），草原植被花粉百分含量平均为 20%。白刺花粉百分含量相对上一孢粉带有大幅度增加，最高值可以达到 90%. 该段总孢粉浓度平均值为全新世期间的最低值。带 C（3.8～0cal. ka B.P.），总孢粉浓度变化较大，范围在 100～6000 粒/g。孢粉组合可以被分为两种类型，这两种类型分别和带 A 与带 B 相似。2.4～1.9cal. ka B. P. 和 1.1～0.5cal. ka B. P. 期间，总孢粉浓度较高，孢粉组合类似于带 A，其中针叶树百分含量在 38%～80%之间，水生植物香蒲含量相对较高。在该段其他层位，孢粉浓度较低，孢粉组合与带 B 类似，草本植物和旱生灌木百分含量相对较高，水生植物含量较低，针叶树花粉含量在 11%～70%，主要由圆柏属组成。

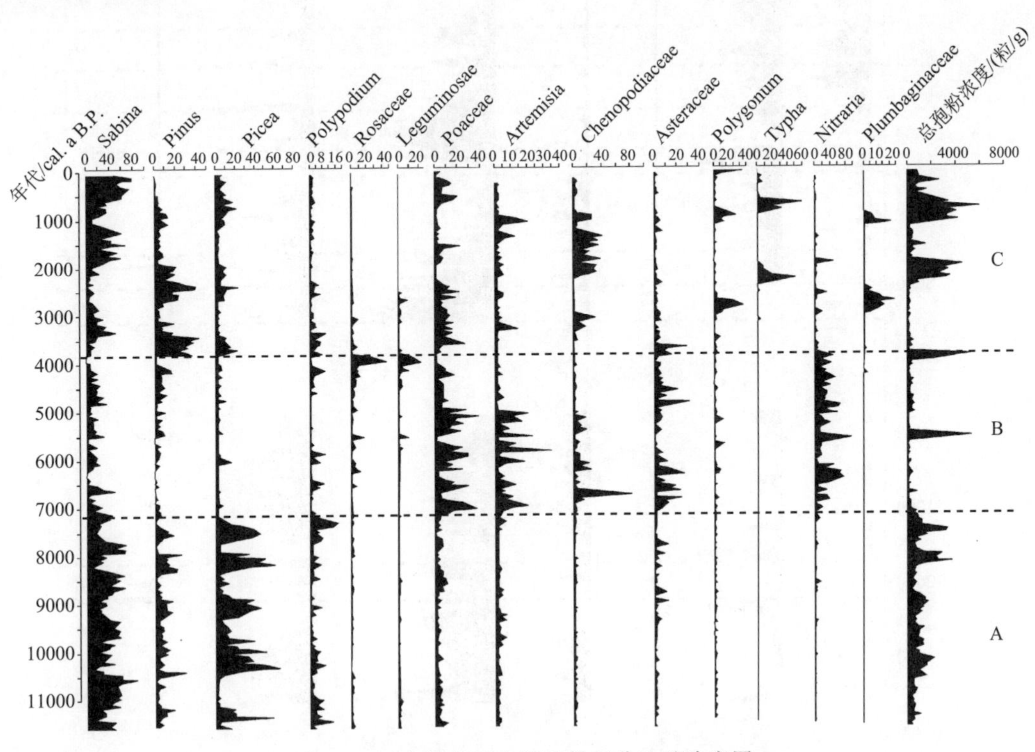

图 6.4　三角城剖面主要孢粉百分比及浓度图

6.1.4　红水河剖面全新世孢粉组合

红水河剖面分为晚冰期-早全新世剖面和全新世剖面，两个剖面相距 1km，孢粉分析和年代测定由 Zhang 等（2000）和 Ma 等（2003）完成。红水河晚冰期-早全新世剖面可以分为 3 个孢粉带（图 6.5）。带 A（13.6～12.2cal. ka B. P.），花粉组合以草本植物为主，主要有蒿属、藜科和禾本科；乔木花粉含量较高，主要为云杉属和松属。带 B（12.2～11.6cal. ka B. P.），乔木花粉含量下降显著，孢粉组合以草本植物为主，其中蒿属和菊科花粉平均百分含量分别为 27.8%和 21%，藜科花粉平均百分含量为 14.6%。带 C（11.6～9.7cal. ka B. P.），孢粉组合仍以蒿属、藜科和禾本科为主，但乔木植物花粉含量较高，以云杉属和松属为主。

红水河全新世剖面共分为 9 个孢粉带（图 6.5）。带 D（8450～7950 cal. a B. P.），

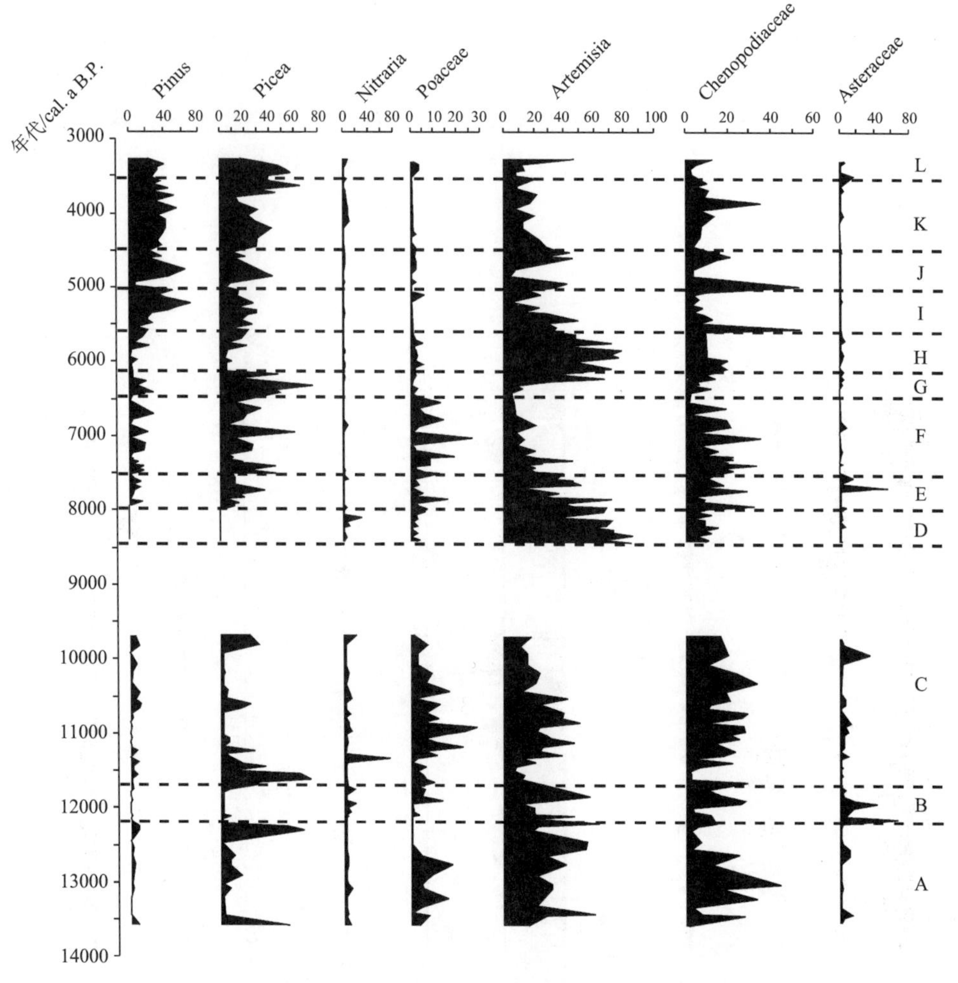

图 6.5 红水河剖面主要孢粉百分比图

总孢粉浓度较低，草本植物花粉百分含量较高，蒿属花粉平均百分含量为 62.52%，藜科花粉平均为 6.92%。带 E（7950～7500 cal. a B. P.），总孢粉浓度较上一段较高，草本植物花粉含量减少，水生植物香蒲的百分含量增加。带 F（7500～6490 cal. a B. P.），总孢粉浓度达到了本剖面最高值，鉴定出的孢粉种类也较多，松属、麻黄属、云杉属、禾本科和藜科花粉的平均百分含量分别为 8.36%，5.73%，19.18%，15.27% 和 15.27%。该段针叶树花粉平均百分含量从孢粉带 E 的 18.00%增加至 31.09%。带 G（6490～6290 cal. a B. P.），总孢粉浓度较高，以云杉属为代表的针叶树花粉含量增加幅度较大，云杉属花粉从百分含量从孢粉带 F 的 19.18% 增加至 49.50%。带 H（6290～5670 cal. a B. P.），总孢粉浓度较低，蒿属和藜科花粉百分含量较高，分别平均为 53.16%和 10.77%。带 I（5670～5010 cal. a B. P.），总孢粉浓度较低，针叶树花粉含量较高，松属和云杉属百分含量平均为 35.17%和 17.33%。带 J（5010～4470 cal. a B. P.），总孢粉浓度较低，蒿属和藜科平均百分含量分别为 25.55%和 20.14%。松属花粉平均为 29.14%，云杉属平均为 14.86%。带 K（4470～3510 cal. a B. P.），总孢粉浓度较低，针叶树花粉含量较高，平均为 68.07%。带 L（3510～3230 cal. a B. P.），孢粉组合中香蒲和眼子菜百分含量较高，显示了水生环境。

猪野泽位于我国干旱-半干旱地区，流域内河湖相沉积序列随着流域水循环状态的改变，变化很大，河湖相沉积序列中往往伴随沉积相变和沉积间断，这种沉积相变和沉积间断又会对沉积物中的孢粉组合产生影响，在研究 QTH02 剖面沉积物粒度组成和花粉组合之间的关系时，就发现了这个问题 Li 等，(2009b)。本节在探讨不同剖面孢粉组合的关系时，为了避免沉积相变化对孢粉指示意义的影响，采用以云杉花粉百分比含量和浓度为参照的检验方法，以避免沉积相变对孢粉指示意义的影响。根据石羊河流域现代孢粉传播过程研究（朱艳等，2004），云杉花粉在流域中下游地区主要受河流传播，风力传播的云杉花粉在该流域中下游地区沉积物中所占比较小。据此，该流域河湖相地层中云杉花粉的浓度和百分含量要显著高于风成沉积物地层。在环境突变的情况下，河湖相沉积物被风成沉积物打断，云杉花粉的百分含量及浓度在河湖相地层和风成沉积地层中的差异非常大，所以通过云杉花粉含量及浓度的变化程度可以判断出沉积相是否发生剧烈变化。

根据猪野泽 3 个全新世剖面孢粉组合对比研究，7.0cal. ka B. P. 以来 QTH02 和 QTL-03 剖面的孢粉组合相似度较高。QTL-03 剖面主要记录了 7.2cal. ka B. P. 以来孢粉组合的变化，中全新世（7.2～5.2cal. ka B. P.）期间，孢粉组合以蒿属、藜科和禾本科为主，总孢粉浓度较高，平均可以达到 30000～40000 粒/g，Zhao 等（2008）认为该时期为全新世气候适宜期。QTH02 剖面中全新世（7.4～4.7cal. ka B. P.）期间，总孢粉浓度达到全新世最高值，平均为 38634 粒/g，孢粉组合也是以蒿属和藜科花粉为主。中全新世（约 5.0 cal. ka B. P.）以后，两个剖面均显示出总孢粉浓度降低的现象，伴随着藜科、白刺、麻黄等旱生植物的增加，显示了中全新世过后的干旱化趋势。三角城剖面孢粉记录显示早全新世（11.6～7.1cal. ka B. P.）总孢粉浓度高，以云杉属、松属和圆柏属为代表的乔木花粉百分含量较高。中全新世期间（7.1～3.8cal. ka B. P.）三角城剖面总孢粉浓度处于全新世最低，以灌木和草本植物花粉为主。晚全新世期间该剖面孢粉组合变化较大，各种孢粉组合交替出现，显示出气候的不稳定性。Chen 等（2006）根据该剖面孢粉组合特征，得出早全新世期间石羊河流域上游乔木植被发育较好，气候湿润。QTH02 剖面早全新世期间（11.0～7.4cal. ka B. P.）以云杉属和松属为代表的乔木花粉百分含量达到全新世期间的最高值，从乔木花粉百分含量来看三角城剖面与 QTH02 剖面具有一定的相似性。朱艳等（2004）研究了石羊河流域的空气、表土、河水和河床冲积物中的孢粉组合特征，其结果显示该流域河流搬运孢粉的能力较风力强，河水搬运的孢粉对中下游河床冲积物及河水孢粉谱的贡献量非常大，并得出在终端湖沉积物中以云杉属为代表的山地乔木花粉主要受河水搬运。Lu 等（2008）研究了青藏高原及临近区域表土花粉中云杉属和冷杉（Abies）花粉的分布特征，结果显示这两种花粉主要分布在海拔 2500～4000m，年均温 −1～10 ℃，年均降水量 450～850mm 的区域，这与猪野泽的气候特征明显不符，也证明了该区域河水对云杉属花粉的搬运作用。云杉属植物属于喜冷湿的植物（中国植被编辑委员会，1980），云杉属花粉气候响应面分析结果也显示，该花粉丰度受到湿度变化的控制（孙湘君等，1996），这些说明猪野泽云杉属花粉的变化主要受控于上游祁连山区气候的湿润程度，上游地区降水增加会使云杉林扩张，同时水量增加也可以搬运更多的云杉属花粉到终端湖沉积。QTH02和三角城剖面早全新世期间较高的云杉花粉及其他乔木百分含量，共同指示了早全新世期间石羊河上游地区气候较湿润，而中全新世期间三角城剖面与QTH02和QTL-03剖面孢粉组合差异非常大，是什么造成了这种差异呢？QTH02和QTL-03相距较近，位于猪野泽中部地区，而三角城剖面位于猪野泽西部边缘地区，与其他两个剖面相隔较远。Xu等（2005）研究了岱海湖底不同位置表层沉积物孢粉组合特征，结果显示，湖泊不同位置孢粉组合会有差异，这种差异主要受到湖岸附近植被的影响。Huang等（2010）研究了博斯腾湖表层沉积物孢粉组合特征，结果表明，湖泊中心位置总孢粉浓度较其他位置高，河口区云杉属花粉百分含量较高，这得益于云杉属花粉主要受河水搬运。以上两项研究表明，湖泊不同位置的沉积物孢粉组合存在差异，三角城剖面与其他两个剖面在猪野泽的位置差异较大，这可能是造成中全新世孢粉组成不同的原因之一。除此以外，该区域湖泊地貌研究结果显示，全新世期间猪野泽岸堤海拔高度未超过1308m，中全新世湖泊水位海拔高度在1306～1308m之间，QTH02剖面海拔1309m，QTL-03剖面海拔1302m，这两个剖面中全新世沉积大概距剖面顶部3m左右，所以QTH02和QTL-03剖面位置中全新世期间的海拔应该为1306m和1299m左右，所以中全新世期间这两个剖面基本处于猪野泽湖泊水位以下。而三角城剖面海拔1320m，中全新世沉积物距剖面顶部3～4m左右，所以三角城剖面位置中全新世期间海拔1316～1317m左右，这个高度远远超过了中全新世期间猪野泽的湖泊水位高度，三角城剖面位置中全新世期间并不处于猪野泽湖盆内部，而是处于猪野泽湖泊周边区域，所以其全新世沉积物孢粉组合可能会受到局地地貌、水文、植被条件的影响，会导致三角城剖面所记录的孢粉组合变化特征与湖盆内部孢粉组成的差异很大。所以，受剖面位置的影响，中全新世期间三角城剖面与其他两个剖面的孢粉组合特征差异较大。综合QTH02和QTL-03剖面中全新世（约7.0～5.0cal. ka B. P.）期间总孢粉浓度较高和云杉花粉浓度较高的特征，得出该流域中全新世期间气候适宜，植被覆盖度较高，该阶段乔木花粉百分含量较少，可能是由于整个流域草本植物繁盛，所以上游水流搬运来的乔木花粉所占比大大减少，但是从云杉花粉浓度增加可以看出，上游携带来的云杉花粉量并没有减少。

红水河剖面位于石羊河中游地区，红水河晚冰期-早全新世剖面12.2～11.6cal. ka B. P. 期间，以云杉属为代表的乔木花粉含量显著下降，说明上游山地气候较干，可能对应了亚洲季风区以季风衰退为特征YD事件（庞有智等，2010）。全新世开始以后，11.6～9.7cal. ka B. P. 期间，云杉属和松属花粉增加显著，说明上游地区开始变湿润，这可能与早全新世亚洲季风增强有关。红水河全新世剖面揭示了8.5～3.0cal. ka B. P. 期间孢粉组合的变化，该剖面分为9个孢粉带，其中中全新世7.5～3.5cal. ka B. P. 期间，大部分层位以云杉属为主的乔木花粉浓度较高，说明中全新世上游地区降水较多、气候湿润，不过在中全新世期间，各种花粉含量存在显著波动，这可能代表了千年尺度的气候波动。3.5 cal. a B. P. 以后孢粉组合以香蒲和眼子菜花粉含量较高，指示了静水环境。

石羊河流域位于亚洲季风的西北边缘区，对比该流域4个全新世孢粉组合的特征指标与亚洲季风区和中亚西风带控制区典型全新世沉积记录的关系，可以探讨季风边缘区全新世气候变化的机制（李育等，2011）。石羊河流域QTH02、三角城和红水河剖面均显示了早全新世期间云杉花粉百分含量较高，指示了石羊河上游地区气候较湿润，这与石笋记录指示的早全新世亚洲季风较强相符，说明早全新世期间石羊河上游气候受到亚洲季风的影响。中全新世期间QTH02和QTL-03剖面总孢粉浓度达到了全新世最高值，QTH02剖面较高的云杉属花粉浓度也说明上游地区较湿润的气候，石羊河中游地区红水河全新世剖面7.5～3.5cal. ka B. P. 期间较高的云杉属花粉含量也证明了这一点，终端湖地区较高的总孢粉浓度和云杉属花粉浓度，说明全流域乔木和草本植被均发育较好，中全新世环境可能较早全新世湿润，这与中亚干旱区中全新世气候适宜期相似。由QTH02和QTL-03剖面孢粉组合可知，晚全新世约5.0 cal. ka B. P. 以来，该流域呈现出干旱化趋势，中游地区3.5cal. ka B. P. 开始也出现静水环境，可能与上游地区来水量减少有关，该流域晚全新世干旱化趋势可能受到亚洲季风减弱的影响。综上所述，石羊河流域全新世气候变化受到亚洲季风和西风带气流的共同影响，体现了全新世气候变化季风模式和西风模式的共同特点，说明了亚洲季风边缘区气候变化的复杂性，继续探讨亚洲季风西北边缘区气候变化的机制，还需要进一步研究该区域更高分辨率的古气候记录，并借助模拟手段来探讨全新世季风、西风气候动力学。

6.2　猪野泽孢粉传播动力学

SKJ和JTL为猪野泽东侧湖盆的两个全新世剖面。SKJ剖面位于猪野泽中部，地理坐标39°00′N，103°52′E，海拔1305m，采集厚度3.55m；JTL剖面位于白碱湖东北部岸堤，地理坐标39°09′N，104°08′E，海拔1308m；QTH02、QTL03和SJC剖面位于西侧湖盆，其中QTH02剖面（Li et al.，2009a，2009b）地理坐标39°03′N，103°40′E，海拔1309m；QTL03剖面（Zhao et al.，2008）地理坐标39°04.25′N，103°36.7′E，海拔1305m；SJC剖面（Chen et al.，2004；Chen et al.，2006）位于猪野泽西部边缘地区，地理坐标39°0.6′N，103°20.4′E，海拔1320m。岩性的变化能够反映湖泊水位的高低，即湖泊进退情况，从而反映气候变化（陈敬安等，2003；孙千里等，2001）。

为便于对比不同沉积地层的孢粉组合，本节将全新世分为四个时段：早全新世（11000～8000 cal. a B. P.），中全新世（8000～5000 cal. a B. P.），晚全新世（5000～3000 cal. a B. P.）和现代（3000 cal. a B. P. 至今），同时选取松属（Pinus）、云/冷杉（Picea/Abies）、蒿属（Artemisia）、藜科（Chenopodiaceae）、柏科（Cupressaceae）、禾本科（Poaceae）、菊科（Compositae）、白刺（Nitraria）、百合科（Liliaceae）、香蒲科（Typhaceae）、麻黄属（Ephedra）等十一种花粉，根据SJC、QTL-03、QTH02、SKJ和JTL剖面全新世孢粉组合，分别计算所选花粉类型在全新世各时段百分含量的均值（表6.1），得到千年尺度下这些花粉在猪野泽不同位置的变化情况（图6.6）。由于QTL03剖面缺少早全新世孢粉鉴定数据，所以，本节在11000～8000 cal. a B. P. 阶段只比较其余剖面的变化趋势。

表 6.1 全新世各个时段 11 种主要花粉在 SJC、QTL03、QTH02、SKJ、JTL 剖面的百分含量均值

花粉类型	阶段									
	11000～8000cal. a B. P.					8000～5000cal. a B. P.				
剖面	SJC	QTL03	QTH02	SKJ	JTL	SJC	QTL03	QTH02	SKJ	JTL
Pinus	8.73	N/A	3.46	0.00	7.50	5.48	1.78	1.93	1.13	0.83
Picea/Abies	18.64	N/A	10.72	0.06	0.00	5.89	0.75	2.10	0.00	5.02
Nitraria	1.21	N/A	0.26	N/A	N/A	12.32	0.58	0.27	N/A	N/A
Poaceae	2.92	N/A	1.24	4.76	4.86	11.16	1.87	1.84	10.15	5.37
Typhaceae	0.28	N/A	0.27	9.04	2.12	0.37	1.37	0.24	11.66	18.03
Cupressaceae	39.21	N/A	1.22	29.10	8.52	20.46	0.75	0.05	37.32	19.91
Compositae	1.03	N/A	0.94	0.16	N/A	1.10	5.12	0.73	0.00	N/A
Artemisia	1.59	N/A	70.69	11.02	18.96	6.65	59.54	74.08	8.40	14.69
Ephedra	0.19	N/A	1.28	0.62	0.00	0.56	0.38	2.71	0.00	0.00
Chenopodiaceae	0.91	N/A	2.78	20.73	21.45	3.67	23.98	12.86	9.17	14.95
Liliaceae	N/A	N/A	N/A	3.22	2.08	N/A	N/A	N/A	0.00	6.95

花粉类型	阶段									
	5000～3000 cal. a BP					3000～今 cal. a BP				
剖面	SJC	QTL03	QTH02	SKJ	JTL	SJC	QTL03	QTH02	SKJ	JTL
Pinus	13.76	3.62	2.38	0.00	0.00	10.93	1.85	0.81	0.08	0.00
Picea/Abies	3.67	0.75	2.71	0.15	1.41	5.72	0.00	0.51	0.04	0.11
Nitraria	10.36	2.39	0.56	N/A	N/A	2.84	4.52	3.73	N/A	N/A
Poaceae	7.32	3.32	1.16	2.13	4.45	5.54	1.36	0.32	2.82	5.67
Typhaceae	0.76	1.04	1.39	18.56	23.41	10.30	0.00	0.43	13.52	20.14
Cupressaceae	16.16	0.00	0.04	27.58	23.01	30.51	0.00	0.02	21.27	21.36
Compositae	1.25	26.47	2.17	0.31	N/A	0.93	7.47	2.81	0.17	N/A
Artemisia	2.20	49.66	65.32	19.40	6.48	2.93	20.27	48.68	8.63	10.21
Ephedra	0.48	2.13	1.33	0.00	1.64	0.29	1.73	2.77	1.39	1.98
Chenopodiaceae	2.24	18.78	21.38	8.96	10.45	7.33	71.29	26.01	20.20	16.39
Liliaceae	N/A	N/A	N/A	6.16	11.41	N/A	N/A	N/A	7.20	9.36

早全新世（11000～8000 cal. a B. P.），云、冷杉，松属和柏科百分含量在 SJC 剖面明显高于湖盆其他位置，松属、柏科花粉分别在 JTL、SKJ 剖面含量也较高；东侧湖盆藜科、禾本科和香蒲科百分含量明显高于西侧湖盆，麻黄属和蒿属则主要沉积在 QTH02 剖面。中全新世（8000～5000 cal. a B. P.），柏科和禾本科百分含量在 QTL03、QTH02 剖面明显较低，而麻黄属、藜科、菊科和蒿属则在 SJC、SKJ 和 JTL 剖面相对较少。自西向东，松属花粉百分含量在各剖面逐渐降低，而香蒲科则呈现相反的变化趋势，且在 JTL、SKJ 剖面明显高于西侧 SJC、QTL03、QTH02 剖面。晚全新世

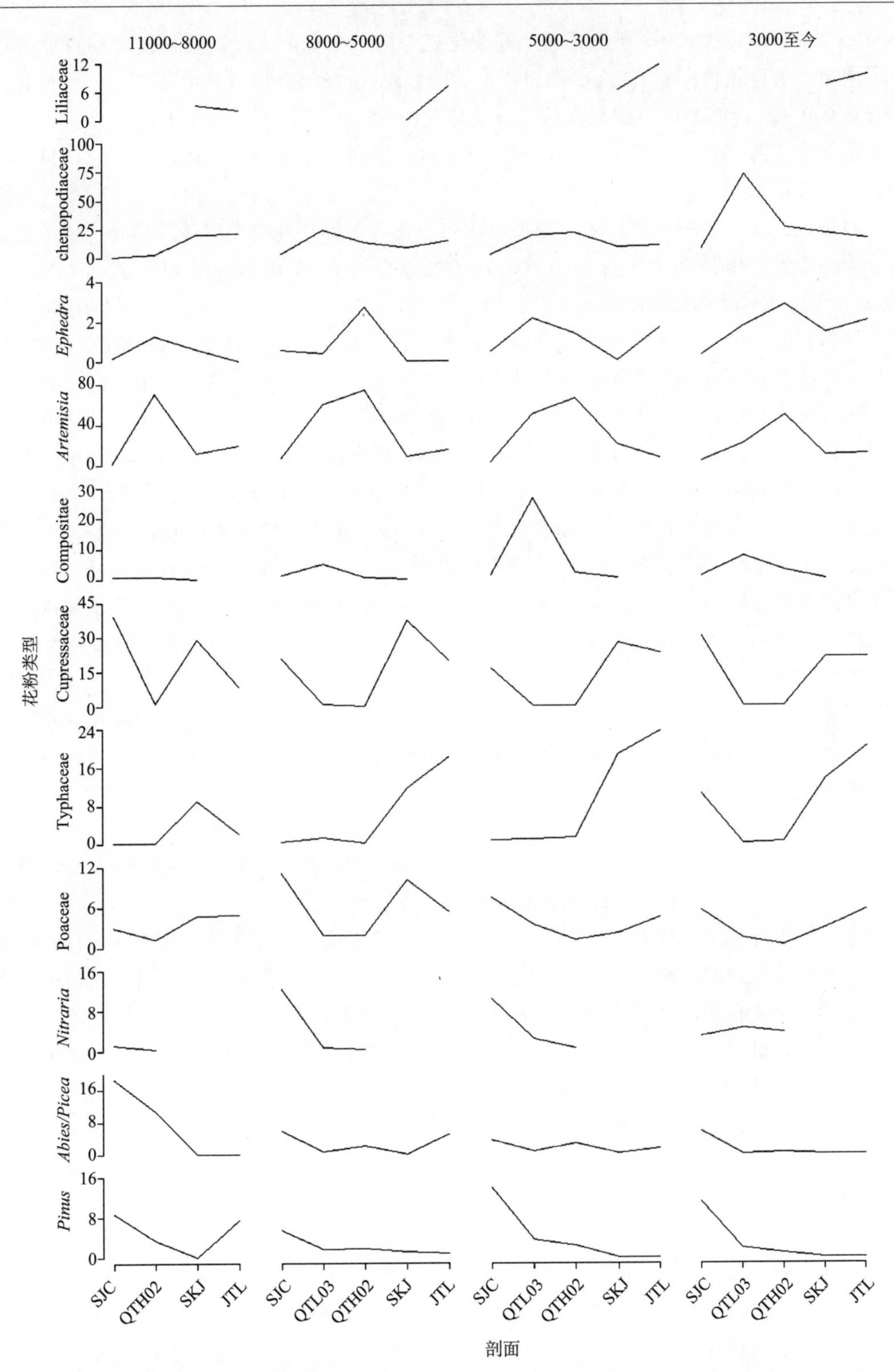

图 6.6　全新世不同时段花粉百分含量在 SJC、QTL03、QTH02、SKJ、JTL 剖面的变化图

顶端年代单位为 cal. a B. P.

(5000～3000 cal. a B. P.)，所选花粉空间变化规律与中全新世相似，但松属花粉百分含量有所增加，菊科花粉在QTL03剖面出现最高值。现代（3000 cal. a B. P. 至今），藜科花粉百分含量在QTH02剖面达到最高值，香蒲科花粉含量在SJC剖面突然升高，其余花粉空间变化规律与前一时段相似。此外，整个全新世，仅西侧湖盆存在白刺，而百合科只在东侧湖盆被发现。

对现代花粉的过程研究发现，湖泊沉积物中花粉含量及种类受植被影响外，还与花粉的来源、产量、传播能力、传播方式、花粉在水体中的分异和再沉积有关（Birks and Birks，1980；Davis and Brubaker，1973；Davis，1968；Davis et al.，1971）。SJC剖面早全新世岩性为粒度较细的湖相沉积物，说明湖泊水位达到此处，沉积环境相对稳定，所以云/冷杉、松属和柏科等流域性花粉在孢粉组合中占主要成分，且含量明显高于猪野泽其他剖面。随着河水在湖盆内部流速减弱，沉积环境逐渐稳定，花粉含量自西向东逐渐降低。而孢粉母体分布广泛的花粉，如藜科、禾本科、麻黄属和蒿属等，则在湖泊中心和东侧湖盆等沉积环境稳定的区域含量较高。在中、晚全新世及现代，花粉空间变化规律较为相似。由于整个全新世的干旱化趋势（陈发虎等，2001），尤其是中全新世时期，石羊河中、下游地区的干旱事件（李育等，2012），使湖泊面积减小，SJC剖面所处位置中全新世期间并不是猪野泽湖盆内部，而是处于猪野泽湖泊周边区域。此处靠近河口，河水流速和流量随距离减弱并不明显，孢粉大多被携带到湖泊中央，很难在此处稳定沉积，同时受湖岸流影响，水动力扰动较强，本地花粉沉积情况也并不理想（Terasmaa and Punning，2006；孙湘君和吴玉书，1987），使SJC剖面中全新世总孢粉浓度处于全新世最低，且以灌木和草本植物花粉为主。可能由于流域性花粉的减少幅度大于其他花粉，藜科、禾本科、麻黄属和蒿属等含量较高的广域花粉受“补偿递减率”作用，百分含量在SJC剖面有所升高。在湖泊中心的QTL03、QTH02、SKJ剖面，这几种花粉位置含量明显高于其他位置，体现了湖泊中心位置对花粉的汇聚作用（李月丛等，2004）。QTL03、QTH02剖面云/冷杉花粉浓度也有所升高，说明上游携带来的云杉花粉量并没有减少。

猪野泽湖底较平，成湖期水深较浅，风力引发的波浪可使湖底沉积物产生较强的再搬运和再沉积现象，加之空气的混合作用（Pennington，1979），花粉在受入湖径流影响较小的东侧湖盆沉积较为均一，所以SKJ剖面和JTL剖面孢粉组合相似程度高。相对于西侧湖盆诸剖面，SKJ、JTL剖面相对较少的花粉种类和较低的孢粉浓度，说明河流携带的花粉是猪野泽西侧湖盆全新世孢粉组合的重要的组成部分。在整个全新世期间，SKJ、JTL剖面柏科和香蒲科花粉百分含量明显较高，香蒲科花粉尤为明显。河水携带流域沿途大量花粉到猪野泽沉积，使得以云杉、松属为代表的山地植物花粉在西侧入湖区大量存在，但东侧湖盆SKJ、JTL剖面距河口较远，且中部有沙梁阻隔，多沉积禾本科，麻黄属和蒿属等花粉类型。所以，河水带来的柏科花粉主要是祁连山区的圆柏（朱艳等，2001），大部分沉积在西侧湖盆，而SKJ、JTL剖面孢粉组合中出现的柏科花粉，则应当主要来自本地旱生植被中的柏科植物。香蒲为挺水植物，适合生长在浅水中，QTL03、QTH02剖面位于靠近河口的西侧湖盆，且处于中心位置，成湖期不适宜发育香蒲。据岩性对比，SKJ、JTL剖面湖相的沉积厚度和时段均不及西侧湖盆，可以推断，在干旱气候条件下，猪野泽可能由若干个水位不同的小湖泊组成。东侧湖盆的SKJ、JTL剖面远离河口，水位应当低于西侧湖盆，甚至可能演化为沼泽，更适宜香蒲生长。同时，由于 SKJ、JTL 剖面孢粉浓度较低，可能放大柏科和香蒲科花粉百分含量。

通过对比猪野泽湖盆 5 个全新世剖面典型孢粉百分含量，发现该湖泊不同位置的沉积地层中花粉组合形式不同，可能受到花粉种类、来源、花粉在湖盆内部的传播、沉积动力机制、湖盆内地形和入湖径流差异的影响。SJC 剖面靠近入湖区，且海拔较高，受入湖径流影响较大，全新世孢粉组合反映流域植被变化。QTL03、QTH02 剖面位于猪野泽中心位置，沉积环境相对稳定，花粉浓度较高，但孢粉组合仍不可避免地受到流域性花粉的影响。SKJ、JTL 剖面远离入湖区，其孢粉组合反映全新世湖泊周围植被特征。

综上所述，利用湖泊花粉进行某一地区古环境重建时，应充分考虑湖盆内花粉传播、沉积动力机制，明确不同位置孢粉组合气候意义的差异，选择能正确反映该地区实际环境状况的研究点，避免单纯研究孢粉组合可能导致的不可靠结论。

6.3　猪野泽沉积物粒度敏感组分与花粉组合关系

湖泊沉积物颗粒大小主要揭示了沉积物来源、湖泊及入湖水系的水动力过程及湖泊面积大小；花粉组合则主要反映了流域及临近区域的植被组成。湖泊沉积物粒度组合和花粉组合作为重要的古环境指标，二者之间在认识古环境、古植被、古水文上有互补的作用。探讨两种指标之间的关系，有利于认识沉积物沉积过程机制，提供基础资料。

粒度组分分离和花粉沉积过程研究上，国内外学术界已经有很多成果。粒度组分分离上发展出了 Weibull 分布拟合函数（Sun et al.，2002;），端元粒度模型（Prins，et al.，2000；Prins and Weltje，1999；Stuut et al.，2002）和粒级-标准偏差变化（孙有斌等，2003；Boulay et al.，2003）等数学模型方法。湖泊花粉沉积过程研究认为河流是湖泊孢粉的主要来源（Vincens and Bonnefille，1988；Bony et al.，1980；George，1997），但干旱区盐湖孢粉主要是风吹来的（Luly，1997），Prentice（1985）及 Sugita（1993，1994）则采用花粉散布模型方式来解决花粉的来源及散布面积问题。本研究选择粒级-标准偏差模型分离粒度敏感组分，通过计算沉积物中粒度敏感组分与花粉组合之间的相关性，探讨粒度与花粉组合之间的关系，然后再分段分析粒度分布和花粉组合的联系，并讨论湖泊沉积物沉积过程和机制。

本节运用粒级-标准偏差模型来分离出 5 个敏感组分，<1.490 μm、Result 1.49 μm～21.50μm、Result 21.50μm～89.31μm、Result 89.31μm～691.73μm、Result Above 691.725 μm 五个粒度敏感组分范围（图 6.7），图 6.8 为研究区附近地表风成砂样品的粒度频率曲线。

6.3.1　不同粒度敏感组分相关性分析

基于 5 种粒度敏感组分，分析 QTH02 探井剖面的 368 组样品粒度分析结果，并将 5 种敏感组分的百分比含量，在 368 组样品中分离出来。对 368 组粒度样品的五种敏感

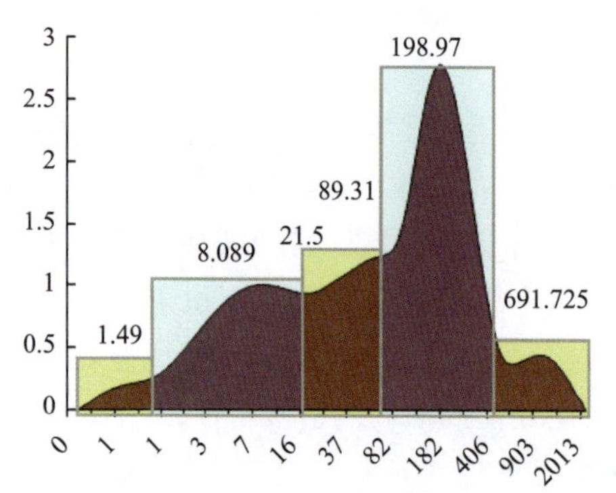

图 6.7 QTH02 剖面 368 组粒度百分比数据。计算所得的粒级-标准偏差曲线（李育，2009）

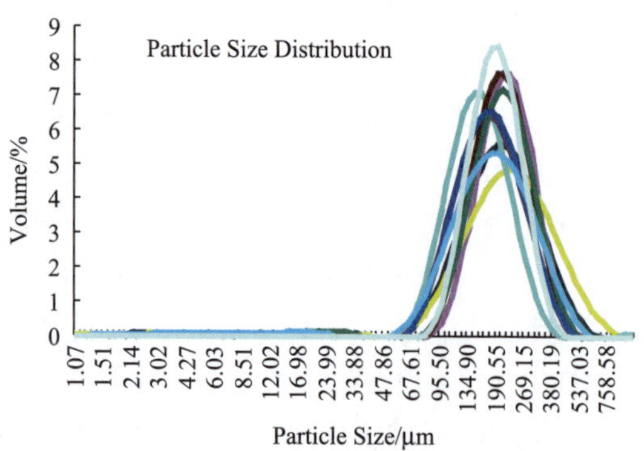

图 6.8 本区域地表风成砂表土样品粒度频率曲线（YHZSY、ZZS -2）（李育，2009）

组分范围百分比含量进行相关性分析（表 6.2），并对相关系数进行了显著性检验。检验结果表明，除了相关系数 0.069 显示的相关性不明显外，其他相关系数都可以达到 90%置信度的显著相关，其中绝对值 0.5 以上的相关系数都达到了 99.9%置信度下的显著相关。表中结果显示粒度组分 Result Below 1.490 μm 与 Result 1.49μm～21.50μm 有非常明显的相关性（相关系数达到 0.915），与 Result 1.49μm～21.50μm 粒度组分显示出一定的正相关性，与 Result 89.31μm～691.73μm 粒度组分显示出明显的负相关性（相关系数为－0.826），与 Result Above 691.725μm 组分显示出一定的负相关性；粒度组分 Result 1.49μm～21.50μm 与 Result 21.50μm～89.31μm 显示出一定正相关性，与 Result 89.31μm～691.73μm 组分负相关性明显，与组分 Result Above 691.725μm有一定相关性；粒度组分 Result 21.50μm～89.31μm 与 Result 89.31μm～691.73μm 具有明显负相关性，与组分 Result Above 691.725μm 存在一定负相关性；粒度组分 Result 89.31μm～691.73μm 与 Result Above 691.725μm 相关性不明显。

表 6.2 粒度敏感组分相关系数分布表（李育，2009）

	Result Below 1.490μm	Result 1.49μm～21.50μm	Result21.50μm～89.31μm	Result89.31μm～691.73μm	Result Above 691.725μm
Result Below 1.490μm	1				
Result 1.49μm～21.50μm	0.916	1			
Result 21.50μm～89.31μm	0.198	0.170	1		
Result 89.31μm～691.73μm	－0.826	－0.865	－0.625	1	
Result Above 691.725μm	－0.148	－0.154	－0.149	0.069	1

根据粒度敏感组分分析结果，可以看出粒度组分 Below 89.31μm 的三个部分之间具有一定正相关性；粒度组分 Result Below 1.490 μm 与 Result 1.49μm～21.50μm 相关性非常明显，而这两种组分与 Result 89.31μm～691.73μm 粒度组分显示出明显负相关性。细颗粒组分之间具有相关性，表明细颗粒组分在湖泊中沉积过程，具有相似的水动力条件；而其中两种组分与粗颗粒 Result 89.31μm～691.73μm 的明显负相关，可能是由于其完全不同的沉积过程导致。

6.3.2 花粉指标与粒度敏感组分的相关性分析

选取该区域常见的，并在整个剖面占有优势的十一种花粉类型，分析不同花粉与不同粒度敏感组分之间的关系，这些花粉类型包括松属（*Pinus*）、桦木（*Betula*）、云杉属（*Picea*）、栎（*Quercus*）、白刺（*Nitraria*）、蒿属（*Artemisia*）、麻黄（*Ephedra*）、香蒲属（*Typha*）、藜科（Chenopodiaceae）、荨麻属（*Urtica*）、伞形科（Umbelliferae），同时也计算了总花粉浓度，乔木花粉浓度，灌木花粉浓度和草本花粉浓度四个花粉浓度指标。

本节研究的孢粉样品为 10cm 间隔采样，而粒度样品则是 2cm 间隔采样，采样的分辨率不一致。为了准确地对粒度敏感组分和花粉组合进行相关分析，对孢粉样品对应的 5 个粒度样品进行平均，取平均值将粒度分辨率调整为 10cm，达到与孢粉样品一致的分辨率，从而使粒度与孢粉之间可以进行完全的对比。

通过计算得到了不同花粉含量和各粒度敏感组分之间的相关系数（表 6.3）。相关性检验表明：表中 57.3％的数据多通过了 90％置信度下的显著性检验，46.67％的数据通过了 95％置信度下的显著性检验，41.3％的数据通过 98％置信度下的显著性检验，32％的数据通过 99％置信度下的显著性检验。*Ephedra*、*Nitraria*、Chenopodiaceae、*Typha* 的花粉百分比和 Total Concentration（花粉总浓度）Tree con.（乔木花粉浓度）、Shrub con.（灌木花粉浓度）、Herb con.（草本花粉浓度）与 Result Below 1.49 μm、Result 1.49μm～21.50μm、Result 21.50μm～89.31μm 三个粒度范围的组分，存在明显的正相关关系，与 Result 89.31μm～691.73μm 粒度组分存在明显负相关关系，与 Result Above 691.725 μm 粒度组分存在负相关关系。*Betula*、*Quercus*、*Urtica* 的花粉百分比与 Result 89.31μm～691.73μm 粒度组分存在明显正相关关系，与 Result Above 691.725 μm 粒度组分存在正相关关系，与 Result Below 1.490 μm、Result 1.49μm～21.50μm、Result 21.50μm～89.31μm 三种粒度组分存在明显负相关关系。*Picea* 花粉与 Result Below 1.490 μm、Result 1.49μm～21.50μm、Result 21.50μm～89.31μm 三个粒度范围的组分存在正相关关系与 Result 89.31μm～691.73μm、Result Above 691.725 μm 两个粒度范围的组分存在负相关关系，但都不明显。*Artemisia* 与 *Pinus* 花粉与各个粒度敏感组分相关性不显著，Umbelliferae 花粉的百分比与 Result 21.50μm～89.31μm 粒度组分相关性明显，与其他组分相关性不明显。

表 6.3 粒度敏感组分与花粉组合相关系数表（李育，2009）

	Result Below 1.490μm	Result 1.49μm～21.50μm	Result 21.50μm～89.31μm	Result 89.31μm～691.73μm	Result Above 691.725μm
Picea	0.114	0.118	0.165	−0.164	−0.073
Ephedra	0.297	0.246	0.229	−0.289	−0.187
Nitraria	0.355	0.364	0.257	−0.392	−0.119
Artemisia	0.045	0.059	−0.046	−0.015	−0.098
Chenpodiaceae	0.380	0.393	0.123	−0.359	0.016
Typha	0.294	0.331	0.162	−0.324	−0.036
Total Concentration	0.218	0.206	0.207	−0.254	−0.054
Tree con.	0.340	0.386	0.481	−0.403	0.022
Shrub con.	0.187	0.213	0.161	−0.094	−0.288
Herb con.	0.255	0.302	0.409	−0.322	−0.016
Pinus	−0.046	−0.055	−0.101	0.083	0.101
Betula	−0.202	−0.217	−0.286	0.288	0.200
Quercus	−0.313	−0.330	−0.448	0.458	0.118
Urtica	−0.569	−0.566	−0.600	0.688	0.461
Umbelliferae	−0.067	−0.097	0.345	−0.089	−0.087

注：深色单元格为正相关部分，浅色单元格为负相关部分，斜体数字表示通过 90%置信度下的显著性检验的部分

由粒度敏感组分与花粉组合相关性分析可得出，花粉浓度指标 Total Concentration（花粉总浓度）、Tree con.（乔木花粉浓度）、Shrub con.（灌木花粉浓度）、Herb con.（草本花粉浓度）与 Result Below 1.490 μm、Result 1.49μm～21.50μm、Result 21.50μm～89.31μm 三个组分存在正相关关系，与大于 89.31μm 两个组分存在负相关关系。花粉浓度与较细组分正相关，可解释为细颗粒组分增多时，湖泊面积扩大，剖面位置距湖心较近，流域有效水分条件较好，全流域植被覆盖度高。

Ephedra、*Nitraria*、Chenopodiaceae、*Typha*、*Picea* 的花粉百分比与小于 89.31μm 三个粒度范围的组分，存在正相关关系，与大于 89.31μm 两个粒度范围的组分存在负相关关系。祁连山东段乔木植物以云杉为主，其百分含量与细颗粒组分的正相关，这有可能说明，细颗粒组分的含量与上游云杉花粉的传播有关，可以解释为：上游水分条件较好，所携带的云杉花粉较多，终端湖湖面扩大，剖面所在位置湖泊深度增加，细颗粒组分增多。*Betula*、*Quercus*、*Urtica* 的花粉百分比与 Result 89.31μm～691.73μm 粒度组分存在明显正相关关系，与 Result Above 691.725 μm 粒度组分存在正相关关系，与大于 89.31μm 三种粒度组分存在明显负相关关系。这三种植物都不是本区域广泛分布的植物，前两种乔木在上游山地分布也不广泛。这三种花粉与粗颗粒物质正相关，因为粗颗粒组分物质含量增多时期，湖面下降，流域有效水分条件较差，植被密度较小，流域内部原来在水分条件较好的时候占有较大百分比的草本植物花粉，大幅度减少，同时代表整个区域背景值的山地乔木花粉组分相应增多。

Artemisia 与 *Pinus* 花粉与各个粒度敏感组分相关性不显著。这两种植物都是整个西北区域广泛分布的植物，正因为其分布的广泛性和传播途径的多样性，所以呈现出与粒度敏感组分的相关性不明显。Umbelliferae 花粉的百分比与 Result 21.50μm～89.31μm 粒度组分相关性明显，与其他组分相关性不明显，伞形科花粉主要分布在较湿润的地貌部位，如河漫滩、湖滨等。根据 Middleton（1976）关于悬移搬运粒径的运算，Result 21.50μm～89.31μm 粒度组分是干旱区河流悬移组分的主要贡献部分，伞形科花粉与该组分的正相关，解释为河流水量较大时期，散落在河漫滩上的伞形科花粉会更多地随着悬移组分，搬运到终端湖沉积。

根据 QTH02 剖面沉积物黏土（< 2μm）、粉砂（2～63μm）、砂（>63μm）含量，和平均粒径（mean）、中值粒径（median）、众数粒径（mode）大小，并结合岩性和粒度频率分布曲线，将 QTH02 剖面分为 6 个阶段，A（599～736cm，Late Glacial，before ～13cal. ka B. P.），B（473～599cm，约 13～7.7cal. ka B. P.），C（385～473cm，约 7.7～7.4cal. ka B. P.），D（199～385cm，约 7.4～1.5cal. ka B. P.），E（147～199cm，约 1.5～～1.1cal. ka B. P.）和 F（1～147cm，约 1.1～0cal. ka B. P.）（图 6.9，图 6.10；表 6.4，表 6.5，表 6.6）。基于这种划分，将分为 6 个部分探讨粒度参数和孢粉组合之间的关系，各个阶段孢粉组合和粒度参数的数值，主要参考表 6.4、表 6.5、表 6.6。

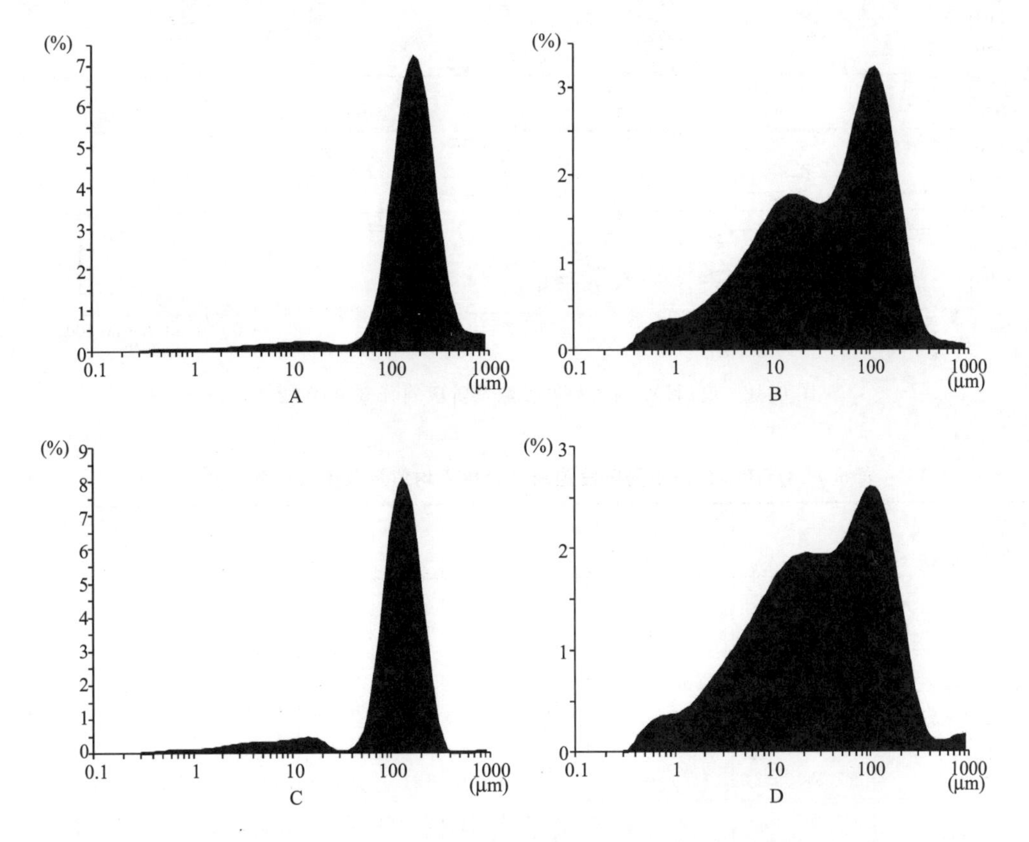

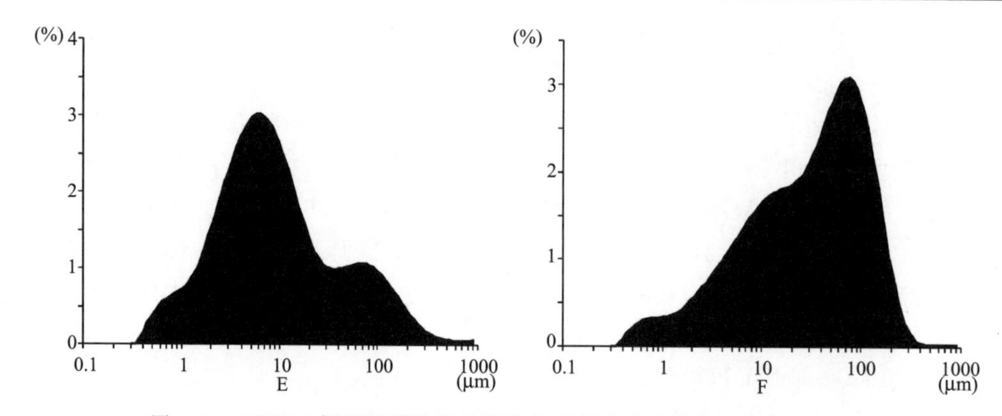

图 6.9 QHT02 剖面不同阶段的平均粒度频率分布曲线（李育，2009）

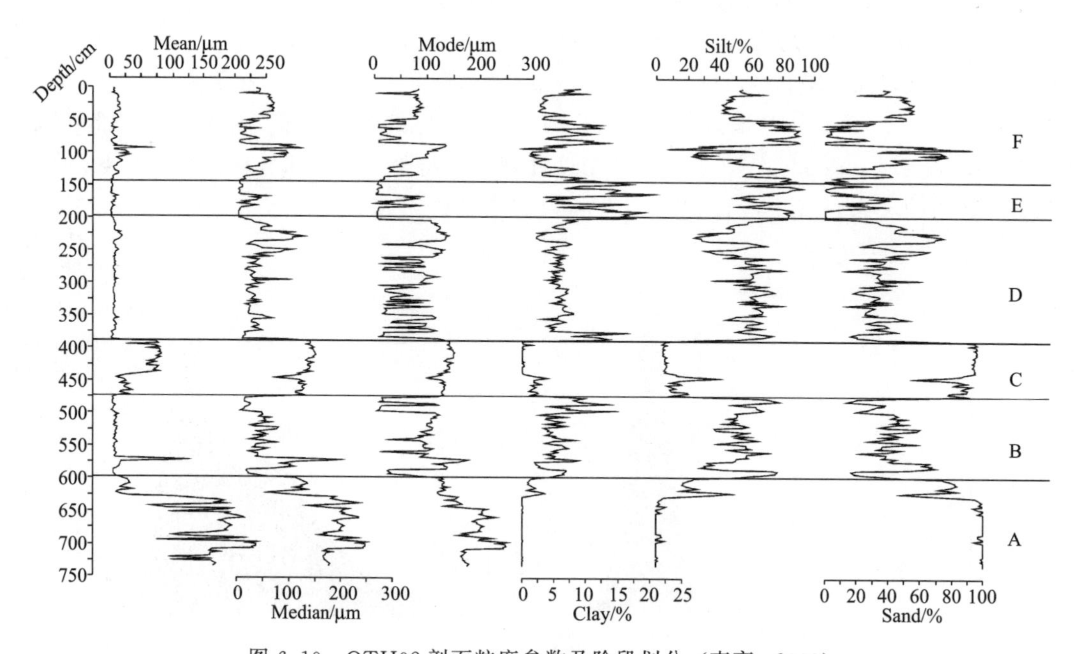

图 6.10 QTH02 剖面粒度参数及阶段划分（李育，2009）

表 6.4 QTH02 剖面不同阶段孢粉百分比平均值及范围（李育，2009）

Pollen (Percentage%)	A	B	C	D	E	F
Trccs	12.7 (3.1～19.0)	25.2 (4.1～86.0)	2.2 (0～6.5)	4.6 (0～12.8)	2.8 (1.5～3.9)	0.5 (0～2.6)
Shrubs	7.2 (0.7～19.4)	2.7 (0.4～7.7)	4.7 (1.5～14.0)	2.3 (0.6～5.7)	6.1 (1.8～10.3)	10.6 (0.4～21.6)
Herbs	79.6 (67.3～89.2)	72.1 (11.3～95.6)	93.5 (84.6～97.0)	93.0 (81.4～97.0)	91.1 (86.5～95.2)	88.8 (78.4～99.7)
Pinus	3.7 (0.3～8.9)	5.8 (0.7～25.5)	0.6 (0～1.8)	1.9 (0～7.8)	0.9 (0.4～1.5)	0.2 (0～2.0)

续表

Pollen (Percentage%)	A	B	C	D	E	F
Picea	0.3 (0～4.7)	16.9 (1.2～69.0)	0.3 (0～1.4)	1.5 (0～6.6)	1.3 (0.5～2.6)	0.2 (0～2.6)
Betula	0.7 (0～2.4)	0.4 (0～1.2)	0.6 (0～1.4)	0.5 (0～1.6)	0.1 (0～0.5)	0 (0～0)
Quercus	2.3 (0～4.9)	0.5 (0～1.6)	0.5 (0～1.0)	0.6 (0～3.3)	0.4 (0～1.6)	0.01 (0～0.17)
Nitraria	0.5 (0～4.3)	0.2 (0～1.0)	0.3 (0～1.4)	0.6 (0～2.9)	3.2 (0.2～6.1)	4.9 (0～10.8)
Ephedra	0.2 (0～1.5)	1.5 (0.4～3.4)	3.7 (0.6～13.0)	1.4 (0.2～3.1)	2.7 (1.5～4.2)	3.3 (0～10.6)
Artemisia	45.5 (31.4～69.3)	61.8 (7.3～89.8)	77.1 (66.3～86.8)	67.2 (21.1～83.5)	56.9 (34.8～69.4)	41.6 (10.1～57.7)
Chenopodiaceae	9.9 (0～19.4)	3.3 (0.6～10.3)	12.3 (5.1～23.8)	20.1 (9.7～49.4)	27.5 (18.3～51.2)	25.6 (1.9～46.7)
Typha	0.01 (0～0.15)	0.2 (0～0.7)	0.2 (0～0.5)	0.7 (0～6.2)	0.8 (0～2.2)	0.4 (0～1.6)
Urtica	11.3 (1.2～24.5)	2.1 (0～4.4)	1.4 (0～6.5)	0.02 (0～0.25)	0 (0～0)	0.1 (0～1.2)
Umbelliferae	0.3 (0～1.5)	0.01 (0～0.17)	0 (0～0)	1.3 (0～9.4)	0.8 (0～2.3)	15.1 (0～81.6)

表 6.5　QTH02 剖面不同阶段粒度参数平均值及范围（李育，2009）

Phase	Clay/%	Silt/%	Sand/%	Median/μm	Mean/μm	Mode/μm
A	0.38 (0.1～3.5)	5.87 (0.3～47.68)	93.7 (48.8～99.5)	187.4 (59.5～773.6)	140.0 (11.0～347.4)	189.5 (120.6～987.9)
B	5.7 (2.0～14.6)	53.5 (22.7～77.7)	40.9 (13.5～74.0)	51.7 (7.4～200.8)	12.5 (3.7～124.7)	88.2 (4.5～177.7)
C	1.5 (0.1～13.5)	11.1 (3.7～51.9)	87.4 (34.7～96.2)	126.9 (11.3～151.2)	48.7 (4.2～82.1)	136.3 (101.4～152.2)
D	6.1 (2.1～17.2)	57.3 (23.5～82.8)	36.7 (0.2～74.4)	40.9 (4.9～129.6)	8.7 (2.9～20.6)	86.8 (5.6～1133.1)
E	12.3 (3.7～20.7)	73.8 (49.9～92.1)	13.9 (0.1～46.4)	14.7 (3.9～57.1)	4.9 (2.7～11.9)	22.4 (3.4～85.7)
F	5.7 (0.2～169)	60.4 (8.7～90.4)	33.9 (0.2～91.1)	44.1 (6.3～120.6)	11.4 (3.3～66.6)	60.7 (6.5～136.3)

表 6.6 QTH02 剖面不同阶段孢粉浓度平均值及范围（李育，2009）

Pollen (Concentration Grains/g)	A	B	C	D	E	F
Total	54 (11～298)	149 (15～421)	795 (32～5873)	19691 (398～78480)	1789 (630～4514)	897 (138～3158)
Trees	7 (0～46)	30 (6～180)	21 (0～175)	680 (0～2261)	52 (0～160)	3 (0～11)
Shrubs	2 (0～9)	7 (0～59)	20 (0～87)	288 (10～948)	97 (29～328)	90 (2～269)
Hcrbs	43 (10～246)	112 (7～356)	753 (31～5611)	18772 (379～75490)	1639 (564～4026)	803 (108～2923)
Pinus	3 (3～26)	6 (0～28)	7 (0～58)	177 (0～474)	13 (0～27)	1 (0～8)
Picea	1 (0～14)	21 (0～144)	1 (0～10)	206 (0～802)	26 (0～116)	1 (0～11)
Betula	1 (0～3)	1 (0～3)	7 (0～58)	166 (0～1239)	3 (0～9)	0 (0～0)
Quercus	1 (0～3)	1 (0～3)	5 (0～38)	96 (0～408)	8 (0～32)	1 (0～3)
Nitraria	1 (0～2)	1 (0～2)	3 (0～19)	45 (0～145)	47 (3～189)	51 (0～183)
Ephedra	1 (0～5)	6 (1～54)	17 (0～68)	209 (6～802)	42 (18～116)	27 (0～71)
Artemisia	29 (5～207)	95 (4～279)	652 (23～4901)	15001 (131～60829)	986 (410～2304)	399 (39～1610)
Chenopodiaceae	4 (0～12)	6 (1～50)	81 (3～583)	2945 (58～11378)	543 (122～1524)	281 (7～1110)
Typha	1 (0～1)	1 (0～2)	1 (0～2)	73 (0～328)	8 (0～35)	8 (0～35)
Urtica	4 (2～8)	3 (0～6)	1 (0～4)	1 (0～8)	0 (0～0)	1 (0～4)
Umbcllifcrac	1 (0～1)	1 (0～1)	0 (0～0)	18 (0～249)	7 (0～21)	73 (0～607)

A 阶段（599～736cm，Late Glacial，before ～13cal. ka B. P.），砂的百分比含量较高，从该阶段的平均粒度频率曲线来看，沉积物主要由粗颗粒部分组成，粗颗粒部分的尺寸范围是 100～300μm。细颗粒部分主要集中在 2～30μm 范围内，细颗粒组分的百分比含量始终保持在 10%以下。粗颗粒沉积物大量富集表明湖泊范围较小，剖面位置位于湖泊边缘（图 6.9，图 6.10；表 6.4），草本花粉占主导地位，从整个剖面来看，乔木花粉含量相对较高的部分，总花粉浓度（平均 54 粒/g）低，处于全剖面最低值（表 6.6）。在干旱地区，有效水分是植物生长的限制因素，综合较小的湖泊面积和较低的植被覆盖度来看，整个流

域在这一时期有效水分较低。但是，从花粉百分比来看，一些乔木花粉的含量较高，如松属（平均 3.7%）和栎（平均 2.3%）（表 6.5），这些花粉很可能是来源于附近祁连山地，其较高的花粉百分比，是由于干旱时期，流域内草本植物的覆盖度极低，使风力传播为主的 *Pinus* 和 *Quercus* 花粉，具有较高百分比。Herzschuh（2007）根据临近的青藏高原东部湖泊表层花粉研究发现，该区域湖泊的乔木花粉主要来自于周围山地，该项研究也证实了 QTH02 沉积物中乔木花粉的主要来源。

B 阶段（473～599cm，～13-～7.7cal. ka B. P.），粉砂含量大幅度增加（平均 53.5%，范围 22.7%～77.7%），砂含量同时减少（平均 40.9%，范围 13.5%～74.0%），平均粒径、中值粒径、众数粒径也相应减小。粒度平均频率分布曲线在这个阶段可以分为 3 个部分，0.3～2μm，2～30μm 和 30～300μm，其中 2～30μm 的部分在粉砂中占有很大的百分比（图 6.9，图 6.10；表 6.4）。细颗粒组分的增加表示着湖泊面积的扩大，剖面位置比 A 阶段靠近湖泊中心。总花粉浓度也相应增加，但是比起剖面其他部分，浓度仍然较低（表 6.6）。乔木花粉的百分比含量达到全剖面的最高值（平均 25.2 %，范围 4.1%～86.0%）（表 6.5）。朱艳等（2004）研究了石羊河流域现代花粉传播过程，根据这项研究结果，石羊河对上游地区的乔木花粉，尤其是云杉（平均 16.9%，范围 1.2%～69.0%）（表 6.5）花粉的传播起到了非常重要的作用，从另一个角度来看，云杉花粉百分含量的增加，表示了上游河流流量增加和云杉的广泛分布。该阶段，在湖泊面积扩大的同时，流域整体植被覆盖度仍然不高，上游地区河流流量增加，云杉覆盖度增加，这可能是由于上游高海拔地区降水及冰雪融水补给增加，引起上游水分条件较好。但从全流域来看，尤其是中下游地区，有效水分并不高，植被覆盖度低。

C 阶段（385～473cm，约 7.7～7.4cal. ka B. P.），粒度频率曲线类似于 A 阶段，但是粉砂含量该段高于 A 阶段，与 A 阶段一样具有砂含量高，平均粒径、中值粒径和众数粒径都较高的特点，砂含量平均接近 90%（图 6.9，图 6.10；表 6.4）。从粒度上来看，这是一次百年尺度的环境突变事件，在 300 年左右的时间里，湖泊面积及突然缩小，粗颗粒含量增加，乔木花粉的含量大幅度减少（平均 2.2 %，范围 0%～6.5 %），而草本花粉百分比（平均 93.5%，范围 84.6%～97.7%）增加，花粉浓度增加（平均 795 粒/g）（表 6.6）。蒿属（平均 77.1 %，范围 66.3%～86.8 %）和藜科（平均 12.3 %，范围 5.1%～23.8%）（表 6.5）是主要的花粉种类。增加的花粉浓度（特别是草本花粉）表示着流域中下游地区植被覆盖度的增加，但是突然增加的砂含量表示着湖泊面积的突然缩小。在邻近地区和整个东亚季风区，在这个时间段里，没有发现很明显的百年尺度干旱事件，所以推测该事件是流域性的干旱事件。根据对 B 阶段的花粉组合及粒度组成研究，全新世早期流域上游降水及冰川融水补给丰富，但是中下游地区气候较为干旱，随着全新世气候的变化，流域上、中、下游气候变化有可能并不同步，随着上游地区来水（上游降水及冰川融水）的减少，流域中下游地区降水量和有效湿度在该时期有可能增加，并导致终端湖沉积物草本植物花粉浓度增加，这种特殊的水热配比模式，导致了这次百年尺度的干旱事件。

D 阶段（199～385cm，约 7.4～1.5cal. ka B. P.），平均粒度频率曲线可分为 3 个

部分，0.3～2μm，2～30μm 和 30～300μm，2～30μm 部分对整体沉积物的贡献增加。粉砂含量平均为 57.3%，砂含量减少至平均 36.7%，平均粒径、中值粒径和众数粒径数值较低。草本植物花粉在多数情况下达到 90 %以上（图 6.9，图 6.10；表 6.4）。蒿（平均 67.2 %）和藜科（平均 20.1%）仍然是主要的草本花粉种类，乔木花粉和灌木花粉含量较低（表 6.5）。从花粉浓度来看，这一阶段可以分为两个部分：约 7.4～约 4.7cal. ka B. P.（295cm～385cm）期间，平均花粉浓度为 38634 粒/g，约 4.7～约 1.5cal. ka B. P.（199cm～295cm）期间，平均花粉浓度为 4410 粒/g，前一阶段远远高于后一阶段（表 6.6）。约 7.4～约 4.7cal. ka B. P. 期间，花粉浓度达到了全新世阶段的最高值，而且远远高于其他阶段，故定义这段时间为这个流域的“全新世最适宜期”；在这段时间里，全流域的植被覆盖度达到最高，湖泊面积达到最大（根据细颗粒组分的含量来判断），流域有效水分为全新世最高值。草本植物花粉含量较高是因为，流域中下游地区，草本植物覆盖度高，并且蒿藜花粉的产量较高，这样纵然有较多乔木花粉通过河流和空气传播到猪野泽沉积，但是乔木花粉的百分比较低，如果从孢粉浓度来看，松花粉浓度为 340 粒/g，云杉花粉浓度为 418 粒/g，桦花粉浓度达 350 粒/g，这些乔木花粉都达到了全新世阶段的浓度最高值（表 6.6）。约 4.7～1.5cal. ka B. P. 期间，花粉浓度急剧减少，表明流域植被覆盖度减小，虽然粒度组成变化不大，但从岩性来看，湖相沉积物与泥炭（植物残体富集）交互沉积，表明湖泊在波动中退缩，与约 7.4～4.7cal. ka B. P. 期间的深灰色碳酸钙富集的粉砂沉积相比，湖泊面积缩小。

E 阶段（147～199cm，1.5～1.1cal. ka B. P.），粉砂含量平均为 73.8%，达到了全剖面的最高值，中值粒径、平均粒径和众数粒径都相应较低（图 6.9，图 6.10；表 6.5）。孢粉浓度相对于上一阶段下降很快，平均为 1789 粒/g（表 6.6），同时，草本植物的花粉百分比仍然在 90%以上。藜科（平均=27.5%），白刺（平均=3.2%）和麻黄（平均=2.7%）的孢粉百分比增加，从这几种旱生植物增加来看，该阶段出现干旱化趋势（表 6.5）。从岩性来看，该阶段形成了红褐色的粉砂质黏土并伴有许多褐色锈斑。这种沉积物不同于湖相沉积物，根据该阶段干旱环境开始形成的特点，推测该沉积物为湖泊退缩过程中形成的冲积相沉积物。

F 阶段（1～147cm，～1.1～0cal. ka B. P.），从平均粒度频率曲线来看，30～300μm 是该阶段沉积物中贡献率最高的组分，而 2～30μm 部分的含量较小。砂（平均 33.9 %，范围 0.2%～91.1%）含量增加，粉砂（平均 60.4 %，范围 8.7%～90.4%）含量下降（图 6.9，图 6.10；表 6.4）。从岩性来看，该阶段沉积物为灰黄色或褐黄色砂黏土或粉砂，这种沉积相并不是典型的湖相沉积，在这个时段湖泊范围有可能已经退出了剖面位置。粒度组分变化较大，这种变化可能受控于湖泊退缩过程中的百年尺度的气候波动。总花粉浓度继续下降，平均为 897 粒/g（表 6.6），蒿（平均 41.6 %）百分比含量下降，藜科（平均= 25.6 %）花粉仍然保持较高水平。白刺（平均 4.9 %）和麻黄（平均 3.3 %）花粉的百分含量仍在增加，这表明干旱环境进一步加强（表 6.5）。综合粒度和花粉组合，该阶段湖泊面积继续缩小，干旱植被覆盖度增加，表明环境进一步干旱化。

参 考 文 献

陈发虎，吴薇，朱艳，等. 2004. 阿拉善高原中全新世干旱事件的湖泊记录研究. 科学通报，49 (1)：1～9.

陈发虎，朱艳，李吉均，等. 2001. 民勤盆地湖泊沉积记录的全新世千百年尺度夏季风快速变化. 科学通报，46：1414～1419.

陈敬安，万国江，张峰，等. 2003. 不同时间尺度下的湖泊沉积物环境记录——以沉积物粒度为例. 中国科学：D 辑，33 (6)：563～568.

李育. 2009. 季风边缘区湖泊孢粉记录与气候模拟研究. 兰州大学博士生毕业论文.

李育，王乃昂，李卓仑，等. 2011. 石羊河流域全新世孢粉记录及其对气候系统响应争论的启示. 科学通报，56 (2)：161～173.

李育，王乃昂，李卓仑，等. 2012. 猪野泽中全新世干旱事件时空范围和机制. 地理科学，32：731～738.

李月丛，许清海，阳小兰，等. 2004. 内蒙古岱海表层沉积物中孢粉的分布及来源. 古地理学报，6 (3)：316～328.

庞有智，张虎才，常凤琴，等. 2010. 腾格里沙漠南缘末次冰消期气候不稳定性记录. 第四纪研究，30 (1)：69～79.

孙千里，周杰，肖举乐. 2001. 岱海沉积物粒度特征及其古环境意义. 海洋地质与第四纪地质，21 (1)：93～95.

孙湘君，吴玉书. 1987. 云南滇池表层沉积物中花粉和藻类的分布规律及数量特征. 海洋地质与第四纪地质，7 (4)：81～92.

孙湘君，王琫瑜，宋长青. 1996. 中国北方部分科属花粉～气候响应面分析. 中国科学 D 辑：地球科学，26 (5)：431-436.

孙有斌，高抒，李军. 2003. 边缘海陆源物质中环境敏感粒度组分的初步分析. 科学通报，48 (1)：83～86.

田芳，许清海，李月丛，等. 2009. 中国北方季风尾间区不同类型湖泊表层沉积物花粉组合特征. 科学通报，54 (4)：479～487.

吴征镒. 1980. 中国植被. 北京：科学出版社.

中国植被编辑委员会. 1980. 中国植被. 北京：科学出版社. 195～197.

朱艳，陈发虎. 2001. 沉积环境对孢粉组合影响的探讨——以石羊河流域为例. 沉积学报，19 (2)：186～191.

朱艳，程波，陈发虎，等. 2004. 石羊河流域现代孢粉传播研究. 科学通报，49 (1)：15～21.

Birks H J B，Birks H H. 1980. Quaterary Palaeoecology. Edward Arnold.

Bony A P. 1980. Seasonal and annual variation over 5 years in contemporary airborne pollen teapped at a Cumbrian Lake. Journal of Ecology，68：421～441.

Boulay S，Colin C，Trentesaux A. 2003. Mineralogy and sedimentology of Pleistocene sediments on the South China Sea（ODP Site 1144）. Proceedings of the Ocean Drilling Program. Scientific Results，184 (211)：1～21.

Chen F，Cheng B，Zhao Y，et al. 2006. Holocene environmental change inferred from a high～resolution pollen record，Lake Zhuyeze，arid China. The Holocene，16 (5)：675～684.

Davis M B. 1968. Pollen grains in lake sediments：Redeposition caused by seasonal water circulation. Science，162 (3855)：796～799.

Davis M B，Brubaker M B. 1973. Differential sedimentation of pollen grains in lakes. Limnol Oceanogr，

18 (4): 635～646.

Davis M B, Brubaker L B, Beiswenger J M. 1971. Pollen grains in lake sediments: pollen percentages in surface sediments from southern Michigan. Quaternary Research, 1 (4), 450～467.

Fall P L. 1987. Pollen taphonomy in a Canyon stream. Quaternary Research, 28 (3): 393～406.

George H, DeBusk Jr. 1997. The distribution of pollen in the surface sediments of Lake Malawi, Africa, and the transport of pollen in large lakes. Review of Palaeobotany and Palynology, 97 (1): 123～153.

Herzschuh U. 2007. Reliability of pollen ratios for environmental reconstructions on the Tibetan Plateau. Journal of Biogeography, 34 (1): 1265～1273.

Huang X, Zhou G, Ma Y, et al. 2010. Pollen distribution in large freshwater lake of arid region: a case study on the surface sediments from Bosten Lake, Xinjiang, China. Frontiers of Earth Science in China, 4 (2): 174～180.

Li Y, Wang N A, Cheng H, et al. 2009a. Holocene environmental change in the marginal area of the Asian monsoon: A record from Zhuye Lake, NW China. Boreas, 38 (2): 349～361.

Li Y, Wang N A, Morrill C, et al. 2009b. Environmental change implied by the relationship between pollen assemblages and grain-size in NW Chinese lake sediments since the Late Glacial. Review of Palaeobotany and Palynology, 154 (1): 54～64.

Lu H, Wu N, Yang X, et al. 2008. Spatial pattern of Abies and Picea surface pollen distribution along the elevation gradient in the Qinghai ～ Tibetan Plateau and Xinjiang, China. Boreas, 37 (2): 254～262.

Luly J G. 1997. Modern pollen dynamics and surficial sedimentary processes at Lake Tyrrell, semi～arid northwestern Victoria, Australia. Review of Palaeobotany and Palynology, 97 (3): 301～318.

Luo C, Zheng Z, Tarasov P, et al. 2009. Characteristics of the modern pollen distribution and their relationship to vegetation in the Xinjiang region, northwestern China. Review of Palaeobotany and Palynology, 153 (3): 282～295.

Ma Y, Zhang H, Pachur H J, et al. 2003. Late Glacial andHolocene vegetation history and paleoclimate of the Tengger Desert, northwestern China. Chinese Science Bulletin, 48 (14): 1457～1463.

Middleton G V. 1976. Hydraulic interpretation of sand size distributions. Journal of Geology, 84 (1): 405～426.

Pennington W. 1979. The origin of pollen in lake sediments: an enclosed lake compared with one receiving inflow streams. New Phytologist, 83 (1): 189～213.

Prentice I C. 1985. Pollen representation, source area and basin size; toward a unified theory of pollen analysis. Quaternary Research, 23 (1): 76～86.

Prins M A, Postma G, Weltje G J. 2000. Controls on terrigenous sediment supply to the Arabian Sea during the late Quaternary: the Makran continental slope. Marine Geology, 169: 327 ～ 349, 351～371.

Prins M A, Weltje G J. 1999. End-member modeling of siliciclastic grain size distributions: The late Quaternary record of eolian and fluvial sediment supply to the Arabian Sea and its paleoclimatic significance. In: Harbaugh J, Watney L, Rankey G, et al. Numerical Experiments in Stratigraphy: RecentAdvances in Stratigraphic and Sedimentologic Computer Simulations, SEPM, Society for Sedimentary Geology, Special Publication, 62 (1): 91～111.

Stuut J B W, Prins M A, Schneider R R, et al. 2002. A 300-kyr record of aridity and wind strength in southwestern Africa：inferences from grain～size distributions of sediments on Walvis Ridge，SE Atlantic. Marine Geology，180（1）：221～233.

Sugita S. 1993. A model of pollen source area for an entire lake surface. Quaternary Research，39（2）：239～244.

Sugita S. 1994. Pollen representation of vegetation in Quaternary sediments：theory and method in patchy vegetation. Journal of Ecology，82（1）：881～897.

Sun D，Bloemendal J，Rea D K. 2002. Grain size distribution function of polymodal sediments in hydraulic and Aeolian environments，and numerical partitioning of thesedimentary components. Sedimentary Geology，152：263～277.

Terasmaa J，Punning J M. 2006. Sedimentation dynamics in a small dimictic lake in northern Estonia. Proceedings of the Estonian Academy Sciences，Biology and Ecology，55：228～242.

Vincens A，Bonnefille R. 1988. Modern pollen sedimentation in Africa lakes. 7th International Palynology Congress，Brisbane，173～174.

Xu Q，Li Y，Yang X，et al. 2005. Source and distribution of pollen in the surface sediment of Daihai Lake，inner Mongolia. Quaternary International，136（1）：33～45.

Zhang H C，Ma Y Z，Wünnemann B，et al. 2000. A Holocene climatic record from arid northwestern China. Palaeogeography Palaeoclimatology Palaeoecology，162（3）：389～401.

Zhang J，Cheng H，Guo J，et al. 2003. The age of formation of the mirabilite and sand wedges in the Hexi Corridor and their paleoclimatic interpretation. Chinese Science Bulletin，48（14）：1439～1445.

Zhao Y，Chen F，Chen B C，et al. 2002. Pollen assemblage features of modern water samples from the Shiyang River drainage，arid region of China. Acta Botanica Sinica，44（3）：367～372.

Zhao Y，Yu Z，Chen F，et al. 2008. Holocene vegetation and climate change from a lake sediment record in the Tengger Sandy Desert，northwest China. Journal of arid environments，72（11）：2054～2064.

第7章　猪野泽沉积物有机地球化学

湖泊沉积物中有机质的数量、种类和来源不仅反映湖泊初始生产力和流域植被生长情况，也反映了有机质随沉积物沉积后的保存状况，保存着湖泊生物生态环境和古气候、古环境变化的丰富信息，这使得越来越多的研究者利用这些指标的变化来揭示古生物量与古气候环境演变的关系。在盐湖地区，由于盐度高，加上湖底经常缺氧，因此分解性生物生存不易，有机质的保存好。普遍认为盐湖地区有机质的含量可以直接反映古生产力的变化。湖泊有机质分为内源和外源两种，外源有机质主要包括陆生植物和湖滨沼泽、湖岸地带的水生植物，为湖盆流域经河流搬运入湖的有机成分，如果周边植被茂盛，地表侵蚀程度强，湖泊沉积物中的有机质含量就会增加。内生有机质则指湖泊本身生长的水生生物，包括浮游植物、挺水植物和沉水植物。有机质的含量通常以总有机碳（TOC）来反映（Wang and Liu，2000；Digerfeldt et al.，2000）。有机质的C/N值被认为是有效的判别有机质来源的指标（Krishnamurthy and Bhattacharya，1988；Wagner et al.，2000），陆生高等植物C/N值为14～23；低等植物，C/N值通常小于10。湖泊沉积物有机$\delta^{13}C$变化与沉积物中有机质来源密不可分（Stuiver，1975），同时也受控于有机质的绝对含量（Stuiver，1975；Aravena et al.，1992）。陆源植物根据不同的生理习性可分为C_3、C_4和CAM三种类型，C_3植物$\delta^{13}C$值在－21‰和－33‰之间；C_4植物$\delta^{13}C$值在－9‰和－21‰之间；CAM植物的$\delta^{13}C$值约在－10‰和－30‰之间；湖泊水生植物的$\delta^{13}C$值也各不相同，沉水植物在－12‰～－20‰之间；漂浮植物$\delta^{13}C$值可偏负至－35.5‰（Bowen，1991）。有机$\delta^{13}C$的环境意义存在多解性，其具体的环境意义，需要根据不同湖泊位置和周围植被类型来探讨。

7.1　湖泊沉积物有机地球化学指标综述

湖泊沉积物有机地球化学记录现已广泛运用于全新世气候变化研究中（Zhang et al.，2011；Das et al.，2013；Lee et al.，2008；周雪花等，2013）。TOC、C/N和$\delta^{13}C_{org}$是古气候研究常用的有机地化指标，是古气候、古生态信息的良好载体（Meyers，1997；Meyers and Vergés，1999），可以反映流域初级生产力以及沉积环境对有机质的保存能力（Meyers and Ishiwatari，2008；Meyers，2009），古植被类型和沉积物有机质的来源（Meyers，2003；Wagner et al.，2000；Aravena et al.，1992）。湖泊沉积物有机地化指标受控于有机质的来源、运移路径、沉积过程、成岩作用以及保存能力（吴敬禄和王苏民，1996），反映的信息丰富，在古气候解释中也存在复杂性和多解性（Nakai，1972；Stuiver，1975；Pearson and Coplen，1978）。TOC、C/N和$\delta^{13}C_{org}$多用于流域性的古气候重建，虽然在已有研究中也提出了上述复杂性，但仍然没有从区域上对比三者变化机制及规律。因此，有必要详细了解各环境代用指标的变化机制及影响因素，从区域上对比指标间的关系及对环境变化的响应，为过去全球变化研究提供有益参考。

东、中亚地区是全新世环境相关变化研究的热点区域（Xiao et al.，2009；Zhao and Yu，2012；Jia-ng et al.，2013），且湖泊沉积物有机地化指标作为重要的研究手段现已广泛应用于这一区域（Shen et al.，2005a，2005b；Cao et al.，2013）。因此，收集了该区域 21 个湖泊的 TOC、C/N、$\delta^{13}C_{org}$ 数据作为研究材料展开上述研究，如图 7.1 和表 7.1。东、中亚地区地形复杂，平原、高原、山地、丘陵、盆地纵横交错。植被水平地带性分布与垂直地带性分布交错。因受季风、西风带不同性质环流控制，再加上青藏高原的作用，气候类型复杂多样，主要包括典型的大陆性半干旱-干旱气候、季风气候和高原气候，因地形、纬度、海陆分布等因素影响，这些气候区内部又存在差异。干旱、半干旱气候区内，水分是植被生长的主要限制性因素，大部分地区年降水量小于 200mm。高原气候区南部年平均气温在 5℃以上，年降水量 350mm 以上，最大可达到约 4500mm。高原气候区北部，年均温小于 5℃，年降水量小于 350mm，最小可达到 15mm。在中国秦淮线以南季风气候区，年均温大于 14℃，年降水量 800～2000mm，秦淮以北，年均温小于 14℃，最小可达到－5℃以下，年降水量 400～750mm。

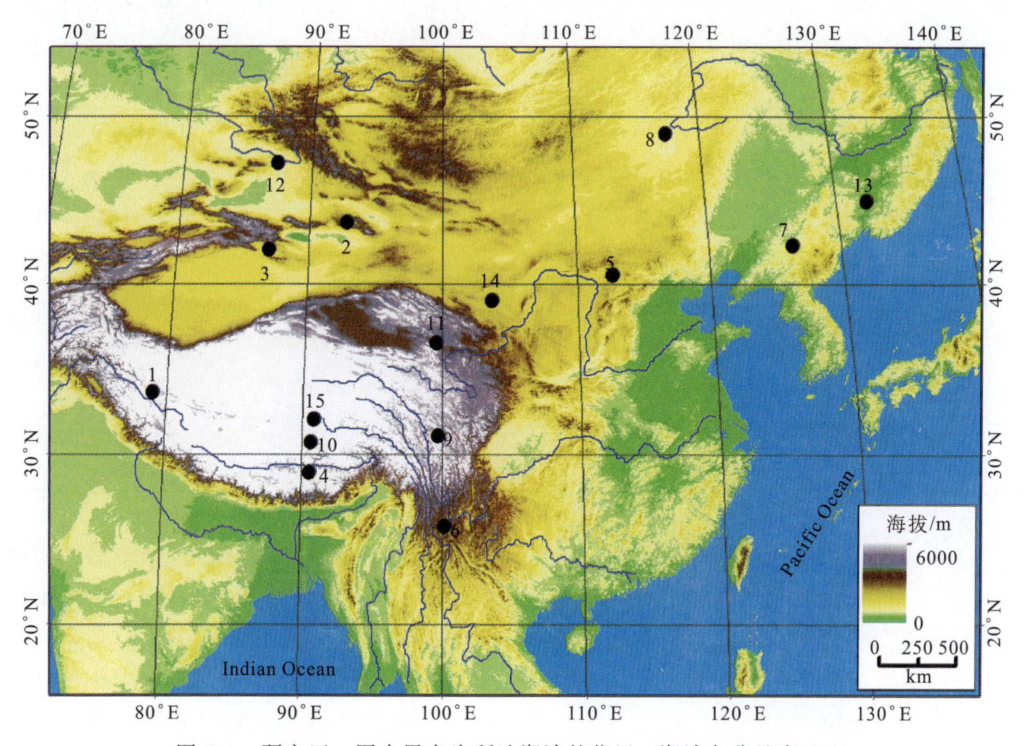

图 7.1 研究区。图中黑点为所选湖泊的位置（湖泊名称见表 7.1）

选择东、中亚全新世湖泊记录时采取以下标准：①选择较为常用的有机地化指标——TOC、C/N 和 $\delta 13C_{org}$ 作为代表；②所选湖泊必须包含至少两种指标数据

(表 7.1)；③所选指标数据都有相应的年代序列，为了统一对比，研究中的年代数据都是已校正过或用 Calib6.1 软件重新校正后的日历年代序列，且每个湖泊记录的年代序列都在全新世阶段；④所选湖泊都位于是东、中亚地区。基于上述标准，最终选择了东、中亚地区 21 个湖泊的相关数据进行分析（表 7.1）。

表 7.1 研究中所选东、中亚湖泊位置及湖泊沉积物指标类型

序号	湖泊名称	地理位置	海拔/m	指标类型	数据来源
1	博斯腾湖	42°05′N，87°03′E	1048	TOC，C/N	Zhang，et al.，2010
2	沉错	28°56′N，90°35′E	4420	TOC，C/N	Zhu，et al.，2009
3	错鄂湖	31°28′N，91°30′E	4532	TOC，C/N，$\delta^{13}C$	Wu，et al. ，2006
4	大湖	24°45.5′N，115°02.2′E	246	C/N，$\delta^{13}C$	Zhong，et al.，2010
5	岱海	40°33′N，112°39′E	1220	TOC，C/N	Xiao，et al.，2006
6	达里湖	43°15′N，116°37′E	1226	TOC，C/N	Xiao，et al.，2008
7	翠峰湖	24°31.9′N，121°36.2′E	1850	TOC，C/N，$\delta^{13}C$	Selvaraj，et al.，2012
8	洱海	25°47′N，100°12′E	1974	TOC，$\delta^{13}C$	Shen，et al.，2005
9	二龙湾玛珥湖	42°18′N，126°22′E	722	TOC，C/N，$\delta^{13}C$	You，et al.，2012
10	更尕海	36°11′N，100°06′E	3000	TOC，C/N，$\delta^{13}C$	Song，et al.，2012
11	Hoton-Nur	48°38′N，88°17′E	2083	TOC，C/N，$\delta^{13}C$	Rudaya，et al.，2012
12	湖光岩玛珥湖	21°09′N，110°17′E	87.6	TOC，C/N，$\delta^{13}C$	Liu，et al.，2005
13	呼伦湖	49°0′N，117°25′E	545	TOC，$\delta^{13}C$	Hu，et al. 2000
14	寇查湖	34°0′N，97°12′E	4540	TOC，$\delta^{13}C$	Aichner，et al.，2010
15	纳楞错湖	31°06′ N，99°45′ E	4200	TOC，C/N，$\delta^{13}C$	Kramer，et al.，2010
16	纳木错	30°42′N，90°40′E	4718	TOC，C/N	Zhu，et al.，2008
17	青海湖	36°32′N，99°36′E	3200	TOC，C/N，$\delta^{13}C$	Shen，et al.，2005
18	乌伦古湖	47°12′N，87°17′E	479	TOC，$\delta^{13}C$	Jiang，et al.，2007
19	兴凯湖	44°57′N，132°25′E	69	TOC，C/N，$\delta^{13}C$	吴健等，2010
20	猪野泽	39°03′N，103°40′E	1309	TOC，C/N，$\delta^{13}C$	Li，et al.，2012
21	兹格塘错	32°04′N，90°50′E	4560	TOC，$\delta^{13}C$	Wu，et al.，2007

在研究中，我们重新提取了这 21 个湖泊的有机地化记录，绘制了每个湖泊沉积物有机地化指标在全新世阶段内的变化曲线（图 7.2、图 7.3），分析每个指标在全新世阶段内的整体变化趋势，对比了 TOC 与 C/N、TOC 与 $\delta^{13}C_{org}$、C/N 与 $\delta^{13}C_{org}$ 在全新世阶段内的对应关系。根据对比结果将东、中亚地区分为不同的区域经行指标变化机制探讨和影响因素分析（图 7.4）。通过对东、中亚 21 个湖泊有机地化指标数据的综合分析和对比发现，该区域湖泊沉积物 TOC、C/N、$\delta^{13}C_{org}$ 间存在不同的对应关系，主要表现在 $\delta^{13}C_{org}$ 与 TOC 和 C/N 间的关系上，如表 7.2 所示。

表 7.2　东、中亚湖泊沉积物 TOC、C/N、$\delta^{13}C_{org}$ 间的关系

地化指标	1	2	5	6	16	3	4	10	12	14	17	7	8	9	11	13	15	18	19	20	21
TOC&C/N	+	+	+	+	+	+	\	+	+	\	+	+	\	+	+	\	+	+	+	+	\
TOC&δ^{13}C	\	\	\	\	\	+	\	+	+	+	+	−	−	−	−	−	−	−	−	−	−
C/ N&δ^{13}C	\	\	\	\	\	+	+	+	+	\	+	−	\	−	−	\	−	\	−	−	\

注：“+”表示变化趋势相似，“−”表示变化相反，“\”表示无相应数据

研究区这 21 个湖泊全新世沉积物中，当 TOC 百分含量较高时，C/N 值也较高，反之亦然，如图 7.2 和表 7.2 所示。这可能与湖泊有机质来源以及不同植被生物量的差异有关。同一湖泊沉积物 TOC 和 $\delta^{13}C_{org}$、C/N 和 $\delta^{13}C_{org}$ 两组对应关系相似，但在不同区域湖泊间存在差异。其中沉积物 δ^{13}C 值偏正时，TOC 百分含量和 C/N 比值都较高，δ^{13}C 值偏负时，TOC 百分含量和 C/N 值都较低的湖泊有错鄂湖、湖光岩玛珥湖、寇查湖、青海湖、大湖、更尕海；δ^{13}C 值偏正时，TOC 百分含量和 C/N 值都较低，δ^{13}C 值偏负时，TOC 百分含量和 C/N 值都较高的湖泊有翠峰湖、洱海、二龙湾玛珥湖、Hoton-Nur、呼伦湖、纳楞错湖、乌伦古湖、兴凯湖、猪野泽；博斯腾湖、沉错、岱海、纳木错、达里湖、兹格塘错无明显对应关系或缺少数据，如图 7.3 和表 7.2 所示。

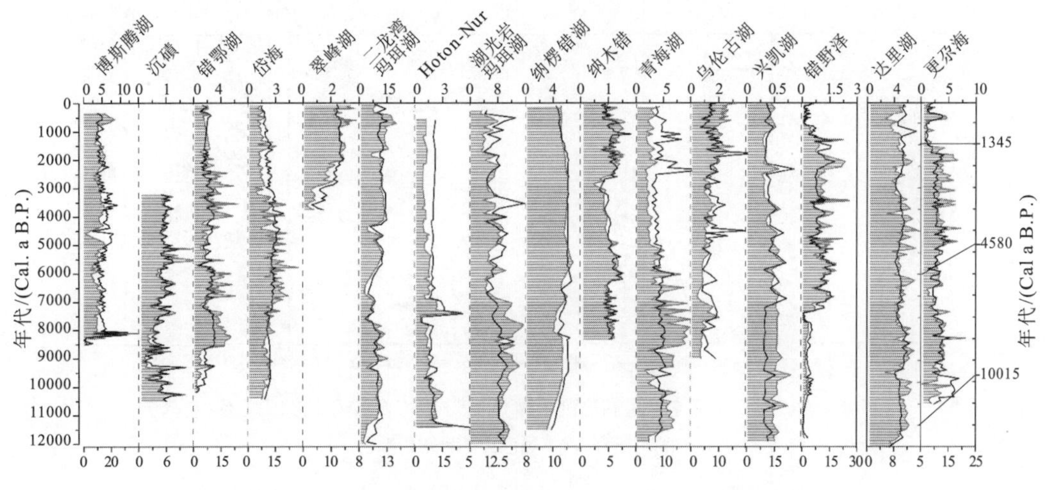

图 7.2　东、中亚全新世湖泊沉积物 TOC 与 C/N 变化趋势及关系

阴影部分为 TOC，黑色实线为 C/N

通过对分析结果的综合对比，我们可以将研究区分为：Ⅰ-中纬度地区、Ⅱ-青藏高原区、Ⅲ-低纬度季风区（图 7.5）。

Ⅰ. 中纬度地区。包括博斯腾湖、岱海、达里湖、二龙湾玛珥湖、Hoton-Nur、呼伦湖、乌伦古湖、兴凯湖、潴野泽等 9 个湖泊。全新世湖泊沉积物 δ^{13}C 值偏正时，TOC 百分含量和 C/N 值都较低，反之亦然。

Ⅱ. 青藏高原区。包括沉错、错鄂湖、更尕海、寇查湖、纳木错、青海湖、兹格塘错。该区域全新世湖泊沉积物 δ^{13}C 值偏正时，TOC 百分含量和 C/N 值也较高，δ^{13}C 值偏负时，TOC 百分含量和 C/N 值较低。

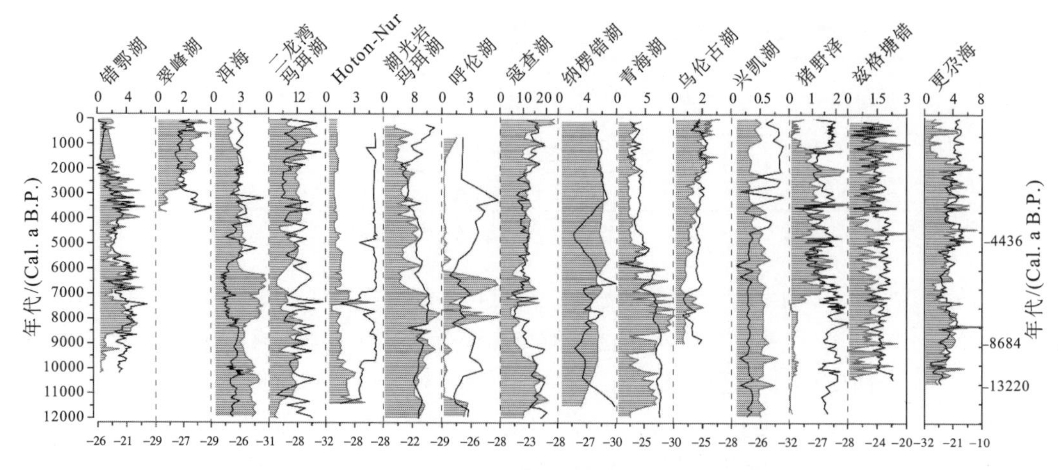

图 7.3　东、中亚全新世湖泊沉积物 TOC 与 $\delta^{13}C$ 变化趋势及关系

阴影部分为 TOC，黑色实线为 $\delta^{13}C$ 值

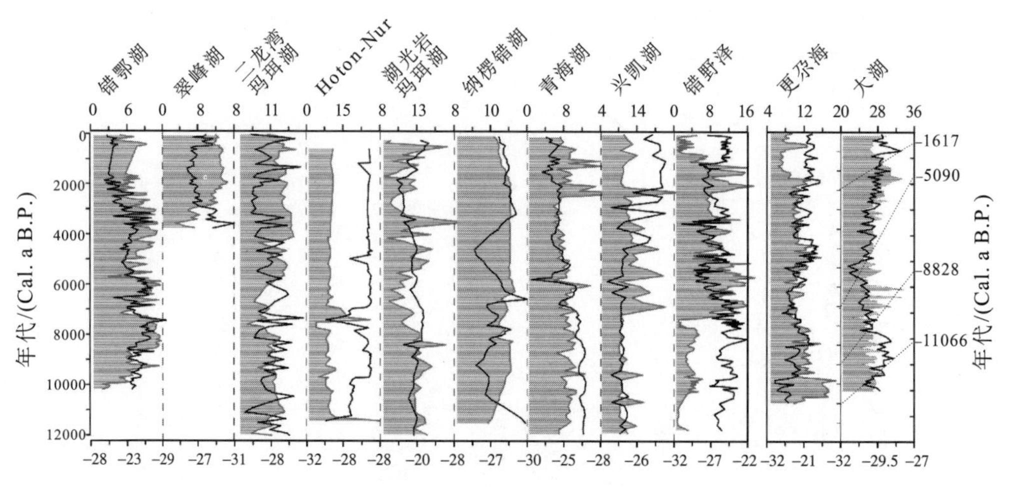

图 7.4　东、中亚全新世湖泊沉积物 C/N 与 $\delta^{13}C$ 的变化趋势及关系

阴影部分为 C/N，黑色实线为 $\delta^{13}C$ 值

Ⅲ. 低纬度季风区。该区域海拔 1800m 以上的高山湖泊，如翠峰湖、洱海、纳愣错湖全新世沉积物 $\delta^{13}C$ 值偏正时，TOC 百分含量和 C/N 值都较低，反之亦然；大湖、湖光岩玛珥湖等低海拔湖泊（<300m）$\delta^{13}C$ 值偏正时，TOC 百分含量和 C/N 值也较高，$\delta^{13}C$ 值偏负时，TOC 百分含量和 C/N 值较低。

东、中亚湖泊沉积物 TOC、C/N、TN 和 $\delta^{13}C_{org}$ 常被用于不同尺度的流域性的古气候研究（Zhong et al.，2010；Shen et al.，2005；Aichner et al.，2010）。TOC、C/N 和 $\delta^{13}C_{org}$ 这三种有机地化指标在古气候解释中存在复杂性和多解性（吴敬禄和王苏民，1996；Nakai，1972；Stuiver，1975；Pearson and Coplen，1978），国内湖泊 TN 数据在同一湖泊沉积中报道的数据呈数量级差异（白钰，2012），因此，相对于 TOC、C/N 和 $\delta^{13}C_{org}$ 这三种有机地化指标，TN 的变化相对不稳定，因而在本项研究中较少考虑到这

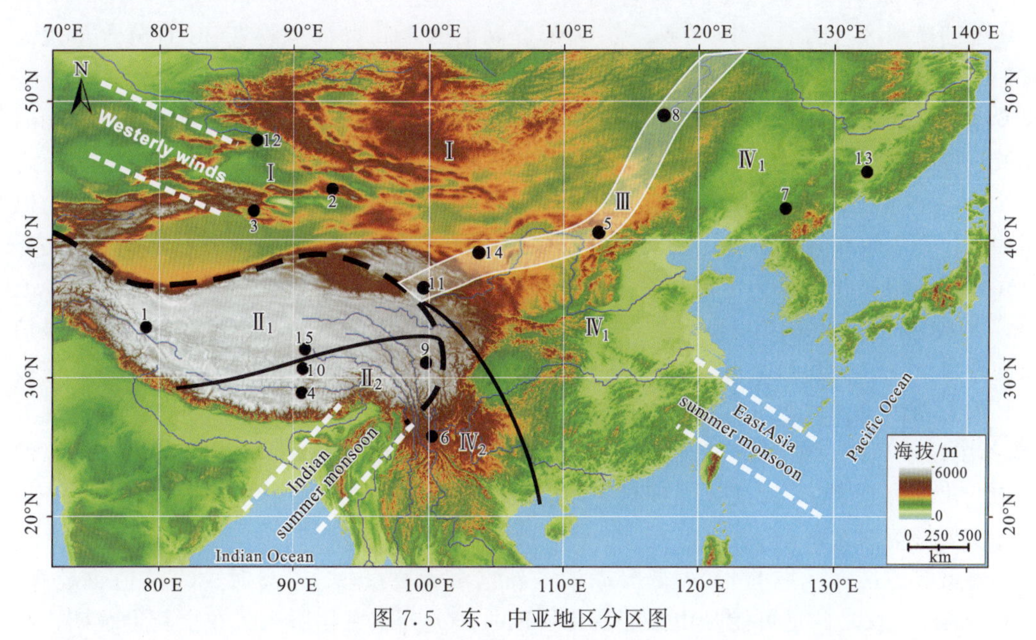

图 7.5　东、中亚地区分区图

根据湖泊沉积物有机地化指标间的关系。图中黑色实线为分区界线，全色黑点代表 $\delta^{13}C$ 分别与 TOC 和 C/N 呈相似变化，半色点代表呈相反变化，带叉圆点代表无明显对应关系或缺少数据

21 个湖泊的沉积物 TN 变化。已有学者对比了东、中亚不同区域全新世气候变化模式，发现该区内陆干旱区、季风区以及季风边缘区全新世气候变化模式存在差异（Zhang et al.，2011；Herzschuh，2006；Chen et al.，2008），但该区还缺少对环境代用指标变化机制及影响因素的区域对比，这项工作将为古气候研究提供有益依据。

湖泊沉积物 TOC 反映湖泊及流域的初级生产力状况（Meyers，1997；Meyers and Vergés，1999）。C/N 值反映湖泊有机质来源，内源水生植物的 C/N 值较低，一般小于 10，外源陆生植物的 C/N 值可达到 14～20（Wagner et al.，2000；Krishnamurthy and Bhattachatya，1986）。不同光合作用途径植物的 $\delta^{13}C_{org}$ 值不同，C_3 植物 $\delta^{13}C_{org}$ 值在－21‰～－33‰之间，C_4 植物在－9‰～－21‰之间（Stuiver，1975）。CAM 植物对湖泊有机质贡献较小，本研究中不予考虑。Nakai（1972），Pearson 和 Coplen（1978）曾对湖泊沉积物 $\delta^{13}C_{org}$ 的气候意义得出过相反的结论，也有学者发现高原表土和植物 $\delta^{13}C_{org}$ 值有随海拔变化的现象（李相博和陈践发，1999；吕厚远等，2001），这都说明 $\delta^{13}C_{org}$ 在气候解释中较为复杂。

东、中亚全新世湖泊沉积物 TOC 百分含量较高时，C/N 值也较高，反之亦然（表 7.2，图 7.2）。这可能是因为在气候适宜期，流域生产力较高，输入湖泊的外源有机质较多，且陆生有较高的生物量（袁力等，2006；姜霞等，2010），因而 TOC 和 C/N 值都较高；当流域生产力降低，TOC 含量降低，外源有机质比例减小，C/N 值也降低。同一湖泊 TOC 和 $\delta^{13}C_{org}$ 的对应关系和 C/N 与 $\delta^{13}C_{org}$ 的对应关系相同，但在区域间存在差异。如表 7.2、图 7.5 所示。$\delta^{13}C_{org}$ 和 TOC、C/N 的关系存在明显区域差异。研究中所选的 21 个湖泊中，其中的岱海、青海湖和达里湖沉积物 C/N 值随着 TOC 的变化并不明显，这可能是因为在不同湖泊，作用两者的机理不同所致。

中纬度地区（图7.5中区域Ⅰ）。大部分湖泊的全新世沉积物TOC百分含量较高时，C/N值较高，$\delta^{13}C_{org}$值相对偏负，反之。该区大部分区域分布于40°N以北，植被以C_3为主，C_4类植物种数较少（Ehleringer et al.，1997；Ehleringer and Björkmam，1997）。在全新世气候湿润期，湖泊及流域生产力提高，TOC上升，大量外源有机质入湖使得C/N值升高，因外源有机质主要为C_3植物（$\delta^{13}C_{org}$偏负）提供，因而$\delta^{13}C_{org}$值却偏负。在气候相对干旱期，则出现相反效应，且植物在旱期会为减少水分蒸发而关闭气孔，引起植物叶内CO_2浓度下降，光合作用产物的$\delta^{13}C_{org}$值升高（Tieszen and Boutton，1989），也会使$\delta^{13}C_{org}$值升高。一年当中C_3类植物$\delta^{13}C_{org}$值也有旱季较雨季明显偏重的现象（王国安和韩家懋，2001）。水分是制约干旱、半干旱区生态环境发展及植被生长的主要因子（钱正安等，2001；程国栋和赵传燕，2006），王国安（2001）等对北方（包括中纬季风区）植物$\delta^{13}C_{org}$与温度相关性分析中得出，几种植物$\delta^{13}C_{org}$对年均温的平均变化仅有0.3‰，因此，温度对中纬度地区有机地化指标的影响并不显著，水分可能为主要影响因素。

青藏高原区（区域Ⅱ），大部分湖泊全新世沉积物TOC较高时、C/N值也较高，$\delta^{13}C_{org}$偏正，反之。这可能是由温度变化导致的CO_2分压变化所致。在全新世暖期，高原初级生产力较高，TOC上升，且湖泊沉积中外源有机质输入量增加，C/N上升，但温度的上升导致大气压力降低，使植物叶片内、外CO_2分压比降低，大气CO_2进入叶内时碳同位素分馏值减少，造成同位素变重（余俊清和安芷生，2001）。在高原冷期则产生相反的效应。另外，青藏高原平均海拔4500m，这一高度基本以C_3植物为主，随着气温升高，C_3植物植物细胞气腔内的CO_2分压降低，促使植物呼吸速率减慢，也会导致光合作用产物的同位素偏重。兹格塘错沉积物TOC与$\delta^{13}C_{org}$、C/N与$\delta^{13}C_{org}$无明显对应关系，可能受到了岩性、沉积过程或TOC含量的影响。

低纬度季风区（区域Ⅲ），的低海拔湖泊和高山湖泊全新世沉积物TOC、C/N与$\delta^{13}C_{org}$的对应关系不同。低海拔湖泊沉积物TOC百分含量较高时，C/N值较高，$\delta^{13}C_{org}$值相对偏正，反之。这可能与温度变化导致的植被类型变化有关。季风气候雨热同期，降水丰富时流域生产力较高，入湖外源有机质量多，TOC和C/N值升高，高温环境使得喜高温的C_4植物（$\delta^{13}C_{org}$值偏正）占优势，$\delta^{13}C_{org}$值升高。在气候冷期，植物生长受限，TOC、C/N值较低，湖泊绝对碳含量减少，有机碳相对亏损^{13}C，有较轻的$\delta^{13}C_{org}$值（Nakai，1972），再加上喜低温的C_3植物增加，使得$\delta^{13}C_{org}$值偏负。南京固城湖，位于31°16′N，118°54′E，海拔较低，其沉积物$\delta^{13}C_{org}$值与气温也成正比关系（沈吉等，1996），且$\delta^{13}C_{org}$与有机碳含量也呈同步变化。高山湖泊全新世沉积物TOC百分含量较高时，C/N值较高，而$\delta^{13}C_{org}$值相对偏负，反之。这可能与海拔上升导致的热量条件变化有关。由于海拔较高，气温相对较低，以喜低温的C_3植物为主，在流域植被覆盖度较大时期，TOC、C/N值较高，C_3植物的有机质贡献量也较大，使得$\delta^{13}C_{org}$值偏负，在气候干冷时期，则出现相反的效应。

综上所述，东、中亚不同区域湖泊沉积物TOC、C/N、$\delta^{13}C_{org}$间之所以呈现出不同对应关系，主要是因为东、中亚全新世湖泊沉积物TOC、C/N和$\delta^{13}C_{org}$间的关系及其影响因素存在区域差异，根据它们间的关系可以将研究区分为中纬度地区、青藏高原区、低纬度季风区。研究区大部分湖泊的数据显示，同一湖泊全新世沉积物 TOC 百分含量较高时，C/N 值也较高，反之亦然。这可能与湖泊有机质来源有关，气候适宜期，陆地植被覆盖度高，沉积物外源有机质输入量增加，TOC 和 C/N 上升，反之亦然。但因两者作用机制不同，也存在沉积物 C/N 随 TOC 的变化波动不明显的湖泊。大部分中纬度地区和低纬度季风区的高山湖泊中，沉积物 TOC 含量和与 C/N 值较高时，$\delta^{13}C_{org}$ 相对偏负，前两者值较低时，$\delta^{13}C_{org}$ 相对偏正。这是因为水分变化引起的 C_3 植物对沉积物有机质贡献量的变化，使得 $\delta^{13}C_{org}$ 变化。在大部分青藏高原区和低纬度季风区低海拔的湖泊中，全新世沉积物 TOC 百分含量较高时，C/N 值较高，$\delta^{13}C_{org}$ 偏正，反之。青藏高原区主要是由于气候冷暖变化导致的 CO_2 分压变化使得 $\delta^{13}C_{org}$ 值发生变化。低纬度季风区，温度变化引起的植被类型变化使得 $\delta^{13}C_{org}$ 值发生变化。

但是，虽然上述关系存在于所选的大部分湖泊中，但是也存在不符合上述规律的湖泊，因为就整个东、中亚地区来讲，不论是气候条件还是地质要素都较为复杂，而且地质时期的环境变化只是通过各种自然指标的推理所得，指标的作用机制也较为复杂，所以上述结论还有待进一步证实和讨论。

7.2　猪野泽沉积物有机地化指标之间的关系

湖泊沉积物中的有机地球化学指标总有机碳（TOC）、碳氮比（C/N）和有机碳同位素（$\delta^{13}C$）可以反映湖泊及流域的初始生产力和植被类型，也反映了有机质随沉积物沉积后的保存状况，保存着湖泊及流域生物生态环境和古气候、古环境变化的丰富信息，这使得越来越多的研究者利用这些指标的变化来揭示古生物量与古环境演变的关系（Meyers，1997；Meyers and Vergès，1999）。湖泊有机质分为内源和外源两种，外源有机质主要包括陆生植物和湖滨沼泽、湖岸地带的水生植物，为湖盆流域经河流搬运入湖的有机成分，如果周边植被茂盛，地表侵蚀程度强，湖泊沉积物中的有机质含量就会增加。内生有机质则指湖泊本身生长的水生生物，包括浮游植物、挺水植物和沉水植物。

有机质的含量可以用总有机碳（TOC）来反映（Wang and Liu，2000；Digerfeldt et al.，2000）。有机质的 C/N 被认为是有效判别有机质来源的指标（Krishnamurthy and Bhattacharya，1986；Wagner et al.，2000），陆生高等植物 C/N 值为 14～23；低等植物藻类植物 C/N 通常小于 10。湖泊沉积物有机 $\delta^{13}C$ 变化与沉积物中有机质来源密不可分（Stuiver，1975），同时也受控于有机质的绝对含量（Stuiver，1975；Aravena et al.，1992）。陆源植物根据不同的生理习性可分为 C_3、C_4 和 CAM 三种类型，C_3 植物 $\delta^{13}C$ 值在－21‰和－33‰之间；C_4 植物 $\delta^{13}C$ 值在－9‰和－21‰之间；CAM 植物的 $\delta^{13}C$ 值约在－10‰和－30‰之间；湖泊水生植物的 $\delta^{13}C$ 值也各不相同，沉水植物在－12‰～－20‰之间；漂浮植物 $\delta^{13}C$ 值可偏负至－35.5‰（Bowen，1991）。沉积物总有机碳（TOC）、碳氮比（C/N）和有机碳同位素（$\delta^{13}C$）三种指标，在反映湖泊及流域植被及生产力状况方面各有特点，将三种指标结合起来对比研究，可以更加准确地探讨每种指标的古环境意义，并为古气候重建奠定基础。

本节中涉及的 QTH01 剖面地理坐标 39°03′N 103°40′E，海拔 1309m。剖面中有机质的碳、氮和氢含量采用元素分析仪分析。实验步骤如下，将样品自然风干，称取0.2～0.3g，放入试管中，加入浓度10%的盐酸10mL，用来除去无机碳酸盐。加入盐酸后将样品放置24小时，等待样品反应完全，使用离心机来清洗反应后的样品，直至中性为止。将洗至中性的样品放入烘干箱中，将烘干箱的温度调至60℃，将样品烘干后，取出在室温下放置2小时，该步骤是为了使样品和空气达到吸湿平衡，然后称取样品质量。兰州大学化学与化工学院分析测试中心负责测量了样品的有机质碳、氮、氢含量，测量所使用的仪器是德国Elementar公司生产的Vario-Ⅲ型元素分析仪。由于仪器直接测出的是经过无极碳酸盐处理后的样品，需要对测量出的值进行计算，可以得到样品中实际总有机碳和总有机氮的含量。计算公式如下：

$$M0 = M \times G/G0$$

式中，M0为元素的实际百分含量（%），M为处理后样品的元素百分含量（%）；G处理后样品的质量（g）；G0为处理前样品的质量（g）。有机碳稳定同位素测定，本节采用通纯氧燃烧-冷冻分离法（沈吉等，1996），在兰州大学资源环境学院稳定同位素实验室进行分析测量。分析仪器采用德国Finnigan MAT公司生产的Delta-Plus稳定同位素质谱分析仪。为便于相互对比和测量，对物质的碳同位素组成多由$\delta^{13}C$（‰）值表示。

根据测得的QTH01剖面有机地化指标数值，QTH01剖面上TOC的平均值为0.62%，范围在0.01～2.60%之间；C/N的平均值为5.70，范围在0.41～17.62之间；$\delta^{13}C$的平均值为－25.84‰，范围在－31.00‰～－22.00‰之间。对这三种指标进行相关性分析得出，TOC与C/N存在显著的正相关，相关系数为0.87，从这两种指标的散点图上可以清晰看出正相关关系，对两种指标进行线性拟合，拟合度R^2值为0.75（图7.6）；$\delta^{13}C$与TOC和C/N均存在负相关，相关系数分别为－0.44和－0.37，从$\delta^{13}C$与TOC和$\delta^{13}C$与C/N的散点图也可以看出它们之间存在的负相关关系，对散点图进行线性拟合，拟合度R^2值分别达到了0.19和0.13（图7.7，图7.8）。三种指标之间的相关性，均可以通过$\alpha = 0.001$的置信度检验。

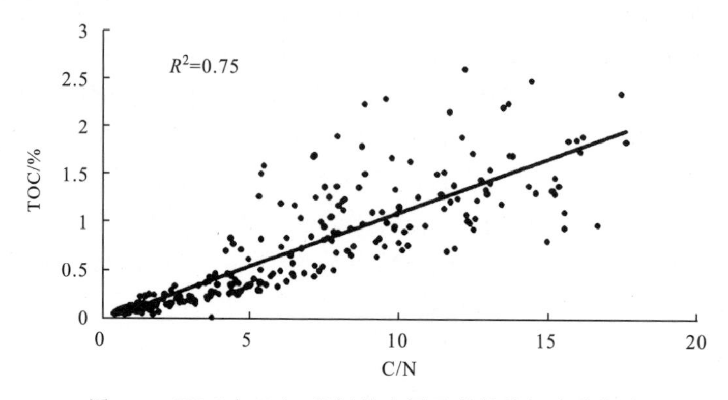

图7.6 TOC与C/N指标散点图及其线性拟合趋势线

根据QTH01剖面的有机地化指标数值和沉积物岩性，可以将该剖面分为A、B、C、D、E五个阶段（图7.9）：

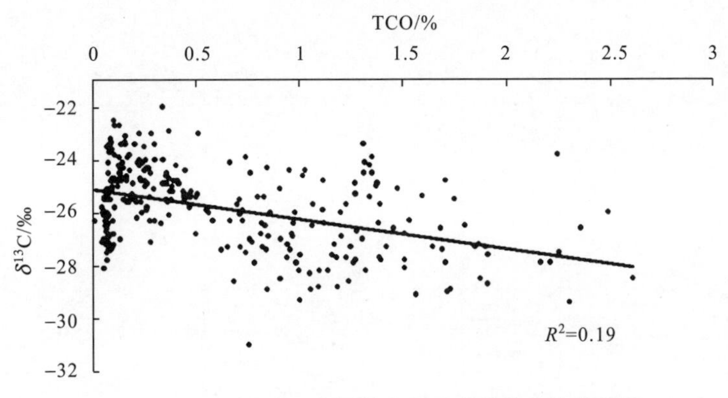

图 7.7　TOC 与 $\delta^{13}C$ 指标散点图及其线性拟合趋势线

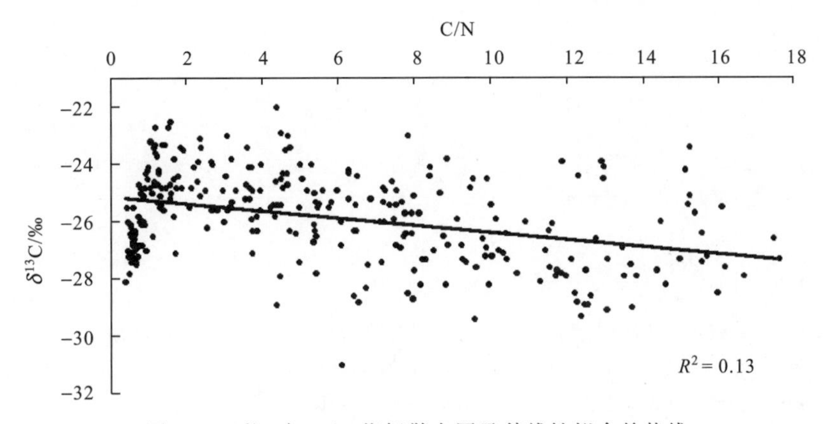

图 7.8　$\delta^{13}C$ 与 C/N 指标散点图及其线性拟合趋势线

阶段 A（602～692cm），沉积物以砂层为主，TOC 的平均值为 0.07%，范围在 0.04%～0.13%之间；C/N 的平均值为 0.65，范围在 0.41～1.73 之间；$\delta^{13}C$ 的平均值为－26.76‰，范围在－28.10‰～－25.50‰之间。

阶段 B（497～602cm，7703～13090 cal. a B. P.），沉积物为灰绿色湖相沉积物，TOC 的平均值为 0.22%，范围在 0.01%～0.40%之间；C/N 的平均值为 3.47，范围在 0.76～6.28 之间；$\delta^{13}C$ 的平均值为－24.92‰，范围在－27.10‰～－22.00‰之间。

阶段 C（447～497cm，7378～7703 cal. a B. P.），沉积物以砂层为主，TOC 的平均值为 0.11%，范围在 0.06%～0.22%之间；C/N 的平均值为 1.56，范围在 1.01～3.07 之间；$\delta^{13}C$ 的平均值为－23.78‰，范围在－25.50‰～－22.50‰之间。

阶段 D（197～447cm，1107～7378 cal. a B. P.），沉积物为灰绿色湖相沉积物，TOC 的平均值为 1.20%，范围在 0.28%～2.60%之间；C/N 的平均值为 10.07，范围在3.94～17.62 之间；$\delta^{13}C$ 的平均值为－26.67 ‰，范围在－31.00‰～－23.00‰之间。

阶段 E（0～197cm，0～1107 cal. a B. P.），沉积物以黄色风成沉积物为主，TOC 的平均值为 0.29%，范围在 0.08%～0.62%之间；C/N 的平均值为 3.17，范围在 0.76～7.36 之间；$\delta^{13}C$ 的平均值为－24.99‰，范围在－27.40‰～－24.20‰之间。

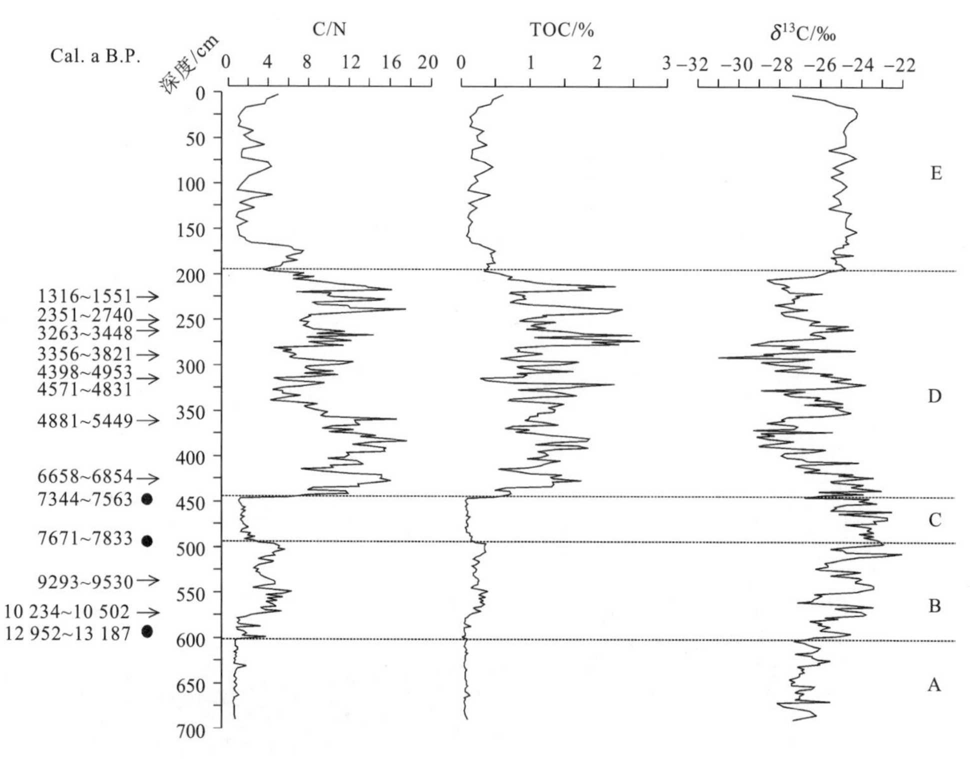

图 7.9　猪野泽 QTH01 剖面有机地球化学指标 TOC、C/N 和 $\delta^{13}C$ 随深度变化图

深度轴左侧箭头所对的年代为 QTH01 剖面测年样品测得的年代，圆圈所对的年代是根据岩性与粒度由 QTH02 剖面内插到 QTH01 剖面上的年代。根据有机地球化学指标和岩性，将该剖面划分为 A、B、C、D、E 五个阶段

QTH01 剖面样品 TOC 值总体较低，这与猪野泽所处的干旱区特征相符，说明猪野泽附近及石羊河流域初级生产力较低，其中 TOC 值较高的阶段，代表了初级生产力相对较高的时期。C/N 值总体也较低，除了 D 阶段以外，各个阶段 C/N 平均值均小于 10。这与普遍认为的陆生高等植物 C/N 值为 14～23；低等植物藻类植物 C/N 值通常小于 10（Krishnamurthy and Bhattacharya，1986；Wagner et al.，2000），并不相符，因为 QTH01 剖面顶部和底部分别为风成沉积物和砂层，这两种沉积相中并不适合藻类植物生存，而这两个层位的 C/N 值均小于 5，所以不能根据植物类型来解释该剖面 C/N 值。根据我国科学家对内蒙古干旱半干旱区 770 个土样的 C/N 值研究，表明该区域 C/N 值较低，一部分样品的 C/N 值低于 10，而且一些盐碱土及冲积土的 C/N 值在 5 左右（陈庆美等，2003）。猪野泽沉积物 C/N 值较低，可能与我国干旱半干旱地区表土 C/N 值比较低有关，该区域较低的 C/N 值并不表示低等藻类植物繁盛。同时，根据 Meyers 和 Verg es（1999）的研究，有机质在沉积以后成岩的过程中，其中一些元素的比例会发生变化，以 C/N 为例，新鲜木块的 C/N 通常会高于沉积物中木块的 C/N，这种改变主要反映了不同元素选择性腐蚀的过程。根据 Sarazin 等（1992）对法国 Aydat 湖的研究也发现，湖泊表层 40cm 沉积物的 C/N 要高于下部沉积物的 C/N。以上研究说明，

沉积物C/N可能会受到沉积成岩作用的影响而降低。所以猪野泽沉积物C/N值较低可能受到周围表土C/N较低和沉积物成岩过程的双重影响，所以总体较低，并不能直接反映植物类型的变化。在D阶段中，C/N的平均值为10.07，最大值可以达到17.62，可能由于该阶段猪野泽周围及石羊河流域陆生高等植物茂盛，所以终端湖沉积物中才出现了较高的C/N值，而其他阶段较低的C/N值与陆生植物密度较小有关。TOC与C/N存在显著的正相关关系，说明植物生产力较高时期的C/N值也较高，QTH01剖面中C/N值受到流域植物初级生产力的控制。QTH01沉积物中$\delta^{13}C$的平均值为$-25.84‰$，范围在$-31.00‰$～$-22.00‰$之间，这与C_3植物的$\delta^{13}C$值（$-21‰$～$-33‰$）相符（Bowen，1991），说明猪野泽沉积物中有机碳主要来自于C_3植物。这与中国西北干旱区现代植被特征相符，根据Zhang等（2011）对中国西北新疆、柴达木盆地、甘肃、青海、巴丹吉林沙漠、腾格里沙漠以及青藏高原等地采集的610多个植物样品的研究发现，样品中仅有8个C_4植物，C_4植物相对较少。Feng等（2008）对34°～52°N之间，从我国宝鸡附近的秦岭到接近蒙古和俄罗斯边境的众多表土样品进行了总有机质碳同位素分析，得到的结果表明该区域表土总有机质碳同位素都较为偏负，表明该区域现代植被同样以C_3植物为主；而且此项研究进一步证明，在沙漠或者荒漠草原等干旱环境下，表土的C_3植物碳同位素更为偏正，说明$\delta^{13}C$值偏正指示了相对干旱的环境。王国安等（2003）的研究也证明C_3植物的$\delta^{13}C$值在黄土高原中部的半湿润气候区比黄土高原西部的半干旱-干旱气候区显著偏轻。本项研究中QTH01剖面的$\delta^{13}C$与TOC和C/N均显示负相关，较高的TOC和C/N分别代表了较高的湖泊及流域初级生产力和陆生高等植物密度，正好对应了偏轻的$\delta^{13}C$值所显示的较湿润的气候，反之，TOC和C/N值较低的阶段对应了$\delta^{13}C$值偏重所指示的气候相对干旱的时期。因为干旱-半干旱地区水分条件是植物生长的主要限制因子，气候湿润期通常对应了植物生长茂盛、生产力较高的时期。除了以上因素以外，研究中还发现，QTH01剖面三种有机地球化学指标的阶段性变化与剖面沉积物岩性的变化紧密相关，岩性不变的情况下，TOC、C/N和$\delta^{13}C$三种指标变化也较小，说明该剖面有机地球化学指标也受到岩性的控制。张成君等（2004）等也研究了猪野泽西部的三角城剖面末次冰消期以来的有机碳同位素组成，其研究结果显示末次冰消期期间$\delta^{13}C$总体偏轻（$-30‰$～$-25‰$），早全新世期间$\delta^{13}C$为$-10‰$，中全新世碳同位素组成总体偏重，在$-20‰$～$-10‰$之间，晚全新世碳同位素组成偏轻（$-25‰$左右），这与本研究所得出的全剖面$\delta^{13}C$值在$-31.00‰$～$-22.00‰$之间有较大差异，说明湖泊不同位置沉积物$\delta^{13}C$值具有较大差异，本项研究中$\delta^{13}C$值变化在一个稳定的范围以内，指示该位置湖泊有机质的来源较稳定，能较好地记录过去植被变化的信息。

根据以上有机地化指标之间的关系及其古环境意义讨论，可以对QTH01剖面不同阶段的古环境状况进行推测：阶段A（602～692cm），TOC和C/N值较低，$\delta^{13}C$的平均值为$-26.76‰$，该阶段沉积物以砂层为主，流域及湖泊周围生产力较低。阶段B（497～602cm，7703～13090 cal. a B. P.），TOC和C/N相对上一阶段有所增加，$\delta^{13}C$的平均值为$-24.92‰$，该阶段形成了灰绿色湖相沉积物，流域及湖泊植被生产力有所上升。阶段C（447～497cm，7378～7703 cal. a B. P.），该段沉积物以砂层为主，TOC

和 C/N 值再次下降，$\delta^{13}C$ 偏正，平均值为－23.78‰，该阶段再次形成砂层沉积，流域初级生产力下降，气候较干燥。阶段 D（197～447cm，1107～7378 cal. a B. P.），TOC 和 C/N 均达到全新世最高值，$\delta^{13}C$ 偏负，平均值为－26.67 ‰，该段以湖沼相和泥炭沉积物为主，流域初级生产力达到全新世最高值，气候也是全新世最湿润的一个阶段。阶段 E（0～197cm，0～1107 cal. a B. P.），TOC 和 C/N 降低，$\delta^{13}C$ 值偏正，平均值为－24.99‰，该段沉积物以黄色风成沉积物为主，流域初级生产力较低，气候较干旱。

综上所述，猪野泽 QTH01 剖面沉积物 TOC 指标主要代表了湖泊及流域的植被初级生产力；C/N 值受到周围区域表土 C/N 值和沉积物成岩过程的双重影响，总体较低，并不能直接反映植物类型的变化，主要受控于猪野泽周围及石羊河流域植被初级生产力和陆生高等植物的密度。$\delta^{13}C$ 值显示 QTH01 剖面沉积物有机质主要来源于 C_3 植物，该区域 C_3 植物 $\delta^{13}C$ 值偏正指示了相对干旱的环境，偏负指示相对湿润的环境。同时猪野泽 QTH01 剖面沉积物 TOC 与 C/N 存在显著的正相关，相关系数为 0.87，$\delta^{13}C$ 与 TOC 和 C/N 均存在负相关，相关系数分别为－0.44 和－0.37。TOC 和 C/N 值较高和 $\delta^{13}C$ 值较低的时期，流域植被初级生产力较高，气候较湿润；反之，流域植被初级生产力较低，气候较干燥。此外猪野泽沉积物沉积相变化明显，本节探讨的三种有机地化指标随着沉积相改变，变化明显，说明猪野泽沉积物有机地球化学指标的变化受到沉积相改变的控制。

7.3　猪野泽有机地化指标与花粉组合的关系

花粉组合和有机地球化学指标均是湖泊沉积物研究中较常用的环境代用指标（姜修洋等，2011；鲁瑞洁等，2010；蔡茂堂和魏明建，2009）。湖泊沉积物中的有机地球化学指标有总有机碳（TOC）、碳氮比（C/N）和有机碳同位素（$\delta^{13}C$），可以反映湖泊及流域的初级生产力和植被类型以及有机质随沉积物沉积后的保存状况（Meyers，1997；Meyers and Vergés，1999）。湖泊沉积物花粉组合研究常用于地质历史时期湖泊及流域性古植被及古环境重建（Li et al.，2009；萧家仪等，2007；马春梅等，2008）。这两种指标虽然在复原古植被和古生态重建过程中较为常用，但二者仍有一定的差别。花粉组合更注重较细的古植被重建，而有机地球化学指标则从整体上反映植被的生长状况和流域初级生产力。在理论上，将上述二者结合起来可以更全面的探讨湖泊及流域的植被及生产力信息，因此两者在共同响应环境变化时存在何种关系需要进一步探讨。若能选择典型研究区域，在已有环境重建结果的基础上，探讨孢粉和有机地球化学指标二者之间的关系及其对气候变化过程的响应，不仅为重建过去全球变化提供新的证据，还可以为深刻理解古环境代用指标的环境意义和变化机制提供有益的参考。因此，以河西走廊的干旱区典型内陆终端湖泊——猪野泽为例，选择猪野泽 QTH01 剖面的总有机碳（TOC）、碳氮比（C/N）和有机碳同位素（$\delta^{13}C$）三种有机地球化学指标和 QTH02 剖面花粉指标进行上述讨论。

本节作者 Li 等（2011）已对猪野泽 QTH01 剖面有机地化指标特征以及相互关系进行了详细的研究，在此不做介绍。用于花粉分析的 QTH02 剖面样品共 74 个，共鉴定出 50 余科属，本节选取该区域常见的，并在整个剖面占有优势的 8 种花粉类型，分析不同沉积阶段有机地化指标与花粉组合间的关系，这些花粉类型包括松属（*Pinus*）、云杉属（*Picea*）、栎（*Quercus*）、麻黄（*Ephedra*）、白刺（*Nitraria*）、蒿属（*Artemisia*）、藜科（*Chenopodiaceae*）、香蒲属（*Typha*）。

根据对 QTH01 剖面有机地化指标 TOC、C/N 和 δ^{13}C 的测试结果，可将剖面分为 A、B、C、D、E 五个阶段（图 7.10），其中 A 在 602cm～692cm，B 在 495cm～602cm 之间，C 在 447cm～495cm 之间，D 在 199cm～447cm 之间，E 在 0cm～199cm 之间。

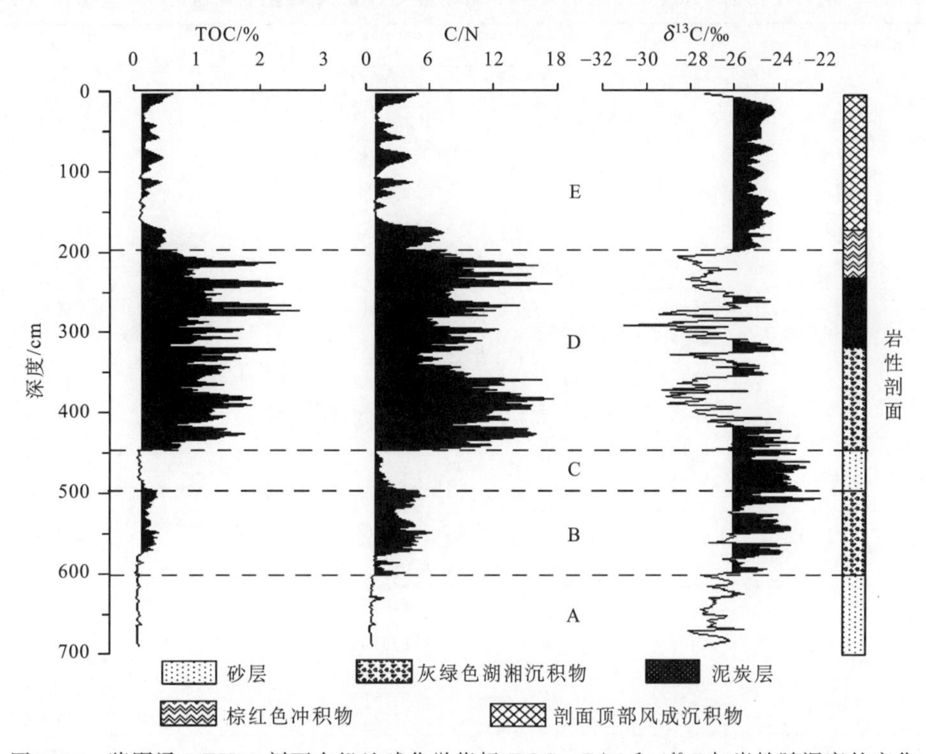

图 7.10　猪野泽 QTH01 剖面有机地球化学指标 TOC、C/N 和 δ^{13}C 与岩性随深度的变化

A 阶段（约 13.0cal. ka B. P. 之前）：有机地化指标中，TOC 和 C/N 较低，平均值分别为 0.07% 和 0.65，δ^{13}C 值偏负，平均为-26.76‰，花粉总浓度值也较低（表 7.3）。较低的 TOC 值和孢粉总浓度说明该阶段全流域初级生产力较低，流域有效水分和流域整体植被覆盖度较低，其中乔木花粉百分比相对较高，蒿、藜比分相对较低，无香蒲属记录（表 7.4）。该阶段 δ^{13}C 值偏负，可能与该阶段特殊冷环境的影响有关，其变化范围为－28.10‰～－25.50‰，从同位素数值来看，该段有机质可能来源于 C_3 植物（－21‰～－33‰），CAM 植物（－10‰～－30‰）和挺水植物（－24‰～－30‰）。花粉指标反映出此阶段有机质来源比较单一，基本上是外源有机质，主要贡献者是草本植物和由风携带的少量上游山地乔木。

B 阶段（约 13.0～7.7cal. ka B. P.）：TOC 和 C/N 值仍较低，平均值分别为 0.22% 和 3.46，δ^{13}C 值却偏正，平均为－24.89‰（表 7.3），总花粉浓度略有增加，但仍较低，说明

此阶段植被种类和覆盖度有所增加，乔木花粉百分比迅速上升，达到最大值 21.36%，最高可达到86%，主要表现在云杉和松属（表7.4）。同时代表干旱环境的藜科花粉百分比达到最低值（平均约4.5%）。根据该阶段的$\delta^{13}C$值，其范围在−27.10‰～−22.00‰之间，可大致界定有机质有可能来源于C_3植物（−21‰～−33‰），CAM植物（−10‰～−30‰）和挺水植物（−24‰～−30‰）。从花粉指标来看，此阶段有少量水生植物香蒲属的出现，说明湖泊面积已经达到了剖面位置，但有机质仍以外源为主，如蒿、乔木等。

表 7.3 QTH01 剖面 TOC、C/N、$\delta^{13}C$ 和相应阶段 QTH02 剖面主要花粉指标平均值及范围

Phase	A	B	C	D	E
TOC/%	0.07 (0.04～0.13)	0.22 (0.01～0.40)	0.10 (0.06～0.17)	1.20 (0.28～2.60)	0.29 (0.08～0.62)
C/N	0.65 (0.41～1.73)	3.46 (0.76～6.28)	1.50 (1.01～2.67)	10.12 (4.22～17.62)	3.18 (0.76～7.36)
$\delta^{13}C$/‰	−26.76 (−28.10～−25.50)	−24.89 (−27.10～−22.00)	−23.82 (−25.50～−22.50)	−26.68 (−31.00～−23.00)	−25.01 (−27.40～−24.2)
Total (grain/s)	35.25 (11.60～81.59)	177.68 (15.56～421.60)	75.15 (32.25～123.37)	16296.44 (398.03～78480.75)	897.17 (138.39～3158.75)
Artemisia	15.42 (4.55～33.31)	118.72 (4.29～327.21)	60.39 (23.44～97.53)	12354.65 (131.98～60829.87)	399.67 (39.52～1610.24)
Chenopodiaceae	3.09 (0～9.12)	9.97 (1.12～50.59)	7.68 (3.68～13.21)	2486.01 (58.35～11378.25)	281.95 (7.48～1110.89)
Picea	0	19.44 (0～144.67)	0.28 (0～1.67)	171.53 (0～802.31)	1.42 (0～11.22)
Pinus	0.89 (0.18～1.95)	6.85 (0～28.85)	0.37 (0～1.25)	146.67 (0～474.09)	1.45 (0～8.58)
Quercus	1.00 (0～3.46)	1.15 (0～3.37)	0.26 (0～0.8)	79.6 (0～408.45)	0.26 (0～3.04)
Nitraria	0.19 (0～1.52)	0.38 (0～1.69)	0.31 (0～1.67)	47.22 (0～189.64)	51.47 (0～183.06)
Ephedra	0.01 (0～0.09)	6.86 (0.54～54.81)	1.71 (0.19～2.87)	177.40 (6.25～802.31)	27.31 (0～71.51)
Typha	0	0.41 C (0～1.69)	0.11 (0～0.37)	60.88 (0～328.22)	4.62 (0～28.05)

C阶段（约7.7～7.4cal ka BP）：TOC和C/N比值较上一阶段略有降低，平均值为0.10%和1.50，说明这是一个短期的干旱阶段，有机质输入量仍较低。$\delta^{13}C$值较上一阶段偏正，平均为−23.82‰（如表7.3）。花粉总浓度较低，蒿、藜等草本植物百分比明显增加（平均约95%），松属、云杉属等乔木百分比迅速减少（表7.3、表7.4），平均百分比约为1.63%。该阶段$\delta^{13}C$在−25.50‰～−22.50‰之间，有机质可能来源于C_3植物（−21‰～−33‰），CAM植物（−10‰～−30‰）和挺水植物（−24‰～−30‰）。从花粉记录来看，有机质主要为外源，其中草本植物贡献较大。

表 7.4　主要花粉指标百分比及范围

Pollen Percentage (%)	A	B	C	D	E
Trees	12.51 (3.13～19.05)	21.36 (1.16～86.04)	1.63 (0～4.05)	4.19 (0～12.82)	0.69 (0～3.12)
Shrubs	7.75 (0.72～19.38)	3.65 (0.36～14.00)	3.10 (2.33～3.81)	2.89 (0.55～8.99)	10.61 (0.34～21.62)
Herbs	79.39 (67.39～89.21)	73.72 (11.28～95.55)	95.27 (93.58～97.67)	92.91 (81.49～97.04)	88.67 (78.38～88.66)
Artemisia	43.72 (31.40～62.86)	63.74 (7.27～89.86)	79.34 (72.67～86.88)	65.72 (21.11～83.49)	42.80 (10.14～59.16)
Chenopodiaceae	10.41 (0～19.42)	4.49 (0.55～12.00)	11.51 (5.08～23.84)	21.42 (9.77～51.20)	25.32 (1.86～46.70)
Picea	0	13.85 (0～69.02)	0.23 (0～1.35)	1.37 (0～6.59)	0.34 (0～2.65)
Pinus	3.35 (0.27～8.96)	5.26 (0～21.55)	0.46 (0～1.45)	1.63 (0～7.78)	0.29 (0～1.99)
Quercus	2.40 (0～4.98)	0.57 (0～1.66)	0.33 (0～1.02)	0.58 (0～3.33)	0.03 (0～0.32)
Nitraria	0.53 (0～4.27)	0.22 (0～1.00)	0.32 (0～1.35)	0.96 (0～4.77)	5.01 (0～10.83)
Ephedra	0.06 (0～0.72)	2.58 (0.36～13.00)	2.31 (0.58～3.62)	1.56 (0.23～4.22)	3.31 (0～10.66)
Typha	0	0.24 (0～0.74)	0.14 (0～0.51)	0.69 (0～6.21)	0.40 (0～1.66)

D 阶段（约 7.4～1.1cal. ka B. P.）：TOC、C/N 均达到了全新世的最高值，TOC 值平均为 1.20%，C/N 值平均为 10.12，花粉浓度也达到了全新世最高值，$\delta^{13}C$ 值却偏负，平均值为－26.68‰（表 7.3）。较高的 TOC 值和花粉浓度值，说明流域初级生产力增加，流域有效水分较高，花粉种类大幅度增加，流域内植被覆盖度大，藜、蒿花粉占有较高的百分比（表 7.4），同时在湖泊及周围伴生了香蒲等水生植物。在湖相沉积物阶段 C/N 值平均为 10.12，范围是 4.22～17.62，说明沉积物中有部分物质来源于陆生高等植物。$\delta^{13}C$ 平均为-26.68‰，范围是－31.00‰～－23.00‰，根据同位素值，主要的有机质还是来自于 C_3 植物（－21‰～－33‰），CAM 植物（－10‰～－30‰）和挺水植物（－24‰～－30‰）。从花粉指标来分析，有机质主要是草本植物和少量乔木，内源有机质含量有所增加。

E 阶段（－1.1～－0cal. ka B. P.）：TOC、C/N 均下降，TOC 平均为 0.29%，C/N 值平均为 3.18，$\delta^{13}C$ 值较上一阶段有所上升，平均为－25.01‰（表 7.3），花粉浓度急剧下降，平均为 897grains/g，藜科花粉增加，平均为 25.32%，蒿属花粉减少，平均为 42.80%，麻黄、白刺等干旱区植物花粉百分比增加（表 7.4），同时，沉积相发生变化，由湖相沉积阶段演变成洪积相沉积，最后过渡到陆相沉积。$\delta^{13}C$ 值变化范围是−27.40‰～−24.20‰，说明有机质来源于 C_3 植物（−21‰～−33‰），CAM 植物（−10‰～−30‰）和挺水植物（−24‰～−30‰）。从花粉记录分析，该阶段主要是外源有机质，耐旱草本植被如藜科和麻黄、白刺等耐旱小灌木贡献较大。

有机地球化学指标（TOC、C/N 和 $\delta^{13}C$）和花粉组合这两种环境替代指标，不同指标参数对环境变化的响应和敏感性均不同，因此采用单一指标进行古环境重建结果必有差别。

古植被重建方面。有机地化指标中 TOC、C/N 和 $\delta^{13}C$ 值的变化可反映有机质的含量和来源（Wang and Liu，2000；Digerfeldt et al.，2000；Krishnamurthy and Bhattacharya，1986；Wagner et al.，2000；Bowen，1991），由此可以从大体上判断流域植被类型及初级生产力状况。通过对猪野泽剖面各阶段沉积物有机地化指标分析，流域大致植被类型有 C_3、CAM 植物和挺水植物。运用孢粉组合重建时发现，剖面各沉积阶段孢粉浓度和百分比都存在明显的变化，如在约 13.0～7.7cal. ka B. P. 期间，花粉类型增多，云杉花粉百分比达到剖面最大值，约 7.7～7.4cal ka BP 期间草本植物百分比的增加（详见表 7.3、表 7.4），这些变化都更为详细地反映了流域不同时期不同的植被类型组合和植被数量的变化。

流域有效水分重建方面。在图 7.10 中可明显看出，在约 7.4～1.1cal. ka B. P. 阶段（流域有效水分最高阶段）之前还有一段流域有效水分相对高的时期（约 13.0～7.7cal. ka B. P.），这一时期猪野泽有机地化指标中 TOC（%）与 C/N 值略有上升，也反映了流域有效水分的增加，但是单从 TOC 与 C/N 值的上升，无法判断此阶段流域有效水分的增加是否存在空间差异性，因为终端湖有机质来源于流域各个部位，目前还无法单一地运用有机地化指标参数来判断湖泊沉积物中有机质的来源位置，因此这种增加只能推断是整个流域有效水分的增加。在对花粉组合的分析中发现，这一阶段乔木花粉，尤其是云杉花粉的百分比达到整个剖面的最大值，云杉多生长在山地地区，由此可判断该时期有效水分增加主要是表现在上游山地，而总花粉浓度和 TOC（%）与 C/N 值总体仍较低，说明中下游有效水分增加并不明显。简言之，孢粉记录反映了这一时期流域有效水分空间分布的不均一性，而这种不均一性在利用有机地化指标分析时很难得到。若将两者结合起来研究，就会对上述整体和细节的信息有全面的反映。

湖泊有机质来源的界定方面。湖泊有机质分为内源和外源，外源有机质主要包括陆生植物和湖滨沼泽、湖岸地带的水生植物。内源有机质则指湖泊本身生长的水生生物，包括浮游、挺水和沉水植物。前人的研究中已表明：不同的有机地化指标值代表了不同的植被类型，陆生高等植物 C/N 值为 14～23，低等植物及藻类 C/N 值小于 10，不同光合作用途径的植物具有不同的 $\delta^{13}C$ 值，C_3 植物 $\delta^{13}C$ 值在−21‰～−33‰之间，C_4 植物在−9‰～−21‰之间，CAM 植物约在−10‰～−30‰之间，沉水植物在−12‰～−20‰之间，挺水植物在−24‰～−30‰之间，漂浮植物可偏负至−35.5‰（Bowen，1991）。猪野泽沉积物中 C/N 的变化没有准确反映该区域的植被类型，可能是干旱环境中有机质的特殊组合形式。从 $\delta^{13}C$ 值分析，整个剖面 $\delta^{13}C$ 值在−22‰～−31‰之间，可大致判断猪野泽有机质来源于 C_3、CAM 植物和挺水植物，其中既有内源有机质又有外源有机质。而在运用花粉组合界定有机质来源时，只需准确把握每种花粉类型对应植物的生境，即可准确定位有机质内外源。

综合有机地化指标和花粉组合的反映结果可得，猪野泽有机物中TOC（%）与C/N的较低值，对应较低的总花粉浓度值和偏正的$\delta^{13}C$（‰）值（除约13.0cal. ka B.P.之前的底部砂层沉积段），如B、C、E阶段。这几个时期流域环境相对干旱，降水量少，流域初级生产力和植被覆盖度低，因此TOC、C/N和总花粉浓度较低，$\delta^{13}C$（‰）值在这几个阶段偏正，可能是因为降水量的不足，使得植物为减少水分蒸发而导致植物气孔的关闭，从而引起植物叶内CO_2浓度下降，光合作用产物的$\delta^{13}C$值升高（Tieszen and Boutton，1989）；TOC（%）与C/N较高值，对应的总花粉浓度也较高，但$\delta^{13}C$（‰）值偏负（除约13.0cal. ka B.P.之前的底部砂层沉积段），如阶段D。因为D阶段（约7.4～1.1cal ka BP）流域气候适宜，降水丰富，流域初级生产力高，植被类型丰富且覆盖度高，流域有效水分较高，因此TOC、C/N和总花粉浓度较高。对于偏正的$\delta^{13}C$（‰）值，王国安（2001）、王国安和韩家懋（2001）、刘贤赵（2011）等对中国西北地区C_3植被的研究中也得出$\delta^{13}C$值有随湿度的增加而变轻的趋势。这除了与Tieszen和Button理论（1989）中涉及的有关外，也可能与流域有效水分较大时，大量漂浮植物（$\delta^{13}C$值可偏轻至－35.5‰）对沉积物有机质贡献有关。

在以上的对比分析中可以看出，有机地球化学指标和花粉组合这两种指标在古环境重建方面各有特点。有机地球化学指标（TOC、C/N和$\delta^{13}C$）更适合用于对变化过程的宏观把握，对于变化的整体趋势具有鲜明的反映，但在分析过程中要充分考虑到有机物的沉积环境，如湖水温度、盐度、植物生长状况以及成岩过程等对指标值的影响。花粉组合分析则适用于分析某一变化范围内的详细差异，是宏观变化背景下对细节做详细补充的良好手段，但是对于湖泊沉积物中的孢粉记录，流域各个位置的植被变化都有可能会影响到沉积物孢粉谱，所以在分析孢粉组合时需要考虑到流域植被的空间分布对该湖泊孢粉记录的影响。因此，如果将这两种指标结合起来研究，不仅可以充分运用两种指标各自的优点，而且可以得到更为准确、全面的古环境变化信息。

通过对猪野泽沉积物有机地球化学指标和孢粉组合对比分析发现，这两种指标在古环境重建方面各有特点，有机地化指标对宏观趋势变化的反应较为敏感，孢粉组合分析适于对细节的把握。综合猪野泽沉积物中有机地化指标和孢粉组合分析的结果可得，在湖相沉积阶段，环境较湿润，较高的TOC（%）、C/N比值和总花粉浓度，对应较低的$\delta^{13}C$（‰）值；在砂层沉积阶段，沉积环境较为干旱，较低的TOC（%）、C/N值和总花粉浓度，对应较高的$\delta^{13}C$（‰）值。基于这两种指标各自的特点，若将两者结合起来进行古环境重建，不仅可以达到互补的效果，而且能够反映更为准确的古环境信息。

参考文献

白钰. 2012. 哈尔滨信义沟沉积物中碳、氮、磷、硫分布特征及其相关性研究，硕士论文.

蔡茂堂，魏明建. 2009. 洛川地区倒数第二次间冰期气候变化研究. 中国沙漠，29（3）：536～543.

陈庆美，王绍强，于贵瑞. 2003. 内蒙古自治区土壤有机碳、氮蓄积量的空间特征. 应用生态学报，14（5）：699～704.

程国栋，赵传燕. 2006. 西北干旱区生态需水研究. 地球科学进展，21（11）：1101～1108.

姜霞，王书航，钟立香，等. 2010. 巢湖藻类生物量季节性变化特征. 环境科学，31（9）：2056～2062.

姜修洋，李志忠，陈秀玲，等. 2011. 新疆伊犁河谷风沙沉积晚全新世孢粉记录及气候变化. 中国沙漠，31（4）：855～861.

李相博，陈践发. 1999. 青藏高原（东北部）现代植物碳同位素组成特征及其气候信息. 沉积学报，17（1）：325～329.

李育，王乃昂，李卓仑，等. 2011. 河西猪野泽沉积物有机地化指标之间的关系及古环境意义. 冰川冻土，33（2）：334～341.

刘强，顾兆炎，刘嘉麒，等. 2005. 62 ka BP 以来湖光岩玛珥湖沉积物有机碳同位素记录及古气候环境意义. 海洋地质与第四纪地质，25（2）：115～126.

刘贤赵. 2011. 中国北方农牧交错带 C_3 草本植物 $\delta^{13}C$ 与温度的关系及其对水分利用效率的指示. 生态学报，31（1）：0123～0136.

鲁瑞洁，王亚军，张登山. 2010. 毛乌素沙地 15ka 以来气候变化及沙漠演化研究. 中国沙漠，30（2）：273～277.

吕厚远，顾兆炎，吴乃琴，等. 2001. 海拔高度的变化对青藏高原表土 $\delta^{13}C_{org}$ 的影响. 第四纪研究，21（5）：399～406.

马春梅，朱诚，郑朝贵，等. 2009. 中国东部山地泥炭高分辨率腐殖化度记录的晚冰期以来气候变化. 中国科学：D 辑，38（9）：1078～1091.

钱正安，吴统文，宋敏红，等. 2001. 干旱灾害和我国西北干旱气候的研究进展及问题. 地球科学进展，16（1）：28～38.

沈吉，王苏民，羊向东. 1996. 湖泊沉积物中有机碳稳定同位素测定及其古气候环境意义. 海洋与湖沼，27（4）：400～404.

王国安. 2001. 中国北方草本植物及表土有机质碳同位素组成. 中国科学院地质与地球物理研究所，博士学位论文.

王国安，韩家懋. 2001. C_3 植物碳同位素在旱季和雨季中的变化. 海洋地质与第四纪地质，21（4）：43～47.

王国安，韩家懋，刘东生. 2003. 中国北方黄土区 C_3 草本植物碳同位素组成研究. 中国科学 D 辑：地球科学，33（1）：550～556.

吴健，沈吉. 2010. 兴凯湖沉积物有机碳和氮及其稳定同位素反映的 28 ka BP 以来区域古气候环境变化. 沉积学报，28（2）：365～372.

吴敬禄，王苏民. 1996. 湖泊沉积物有机碳同位素特征及其古气候. 海洋地质与第四纪地质，16（1）：105～109.

萧家仪，吕海波，周卫健，等. 2007. 末次盛冰期以来江西大湖花粉植被与环境演变. 中国科学（D 辑）：地球科学，37（6）：789～797.

余俊清，安芷生. 2001. 湖泊沉积有机碳同位素与环境变化的研究进展. 湖泊科学，13（1）：72～78.

袁力，赵雨森，聂远志. 2006. 大兴安岭森林～湿地交错带群落生物量的分布格局. 东北林业大学学报，34（1）：11～14.

张成君，陈发虎，尚华明，等. 2004. 中国西北干旱区湖泊沉积物中有机质碳同位素组成的环境意义——以民勤盆地三角城古湖泊为例. 第四纪研究，24（1）：88～94.

周雪花，李育，张成琦，等. 2013. 全新世湖泊沉积物 TOC、C/N 和 $\delta^{13}O_{org}$ 对千年尺度气候变化的响应. 盐湖研究，21（4）：1～9.

Aichner B，Wilkes H，Herzschuh U，et al. 2010. Biomarker and compound～specific $\delta^{13}C$ evidence for changing environmental conditions and carbon limitation at Lake Koucha, eastern Tibetan Plateau. Journal of Paleolimnology, 43 (4): 873~899.

Aravena R, Warner B G, MacDonald G M, et al. 1992. Carbon isotope composition of lake sediments in relation to lake productivity and radiocarbon dating. Quaternary Research, 37 (3): 333~345.

Bowen R. 1991. Isotopes and climates. London: Elsevier Applied Science: 128~131.

Cao X Y, Ni J, Herzschuh U, et al. 2013. A late Quaternary pollen dataset from eastern continental Asia for vegetation and climate reconstructions: Set up and evaluation. Review of Palaeobotany and Palynology, doi: org/10.1016/j.revpalbo.2013.02.003.

Chen F, Yu Z, Yang M, et al. 2008. Holocene moisture evolution in arid central Asia and its out~of~phase relationship with Asian monsoon history. Quaternary Science Reviews, 27 (3): 351~364.

Das O, Wang Y, Donoghue J, et al. 2013. Reconstruction of paleostorms and paleoenvironment using geochemical proxies archived in the sediments oftwo coastal lakes in northwest Florida. Quaternary Science Reviews, 68, 142~153.

Digerfeldt G, Olsson S, Sandgren P. 2000. Reconstruction of lake-level changes in lake Xinias, central Greece, during the last 40000 years. Palaeogeography Palaeoclimatology Palaeoecology, 158 (1): 65~82.

Ehleringer J R, Cerling T E, Helliker B R. 1997. C4 photosynthesis, atmospheric CO_2, and climate. Oecologia, 112 (3): 285~299.

Ehleringer J, Björkman O. 1977. Quantum yields for CO_2 uptake in C_3 and C_4 plants dependence on temperature, CO_2, and O_2 concentration. Plant Physiology, 59 (1): 86~90.

Feng Z D, Wang L X, Ji Y H, et al. 2008. Climatic dependency of soil organic carbon isotopic composition along the S~N Transect from 34 N to 52 N in central-east Asia. Palaeogeography Palaeoclimatology Palaeoecology, 257 (3): 335~343.

Herzschuh U. 2006. Palaeo-moisture evolution in monsoonal Central Asia during the last 50,000 years. Quaternary Science Reviews, 25 (1): 163~178.

Hu S, Wang S, Appel E, et al. 2000. Environmental mechanism of magnetic susceptibility changes of lacustrine sediments from Lake Hulun, China. Science in China Series D: Earth Sciences, 43 (5): 534~540.

Jiang Q, Ji J, Shen J, et al. 2013. Holocene vegetational and climatic variation in westerly-dominated areas of Central Asia inferred from the Sayram Lake in northern Xinjiang, China. Science China Earth Sciences, 56 (3): 339~353.

Jiang Q, Shen J, Liu X, et al. 2007. A high-resolution climatic change since Holocene inferred from multi-proxy of lake sediment in westerly area of China. Chinese Science Bulletin, 52 (14): 1970~1979.

Kramer A, Herzschuh U, Mischke S, et al. 2010. Late Quaternary environmental history of the south~eastern Tibetan Plateau inferred from the Lake Naleng non~pollen palynomorph record. Vegetation history and archaeobotany. 19 (5~6): 453~468.

Krishnamurthy R V, Bhattacharya S K. 1986. Palaeoclimatic changes deduced from 13C/12C and C/N ratios of Karewa lake sediments, India. Nature, 323: 150~152.

Lee S H, Le Y I, Yoon H I, et al. 2008. East Asian monsoon variation and climate changes in Jeju Island, Korea, during the latest Pleistocene to early Holocene. Quaternary Research, 70 (2): 265~274.

Li Y, Wang N, Li Z, et al. 2012. Reworking effects in the Holocene Zhuye Lake sediments: A case study by pollen concentrates AMS[14]C dating. Science China Earth Sciences, 55 (10): 1669～1678.

Li Y, Wang N A, Cheng H, et al. 2009. Holocene environmental change in the marginal area of the Asian monsoon: A record from Zhuye Lake, NW China. Boreas, 38 (2): 349～361.

Meyers P A. 1997. Organic geochemical proxies of paleoceanographic, paleolimnologic and paleoclimatic processe. Organic Geochemistry, 27 (1): 213～250.

Meyers P A. 2003. Applications of organic geochemistry to paleolimnological reconstructions: a summary of examples from the Laurentian Great Lakes. Organic Geochemistry, 34: 261～289.

Meyers P A. 2009. Organic geochemical proxies. Encyclopedia of Paleoclimatology and Ancient Environments Encyclopedia of Earth Sciences Series, Springer Netherlands, 659～663.

Meyers P A, Ishiwatari R. 2008. Organic Matter Accumulation Records in Lake Sediments. Physics and Chemistry of Lakes, Springer Berlin Heidelberg, 279～328.

Meyers P A, Vergés E L. 1999. Lacustrine sedimentary organic matter records of Late Quaternary paleoclimates. Journal of Paleolimnology, 21 (1): 345～372.

Nakai N. 1972. Carbon isotopic variation and paleoclimatic of sediments from lake Biwa. Proceeding of the Japan Academy, 48 (1): 516～521.

Pearson F J, Coplen T B. 1978. Stable isotope studies of lake. Lerman, ed. Lakes: Chemistry, Geology, Physics. New York: Springer-Verlag: 325～339.

Rudaya N, Tarasov P, Dorofeyuk N, et al. 2009. Holocene environments and climate in the Mongolian Altai reconstructed from the Hoton～Nur pollen and diatom records: a step towards better understanding climate dynamics in Central Asia. Quaternary Science Reviews, 28 (5): 540～554.

Sarazin G, Michard G, Gharib I A, et al. 1992. Sedimentation rate and early diagenesis of particulate organic nitrogen and carbon in Aydat Lake, Puy de Dôme, France. Chemical Geology, 98 (3): 307～316.

Selvaraj K, Wei K Y, Liu K K, et al. 2012. Late Holocene monsoon climate of northeastern Taiwan inferred from elemental (C, N) and isotopic (δ13C, δ15N) data in lake sediments. Quaternary Science Reviews, 37 (1), 48～60.

Shen J, Liu X Q, Wang S M. 2005a. Palaeoclimatic changes in the Qinghai Lake area during the last 18,000 years. Quaternary International, 136 (1): 131～140.

Shen J, Yang L, Yang X, et al. 2005b. Lake sediment records on climate change and human activities since the Holocene in Erhai catchment, Yunnan Province, China. Science in China Series D: Earth Sciences, 48 (3): 353～363.

Song L, Qiang M, Lang L, et al. 2012. Changes in palaeoproductivity of Genggahai Lake over the past 16 ka in the Gonghe Basin, northeastern Qinghai～Tibetan Plateau. Chinese Science Bulletin, 57 (20): 2595～2605.

Stuiver M. 1975. Climate versus changes in 13C content of the organic component of lake sediments during the Late Quarternary. Quaternary Research, 5 (2): 251～262.

Tieszen L L, Boutton T W. 1989. Stable carbon isotopes in terrestrial ecosystem research. In: Rundel P W, Ehleringer J R and Nagy K A. eds. Stable Isotopes in Ecological Research. New York: Springer-Verlag, 167～195.

Wagner B, Melles M, Hahne J. 2000. Holocene climate history of Geographical Society, East Greenland-evidence from lake sediments. Palaeogeography Palaeoclimateology Palaeoecology, 160 (1): 45～68.

Wang G A, Han J M, Zhou L P. 2002. The relationship between carbon isotope ratios of C_3 plants and average annual temperature in Northwest China. Geology in China，29 (1)：55～57.

Wang J Q，Liu J L. 2000. Amino acids and stable carbon isotope distributions in Taihu Lake，China，over the last 15 000 years，and their palaeoecological implications. Quaternary Research，53 (2)：223～228.

Wu Y，Andreas L，Bernd W，et al. 2007. Holocene climate change in the Central Tibetan Plateau inferred by lacustrine sediment geochemical records. Science in China Series D：Earth Sciences，50 (10)：1548～1555.

Xiao J，Chang Z，Wen R，et al. 2009. Holocene weak monsoon intervals indicated by low lake levels at Hulun Lake in the monsoonal margin region of northeastern Inner Mongolia，China. The Holocene，19 (6)：899～908.

Xiao J，Si B，Zhai D，et al. 2008. Hydrology of Dali lake in central～eastern Inner Mongolia and Holocene East Asian monsoon variability. Journal of Paleolimnology，40 (1)：519～528.

Xiao J，Wu J，Si B，et al. 2006. Holocene climate changes in the monsoon/arid transition reflected by carbon concentration in Daihai Lake of Inner Mongolia. The Holocene，16 (4)：551～560.

Yanhong W，Lücke A，Zhangdong J，et al. 2006. Holocene climate development on the central Tibetan Plateau：a sedimentary record from Cuoe Lake. Palaeogeography Palaeoclimatology Palaeoecology，234 (2)：328～340.

You H，Liu J. 2012. High-resolution climate evolution derived from the sediment records of Erlongwan Maar Lake since 14 ka BP. Chinese Science Bulletin，57 (27)：3610～3616.

Zhang C J，Feng Z D，Yang Q L，et al. 2010. Holocene environmental variations recorded by organic-related and carbonate-related proxies of the lacustrine sediments from Bosten Lake，northwestern China. The Holocene，20 (3)：363～373.

Zhang J，Chen F，Holmes J A，et al. 2011. Holocene monsoon climate documented by oxygen and carbon isotopes from lake sediments and peat bogs in China：a review and synthesis. Quaternary Science Reviews，30 (15)：1973～1987.

Zhao Y，Yu Z. 2012. Vegetation response to Holocene climate change in East Asian monsoon-margin region. Earth Science Reviews，113 (1)：1～9.

Zhong W，Xue J B，Cao J X，et al. 2010. Bulk organic carbon isotopic record of lacustrine sediments in Dahu Swamp，eastern Nanling Mountains in South China：Implication for catchment environmental and climatic changes in the last 16,000 years. Journal of Asian Earth Sciences，38 (3)：162～169.

Zhu L，Wu Y，Wang J，et al. 2008. Environmental changes since 8.4 ka reflected in the lacustrine core sediments from Nam Co，central Tibetan Plateau，China. The Holocene，18 (5)：831～839.

Zhu L，Zhen X，Wang J，et al. 2009. A～ 30,000-year record of environmental changes inferred from Lake Chen Co，Southern Tibet. Journal of Paleolimnology，42 (3)：343～358.

第8章　猪野泽及石羊河流域中全新世环境突变及千年尺度环境演变

8.1　猪野泽中全新世干旱事件时空范围和机制

中全新世气候及环境变化一直是全新世研究中关注度较高的部分，我国中全新世气候及环境记录显示不同区域该时段环境状况差异很大（An et al.，2006），正确理解我国中全新世环境变化过程及机制不仅可以推动我国全新世研究的发展，还可以更好地理解过去区域性气候及环境变化的驱动机制。其中，亚洲季风区中全新世干旱事件研究是我国中全新世研究的一个重要组成部分，同时也是国际全新世研究的热点（Steig，1999）。在季风边缘区，其中全新世干旱的时空范围在不同地区的起止时间存在一定的差异（施雅风等，1992；Guo et al.，2000；Huang et al.，2000；Chen et al.，2003；陈发虎等，2004；Jiang and Liu，2007；Zhou et al.，2004）。除以上这些研究以外，中国季风区一些其他的研究也证实了中全新世期间干旱事件的存在（Li et al.，2003；Liu et al.，2002）。关于我国亚洲季风区中全新世干旱事件的机理解释，一种归因于中全新世亚洲季风的退缩（陈发虎等，2004；Jiang and Liu，2007），但石笋资料显示的全新世亚洲季风虽然从中全新世开始减弱，但是减弱是渐变过程而并非季风区全新世记录显示的干旱事件突变（Wang et al.，2005；Dykoski et al.，2005；Hu et al.，2008）。另一种归因于降水和蒸发的配比关系（An et al.，2006；Chen et al.，2003），但目前还没有研究验证这种说法的正确性。因此，亚洲季风区中全新世干旱事件的研究仍然缺乏突破口，很难从机理上解释这一事件的发生过程及原因。

在上述研究中，位于亚洲季风边缘区的石羊河流域终端湖猪野泽，一直是研究的热点之一，在湖泊地貌学（Pachur et al.，1995；Zhang et al.，2001；Zhang et al.，2002；Zhang et al.，2004；王乃昂等，2011）和湖泊沉积学（陈发虎等，2001，2004；Chen et al.，1999，2006；Shi et al.，2002；Li et al.，2009a，2009b）方面虽然取得了大量的研究成果，但同时对中全新世研究结果存在较大的分歧，尤其是全新世中期在该区域究竟是存在2000年尺度的干旱事件（陈发虎等，2004）还是百年尺度的干旱事件（Li et al.，2009a，2009b），争论较大。本小节内容主要针对这些分歧，结合猪野泽全新世记录和该流域环境变化序列来研究该区域中全新世干旱事件的时间尺度和空间尺度问题，从时间及空间尺度分析猪野泽中全新世干旱事件的时空范围和机制，为季风区其他中全新世干旱事件的研究提供线索和思路。

猪野泽地区不同全新世剖面所得出的中全新世环境差异很大，有些结果甚至相反。本节选择了在可靠测年数据和古环境代用指标的支持下，能够重点探讨中全新世环境变化过程的三角城（陈发虎等，2001，2004；Chen et al.，2006）、QTH01（Li et al.，

2009a，2009b）、QTH02（Li et al.，2009a，2009b）和 QTL-03（Zhao et al.，2008）4 个典型沉积剖面进行对比（图 8.1）。

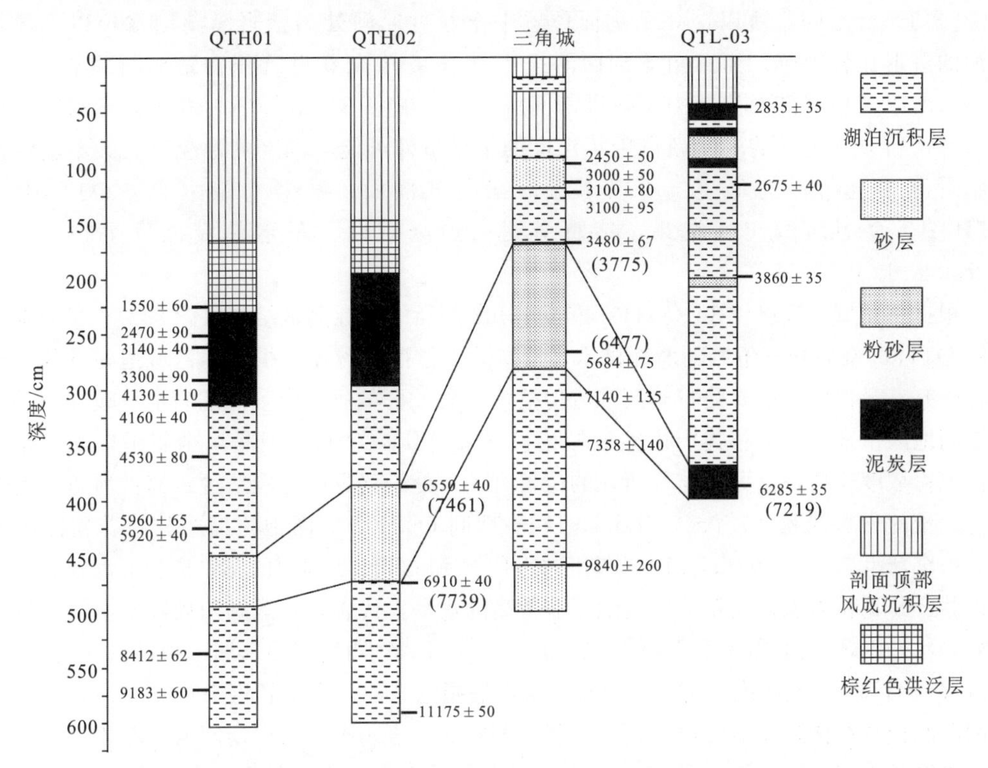

图 8.1　猪野泽地区 QTH01、QTH02、三角城、QTL-03 全新世剖面岩性及测年结果示意图

括号中的年代为日历年（cal. a B. P.），其余年代均为 ^{14}C 年（^{14}C a B. P.）

根据三角城、QTH01、QTH02 和 QTL-03 四个剖面的岩性及年代可以看出（图 8.1），三角城剖面中全新世粉砂层出现在距今 7.1～3.8cal. ka B. P. 期间；QTH01 和 QTH02 剖面相距 80m，根据岩性互相内插了年代（图 8.1），QTH02 剖面中全新世砂层上下部的年代结果，说明 QTH01 和 QTH02 剖面位置中全新世砂层出现在 7.7～7.4cal. ka B. P.；QTL-03 剖面上没有发现砂层，但是剖面底部出现的黑色泥炭沉积相对其上部的湖相层属于湖泊干涸退缩的标志，这与砂层代表湖泊干涸具有相似的意义，泥炭层中部年代为 7.2cal. ka B. P.。根据三角城与 QTH01 和 QTH02 剖面砂层底部的年代互相印证，砂层底部年代在测年误差范围之内，说明干旱事件开始时间应该在 7.7～7.1cal. ka B. P. 期间。根据 QTL-03 与 QTH01 和 QTH02 剖面年代、岩性与孢粉浓度相互印证（图 8.1，图 8.2），干旱事件顶部的年代也在测年误差范围之内应该在 7.4～7.2cal. ka B. P. 期间。仅根据三角城剖面的岩性和测年来看，干旱事件的尺度为 3000a，陈发虎等（2004）提出 2000 年尺度的干旱事件是结合了剖面上指标及古居延泽和头道湖研究结果。三角城剖面为什么会测出 3000a 尺度的干旱事件呢？根据猪野泽湖盆的地形，QTH01、QTH02 剖面海拔 1 309m，QTL-03 剖面海拔 1 302m，这 3 个剖面中全新世期间大概距剖面顶部 3～5m 左右，因此 QTH01、QTH02 剖面位置中全新世期间的海拔应该为 1 304～1 306m 左右，QTL-03 剖面位置中全新世期间海拔为 1297～1299m。而根据猪野泽东北岸古湖泊岸堤的年代结果，中全新世湖泊水位应该在 1303～1308m 之间，所以这 3 个剖面位置中全新世期间处于猪野泽湖泊水位以下，对湖泊的进退比较敏感。而三角城剖面海拔 1 320m，中全新世沉积物距剖面顶部3～4m 左右，所以三角城剖面位置中全新世期间海拔 1 316～1 317m 左右，并不处于猪野泽湖盆内部，所以其记录的中全新世千年尺度的干旱事件可能与局部的地貌有关，不能反映古猪野泽中全新世的环境。所以不考虑三角城剖面，根据 QTH-03 与 QTH01 和 QTH02 3 个剖面的年代结果，猪野泽湖泊中全新世干旱事件应该发生在 7.7～7.2cal. ka B. P. 之间。

根据三角城、QTH-03、QTH01 和 QTH02 剖面的指标测试结果（图 8.2），早全新世期间 QTH02 剖面和三角城剖面都显示了较高的云杉孢粉含量，根据本区域孢粉现代孢粉过程研究，云杉孢粉主要受石羊河水流传播，代表了石羊河早全新世期间水量较大，并给终端湖地区带来了许多祁连山山地云杉花粉（朱艳等，2004）。但是早全新世期间三角城剖面孢粉浓度较高，这可能与其所在的位置有关，处于猪野泽外围地区距离古河道较近保留了大量的云杉花粉。7.7～7.4cal. ka B. P. 期间 QTH02 剖面孢粉谱中云杉花粉浓度降低，中全新世 7.0～5.0cal. ka B. P. 期间 QTL-03 和 QTH02 剖面的花粉谱相似度较高，主要以蒿、藜花粉为主，花粉浓度达到了非常高的水平，代表猪野泽湖泊周围草本植被发育很好，并未出现三角城剖面记录的 7.0～5.0cal. ka B. P. 期间湖泊干涸、植被退化的现象，并且根据 QTL-03 剖面孢粉记录分析得出的湿润指数来看，中全新世 7.0～5.0cal. ka B. P. 期间湿润指数在猪野泽地区也达到了全新世期间的高值。中全新世期间云杉花粉百分比减少，可能是由于猪野泽周边地区蒿、藜等草本植被密度过大，导致云杉花粉百分含量减少。根据 QTH02 剖面的研究，中全新世期间虽然云杉花粉百分比下降，但是花粉浓度比起早全新世却有上升，证明了中全新世期间石羊河水流仍然带来大量的云杉花粉（Li et al.，2009b）。所以 QTL-03 和 QTH02 剖面孢粉证据共同证明了中全新世 7.0～5.0cal. ka B. P. 期间，猪野泽周围植被较好，并未显示出干旱事件。

本项研究也对比了石羊河流域中游和上游的全新世记录，用来探讨猪野泽中全新世干旱事件的时间及空间尺度问题。石羊河中游地区红水河九墩滩剖面，位于石羊河支流红水河左岸一级阶地，剖面顶部海拔 1460m，采样深度为 5.8m，年代序列如表 8.1，根据对比剖面中全新世陆生植物块体的年代与其上部全样有机碳年代（表 8.1），并结合该时段沉积速率，可以发现该剖面老碳效应并不大。该剖面位置距离腾格里沙漠边缘很近，干旱事件发生，沙漠扩张，可以直接反映在该剖面的粒度组成上，对比九墩滩剖面与猪野泽 QTH01 剖面的粒度组成中砂含量（图 8.3），可以看出这两个剖面 8.0～7.0cal. ka B. P. 之间明显存在砂含量增加的现象，在测年误差范围内具有可对比性（图 8.3），表明中全新世期间百年尺度的干旱事件对石羊河中、下游地区影响都很大。九墩滩剖面显示中全新世期间 7.0～5.0cal. ka B. P. 砂含量相对较低，说明沙漠在该段时间并未扩张，这与 Zhang 等（2000）对临近地区全新世剖面孢粉和地球化学指标研究非常一致。Zhang 等（2000）的研究结果显示 7500～5070 a B. P. 期间，红水河地区气候条件较好，虽然温度和水分条件存在周期变化，但是整体比较稳定。

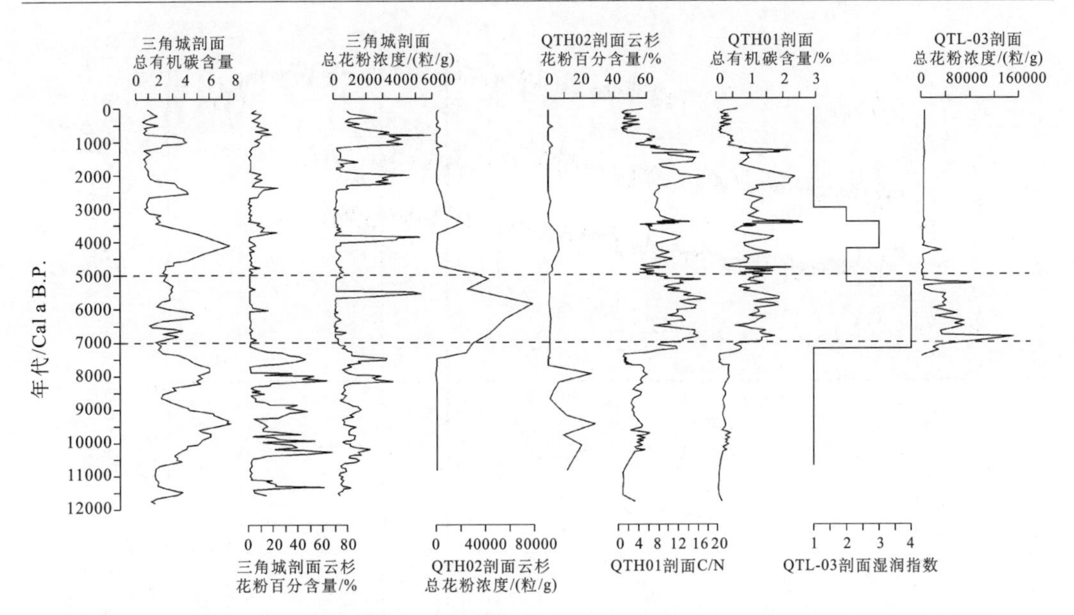

图 8.2　三角城、QTH01、QTH02、QTL-03 剖面全新世孢粉指标与地球化学指标示意图

虚线划出了 7000～5000 cal. a B. P. 时期的范围

表 8.1　九墩滩剖面^{14}C 测年结果

实验室编号	深度/m	测年材料	^{14}C 年代/a B. P.	^{14}C age (2σ) /cal. a B. P.
LUG96-53	1.33	全样有机质	3980±96	4153-4813
LUG96-51	1.87	全样有机质	5930±100	6493-7137
LUG96-54	2.84	全样有机质	6600±90	7321-7622
LUG96-50	3.15	全样有机质	6820±70	7566-7825
LUG96-55	3.40	全样有机质	7060±85	7696-8017
LUG96-52	4.20	陆生植物块体	7130±110	7724-8175

石羊河上游地区，邬光剑等（2000）研究了祁连山东段北麓哈溪、扁都口全新世黄土-古土壤剖面的碳酸盐含量、总有机碳含量和磁化率。2006 年 Yu 等（2006）重新研究了扁都口剖面的磁化率和碳酸盐含量结果。根据他们的研究结果（图 8.3），中全新世期间千年尺度上，石羊河上游地区环境变化状况存在一定波动，但总体上中全新世湿润状况优于早、晚全新世。将焦点放在 8.0～7.0cal. ka B. P. 期间，该时段黄土指标虽存在一定波动，但未发现类似于中下游地区砂层广泛沉积的极端气候事件，考虑到测年误差，将时间尺度放到 6.0～9.0cal. ka B. P. 之间，可以发现一些黄土指标出现了干湿波动，比如哈溪剖面（邬光剑等，2000）8.2cal. ka B. P. 左右出现了碳酸盐的高值，扁都口剖面（Yu et al.，2006）9.0cal. ka B. P. 左右出现了磁化率的低值，但是这些波动缺乏一致性，从强度上也不如中下游地区（图 8.3）。所以根据石羊河不同部位全新世气候记录研究，在上游地区中全新世 7.0～8.0cal. ka B. P. 期间并未发现明显极端干旱事件，说明中全新世 7.0～8.0cal. ka B. P. 期间这次百年尺度的干旱事件对上游地区影响较小。

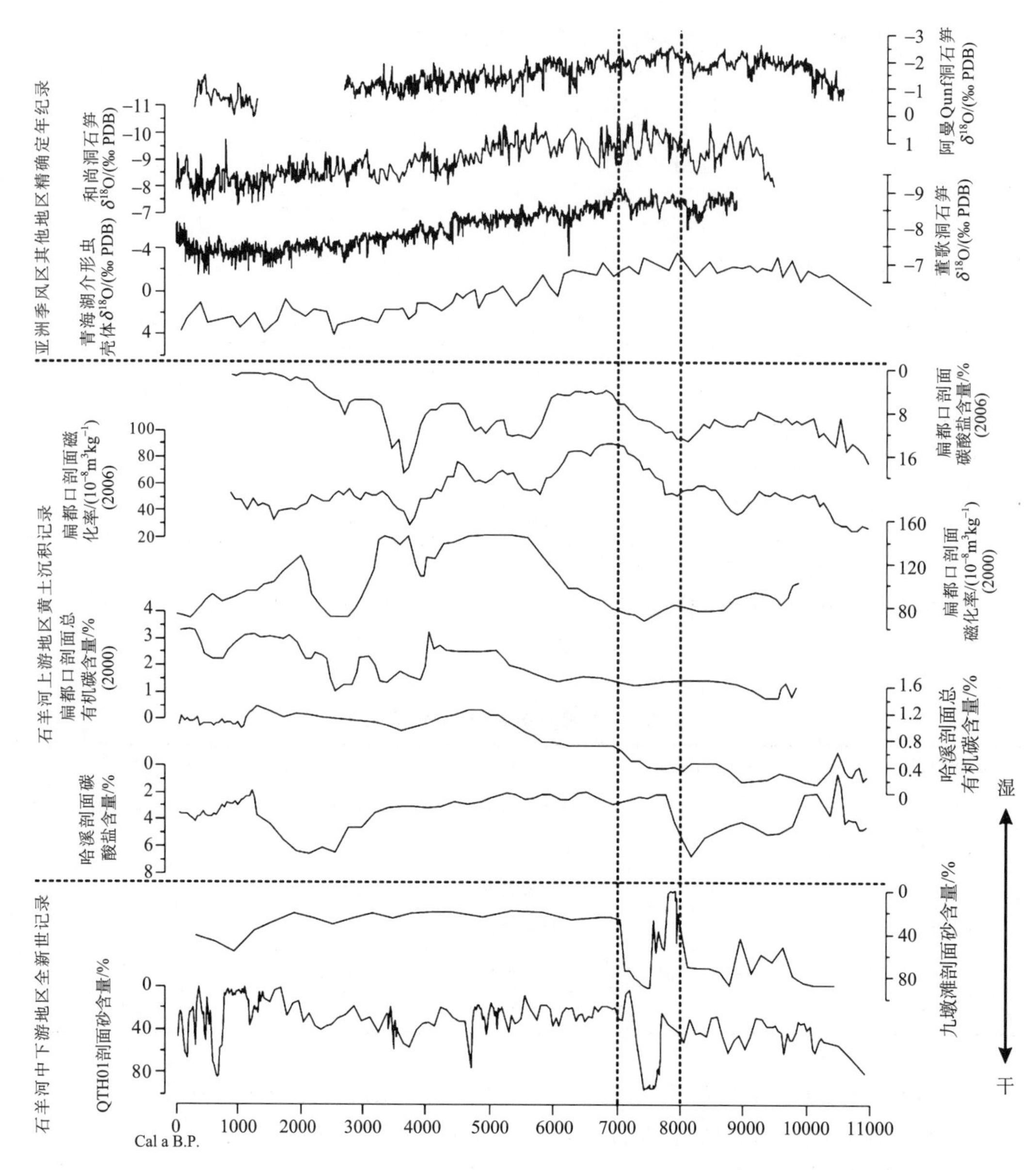

图 8.3　石羊河流域不同部位及其与亚洲季风区不同位置 8.0～7.0cal. ka B. P. 期间环境状况对比

根据猪野泽不同全新世沉积剖面的对比研究，结合中全新世古湖泊岸堤测年及流域其他部位全新世沉积剖面，猪野泽地区中全新世干旱事件应该发生在 8.0～7.0cal. ka B. P. 期间，并且为百年尺度干旱事件，而不是前人提出的 7.0～5.0cal. ka B. P. 期间的 2000a 尺度的干旱事件。这一时期，未发现极端季风衰退事件（刘兴起等，2007）（图 8.3）。亚洲季风区其他可靠定年的全新世季风记录中也未发现类似事件（Wang et al.，2005；Hu et al.，2008；Fleitmann et al.，2003）（图 8.3）。Chen 等（2008）综述了中亚西风带控制区 11 个可靠定年的全新世湖泊记录，也并未在西风带控制区发现 8.0～7.0cal. ka B. P. 期间存在明显的极端气候事件。在这样的背景下，猪野泽地区发生了百年尺度的极端气候事件可能是由于该时段内太阳辐射和降水共同减少所造成的。该流域水热配比，也就是降水和蒸发的配比发生变化，降水减弱的趋势可能大于蒸发减弱的趋势，从而导致了这次干旱事件的发生。8.0～7.0cal. ka B. P. 干旱事件在石羊河中下游地区表现非常明显，但是在上游的黄土剖面中表现不明显。根据石羊河流域现代气候特征，流域内不同部位气候条件差异较大，该流域中下游降水较少，但是蒸发量却可以达到 2000～2600mm，流域水分主要靠上游地区降水补给（陈隆亨、曲耀光和 1992；汤奇成等，1992）。据此气候特征，中下游地区百年尺度的干旱事件可能受到中下游地区蒸发量较大的影响，所以较为明显。综上所述，猪野泽中全新世极端干旱事件可能是由该流域气候特征和水热配比的变化共同作用所导致。

陈发虎等（2004）提出 7000～5000 cal. a B. P. 期间猪野泽中全新世干旱事件，还根据 Mischke 等（2003）在古居延泽和 Madsen 等（2003）在腾格里沙漠南缘头道湖的全新世沉积剖面研究，并综合这些区域研究结果提出了阿拉善高原中全新世期间的干旱事件。在干旱地区，流域内不同部位水循环和水热配比联系较紧密，而不同流域之间可能出现很大差异，居延泽和头道湖与猪野泽并不在同一流域，不同流域之间气候事件的重合可能存在偶然性，或者机制并不相同，通过本节的研究说明干旱地区不同流域间气候事件的对比需要考虑到流域不同的影响。

所以，猪野泽地区在 8.0～7.0cal. ka B. P. 期间存在百年尺度的干旱事件，而不是以前研究提出的距今 7000～5000 日历年期间 2000a 尺度的干旱事件，并且这次极端干旱事件影响范围主要在石羊河中、下游地区，对石羊河上游地区影响较小。同时根据时空尺度分析对猪野泽中全新世干旱事件机制进行讨论，结果表明这次干旱事件主要是由流域气候条件特征和水热配比改变所引起的，而不是以前研究提出的亚洲夏季风减弱导致。

8.2　猪野泽千年尺度环境演变

根据猪野泽终端湖孢粉记录与其他指标对比研究结果，将该区域晚冰期以来气候变化划分为 6 个阶段：剖面底部至约 13.0cal. ka B. P.；约 13.0 ～7.7cal. ka B. P.；约 7.7～7.4cal. ka B. P.；约 7.4～4.7cal. ka B. P.；约 4.7～1.5cal. ka B. P.；约 1.5～0cal. ka B. P.（图 8.4）。下面分阶段讨论各个时期环境特点：

剖面底部至约 13.0cal. ka B. P.，该阶段剖面位置处于湖泊边缘，石羊河流域中下游地区及湖泊周围植被覆盖度低，沉积物中一些乔木植物花粉主要源自风力传播，由于有效水分条件是控制干旱区植物生长的限制因子，所以流域性有效水分较低。

约 13.0～7.7cal. ka B. P.，该阶段湖泊面积扩张，沉积物粒径变细，流水携带的大量云杉花粉在剖面位置沉积，流域中下游及湖盆周围地区植被覆盖度较低（总孢粉浓度较低），这可能由于流域上游祁连山地的降水增加和由太阳辐射量增加导致的冰川融水增加，使得上游山地汇流及产流增加，这部分有效水分增加了终端湖泊的面积，但是增加的这部分降水还不足以维持流域中下游地区的有效水分，所以中下游地区植被相对稀疏。从碳酸盐指标来看，在 10.5cal. ka B. P. 左右，存在一次转变，由于剖面位置处于

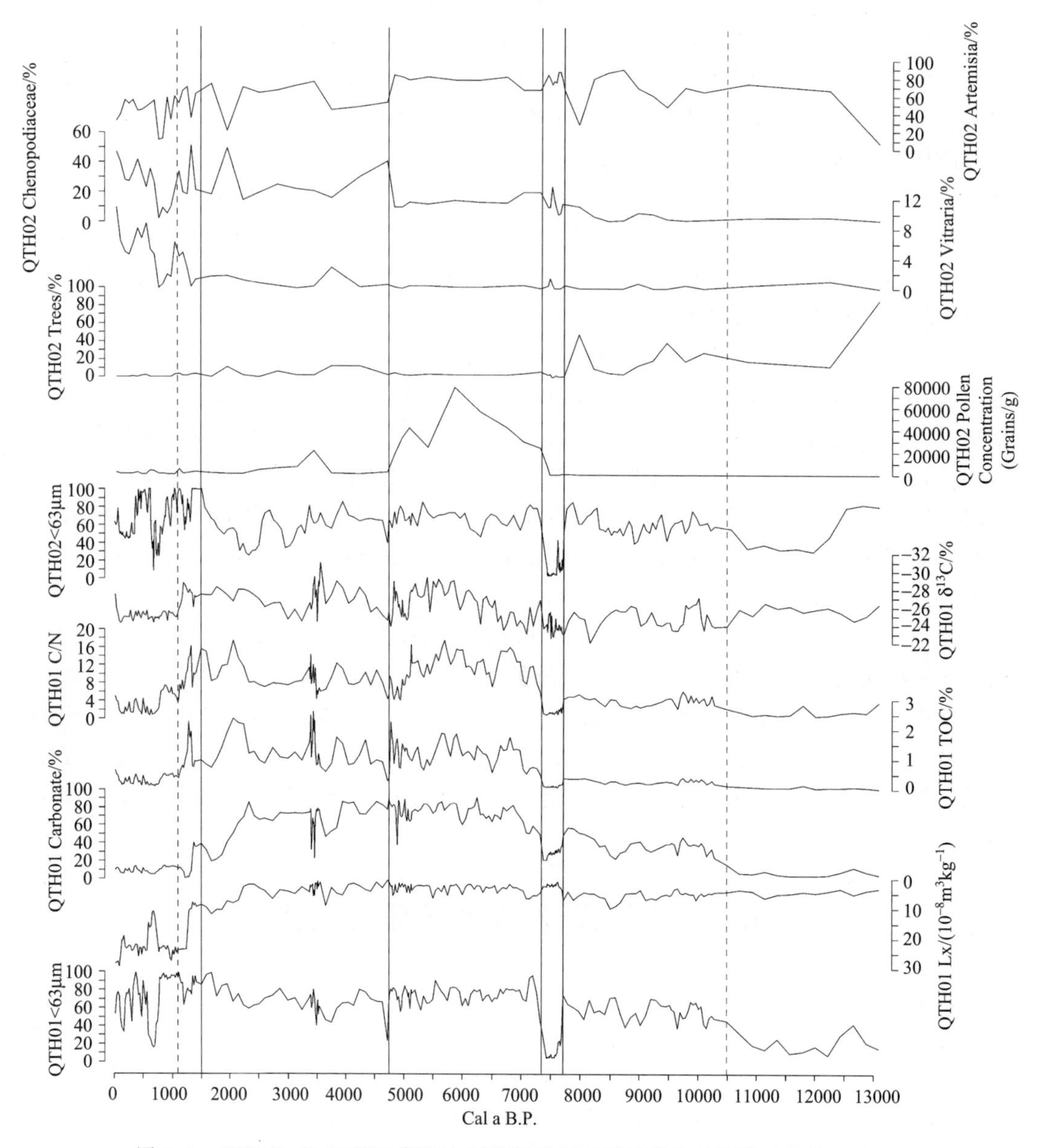

图 8.4　QTH01 和 QTH02 剖面主要孢粉指标与其他指标对比图（李育，2009）

湖泊边缘，这次转变可能是由于剖面位置的湖泊深度变化导致的。

约 7.7～7.4cal. ka B. P.，该阶段湖泊面积突然缩小，沉积物粒径增加，形成砂层，云杉及其他乔木植物花粉百分比含量骤减，但是流域中下游及湖盆周围植被覆盖度在增加（总孢粉浓度增加）。这次流域性的环境突变事件，在未找到邻近区域及整个东亚季风区类似的气候事件的情况下，可能是流域内部水文循环变化和湖泊本身地貌演化的原因诱发了这次突变。根据该项研究的结果，早全新世湖泊面积增加，水分主要来源于上游山地的冰川和降水，随着下一阶段“全新世适宜期”的到来，湖泊水补给来源可能会转变为全流域降水，所以这个短期的环境突变事件，可能是终端湖对新的补给来源的一种适应期。

约 7.4～4.7cal. ka B. P.，该阶段处于“全新世适宜期”，流域植被覆盖度高，湖泊面积较大，沉积物粒径较细，从云杉的孢粉浓度来看，超过了早全新世，但是由于其他植物的大量增加，山地乔木所占比例较低，沉积物中碳酸盐含量高，形成了典型的干旱区湖泊，湖泊中浮游生物发育，全流域初级生产力较高，并给湖泊沉积物中带来了部分陆生植物有机质。

约 4.7～1.5cal. ka B. P.，该阶段湖泊开始退缩，剖面上泥炭层和湖相沉积物交替沉积，流域植被覆盖度减小，一些旱生植物麻黄、白刺及藜科植物增加，湖泊沉积物中碳酸盐含量降低，流域性有效水分减少。

约 1.5～0cal. ka B. P.，该阶段湖泊基本退出剖面位置，旱生植物含量在该阶段继续增加，植被覆盖度减小。在约 1.5～1.1cal. ka B. P. 之间形成了一种红褐色的粉砂状黏土及黏土沉积，推测这是一种洪泛堆积物，受一定流水影响，在约 1.1cal. ka. B. P. 以后，才开始形成陆生的风成沉积物，由于这种洪泛堆积物还受一定流水影响，所以在有机地化指标中，如 TOC、C/N 和 $\delta^{13}C$，将这类沉积物和湖泊及泥炭沉积物归为一类，但是这种洪泛堆积物标志着湖泊已经基本退出剖面位置。

8.3　蒸发和环流因素对湖泊演化的影响

根据湖泊表层沉积物的孢粉及理、化指标研究（Sugita，1993；Xu et al.，2005；Jin et al.，2006；Pradit et al.，2010），湖盆不同位置沉积物的各种指标具有不同程度的差异，特别在干旱、半干旱区河流补给为主的湖泊中这种现象更加明显。因此受湖盆地形、入湖河流等因素的影响，湖泊不同位置沉积物所反映的信息差异也可能会影响湖泊的古环境重建。在这种情况下，同一湖泊不同位置沉积物往往会揭示出不同的古环境信息（陈发虎等，2001；Chen et al.，2006；Li et al.，2009a，2009b）。对已有重建结果的深入剖析，不仅可以为正确认识和评估重建结果的可靠性提供有益的参考，还可以为深入了解该区域过去气候变化背景及其机制提供新的证据。

在中国西北季风-西风过渡地区，其全新世气候变化机制较为复杂，已有的重建结果显示了季风-西风相互作用和共同影响（王乃昂等，2011；李育等，2011）。在该区域重建结果中，仍在存在一些矛盾之处，其中位于石羊河流域的终端湖泊——猪野泽，即显示了重建结果的复杂性和不一致性（陈发虎等，2001；Chen et al.，2006；Li et al.，2009a，2009b）。对于这种重建结果的不一致性，李育等（2011）通过该流域及湖泊不同位置全新世孢粉组合研究，得出一些位置的孢粉组合并不能反映湖泊的演化，进而提出石羊河流域全新世环境变化可能受到季风与西风的共同作用。但该区域不同位置沉积物理化指标的具体含义，是否还有其他环境意义，尚值得进一步分析和探讨。因此，进一步探讨石羊河终端湖猪野泽不同位置沉积物各种指标的具体含义，并在此基础上提出环流因素与蒸发因素对我国干旱、半干旱区全新世湖泊演化的影响，具有重要意义。

三角城剖面位于湖盆的边缘，其全新世期间主要环境代用指标（图 8.5）包括总有机碳含量（陈发虎等，2001）、碳酸盐含量（陈发虎等，2001）、云杉花粉含量（Chen et al.，2006）、总孢粉浓度（Chen et al.，2006）。

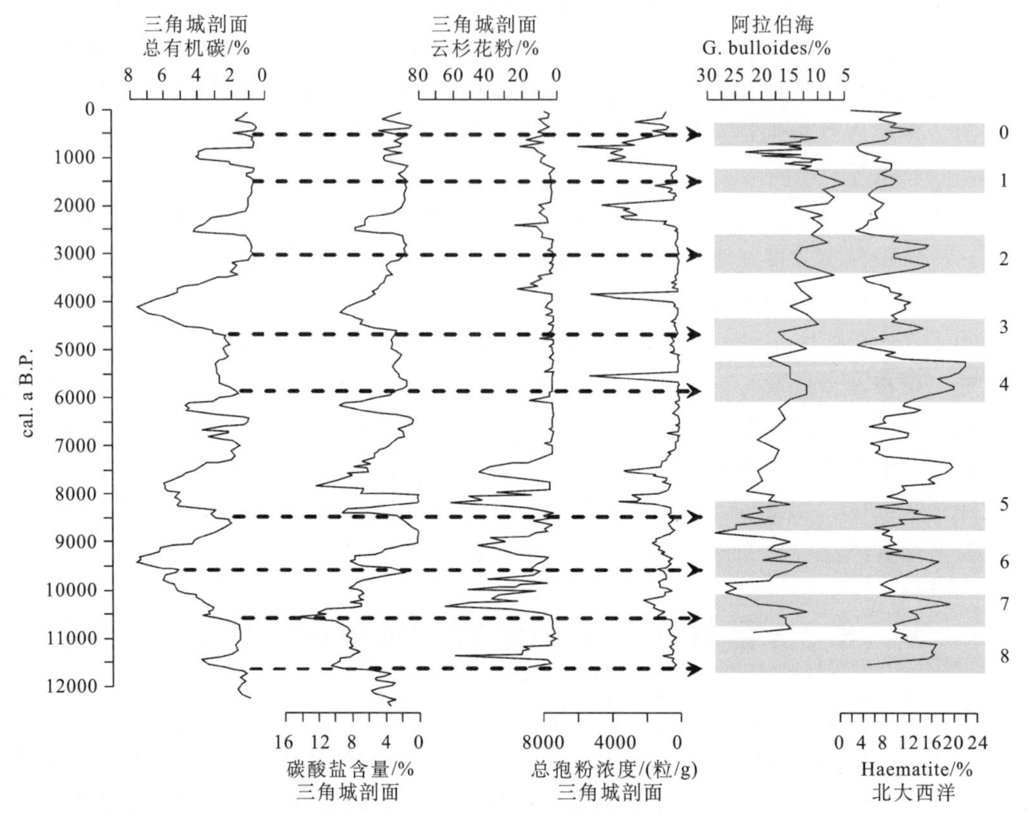

图 8.5　三角城剖面总有机碳含量（陈发虎等，2001）、碳酸盐含量（陈发虎等，2001）、云杉花粉含量（Chen et al.，2006）、总孢粉浓度（Chen et al.，2006）在全新世期间的变化过程

图中右侧的两个指标为北大西洋地区全新世钻孔 Haematite 含量显示的 Bond 事件（0～8）(Bond et al.，2001）及亚洲季风区阿拉伯海全新世钻孔 G. bulloides 含量（Gupta et al.，2003）显示的亚洲季风对 Bond 事件（0～8）的响应。图中灰色区域指示了 Bond 事件发生的时期，虚线箭头指示了猪野泽地区古径流量对 Bond 事件的响应，右侧的数字代表了 Bond 事件的次数

已有的研究表明，由于该剖面距离湖心位置较远并且海拔位置较高，已经处于当时湖泊的边缘，其全新世孢粉组合并不能反映出全新世湖泊演化的过程（李育等，2011）。根据我国干旱、半干旱区岱海、红碱淖、囫囵淖和对口淖等湖泊的表层沉积物花粉组合研究，花粉以风力搬运为主的湖泊表层花粉组合差异较小，河流搬运为主的湖泊表层花粉组合差异较大（田芳等，2009），所以湖盆不同位置沉积物的花粉组合古环境意义可能受入湖河流的影响。朱艳等（2004）通过对比石羊河流域的空气、表土、河水和河床冲积物中的孢粉组合特征，得出该流域河流搬运孢粉的能力较风力强，并且河水搬运的孢粉对中下游河床冲积物及河水孢粉谱的贡献量非常大，并得出在终端湖沉积物中以云杉属为代表的山地乔木花粉主要受河水搬运。另外，青藏高原及临近区域表土花粉中云杉属和冷杉花粉主要分布在海拔 2500～4000m，年均温 −1～10 ℃，年均降水量 450～

850mm 的区域（Lu et al., 2008）。这与猪野泽的气候特征明显不符，也证明了该区域河水对云杉属花粉的搬运作用。云杉属植物属于喜冷湿的植物（中国植被编辑委员会，1980），云杉属花粉气候响应面分析结果也显示，该花粉丰度受到湿度变化的控制（孙湘君等，1996），这些说明猪野泽云杉属花粉的变化主要受控于上游祁连山区气候的湿润程度，上游地区降水增加会使云杉林扩张，同时水量增加也可以搬运更多的云杉属花粉到终端湖沉积。因此三角城剖面中云杉花粉变化主要揭示了上游降水和径流的变化过程。

此外三角城剖面的古环境指标显示了明显的千年尺度旋回（陈发虎等，2001），考虑到测年的误差，这些旋回与北大西洋 Bond 事件具有很好的对应关系（陈发虎等，2001；Bond et al., 2001），Bond 事件发生时，三角城剖面的各种指标大都处于值较小的时期，对应了较小的古径流量。全新世 Bond 事件发现于北大西洋地区，通过洋流系统的传递，亚洲季风区对于该事件也较敏感。虽然两者是不同的气候系统，并且详细的传输机制仍有待进一步研究，但 Bond 事件在亚洲季风区却有很好的响应，在我国黄土高原地区也有明显的记录（Porter and Zhisheng，1995）。图 8.5 显示了阿拉伯海弱季风期（Gupta et al., 2003）与 Bond 事件的对应关系，阿曼和我国的绝对定年高分辨率全新世石笋记录也显示 Bond 事件发生时季风会突然减弱（Fleitmann et al., 2003；Wang et al., 2005）。在青海湖地区，沉积物介形类壳体 $\delta^{18}O$ 记录可以作为季风强度变化的一项很好的指标，它的变化显示了晚冰期以来的气候并非受东南季风的影响，而主要受西南季风的控制（Liu et al., 2007）。王可丽等（2005）通过研究西风带与季风对中国西北地区的水汽输送得出石羊河上游地区位于高原切变线以东地区，受西南季风影响，有沿青藏高原东缘绕行或向北翻越的水汽输送流，并且南亚夏季风通过西南季风气流水汽输送直接影响我国西北地区南部和东部。因此水汽输送过程显示，在石羊河上游地区其水汽来源与青海湖地区具有较好的一致性，均受控于西南季风的水汽输送。Zhang 等人（2011）的研究结果显示，全新世印度季风与东亚季风强弱变化在时间上具有同步性。另外，季风边缘区千年尺度的降水多寡主要受控于亚洲季风的强弱（Chen et al., 2008）。近 50a 石羊河出山径流对气候变化的响应研究发现，出山径流量的大小主要受控于降水的强弱，降水较多时，出山径流相对较高（马宏伟和王乃昂，2010）。故而，当亚洲季风存在千年尺度的强弱波动时，其在该区域的反映主要体现在上游降水的多寡和对应出山径流的高低。三角城剖面中云杉花粉含量高低与 Bond 事件的很好对应，即证明了该剖面云杉花粉含量主要揭示了上游降水多寡和出山径流的高低。

QTH01、QTH02（39°03′00″N，103°40′08″E，海拔 1309m）、QTL-03（39°04′15″N，103°36′43″E，海拔 1302m）位于猪野泽中部地区，图 8.6 显示了这三个剖面的粒度（Li et al., 2009a）、地球化学（Li et al., 2009a）及孢粉浓度（Li et al., 2009b；Zhao et al., 2008）。

由于湖泊不同位置之间重建结果会有一定差异，这种差异可能会影响到千年以下尺度的环境重建结果，即在次一级时间尺度上表现出差异。但上述曲线在千年尺度的趋势上却有很好的一致性。根据这些指标的显示，中全新世（约 7.0～3.5cal. ka B. P.）期间，猪野泽中部沉积物粒度较细、TOC、C/N 值偏高、有机碳同位素值偏低、总花粉

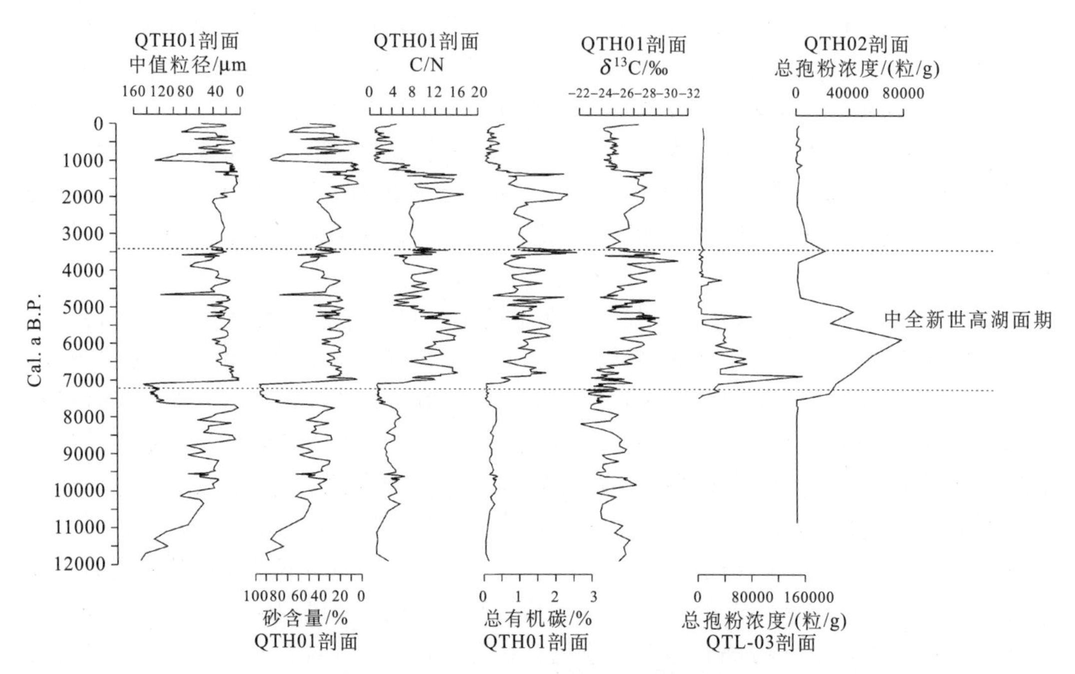

图 8.6　QTH01 剖面中值粒径（μm）（Li et al.，2009a）、砂含量（%）（Li et al.，2009a）、C/N（Li et al.，2009a）、总有机碳含量（%）（Li et al.，2009a）、有机碳同位素 δ^{13}C（‰）（Li et al.，2009a），QTH02 和 QTL-03 剖面总孢粉浓度（粒/g）（Li et al.，2009b；Zhao et al.，2008）示意图

图中虚线划出的范围指示了猪野泽中部地区沉积物反映的中全新世高湖面期

浓度达到了全新世期间的最高值。这些指标同时显示在中全新世期间湖泊水位及流域生产力较高（Li et al.，2009a）。这些剖面位于湖盆的中部，海拔位置较低，湖水搅匀作用较强，可以较好地反映全新世湖泊演化状况（李育等，2011）。值得说明的是本节的湖泊演化主要是指湖泊水位变化，它受到环流和湖泊表面蒸发等因素的影响，亦即上游降水、湖泊表面蒸发、流域产汇流及入湖径流共同作用的结果。但无法更为具体反映降水、径流以及季风强度这些单一因素变化对湖泊水位的影响。

位于湖泊边缘三角城剖面所反映的石羊河全新世上游降水和古径流的变化，这个主要受控于亚洲季风对上游地区降水的影响，而湖泊中部地区的沉积物主要反映了全新世湖泊演化的特征。但是石羊河古径流量的变化并没有与猪野泽千年尺度的湖泊演化紧密相关。三角城剖面所反映的石羊河上游降水和古径流量变化显示了明显的千年尺度旋回，并且中全新世期间并没有显示出相对于早、晚全新世高出许多的径流量，但是猪野泽中部沉积物所显示的湖泊演化过程却明确显示了中全新世的高湖面，并且得到了地貌学证据的支持（Zhang et al.，2004；王乃昂等，2011）。根据水量平衡原理，封闭的湖泊中水位变化受控于三个因素，入湖径流量、湖泊表面降水量和蒸发量（Li and Morrill，2010）。猪野泽位于我国干旱地区，年均降水量 110mm，而年水面蒸发量却可以达到 2600mm（陈隆亨和曲耀光，1992），所以湖泊表面降水量对于湖泊水位的影响相对于其他两个因素较小，暂可不讨论；因此在不考虑构造因素的前提下，该地区湖泊演化实质受控于蒸发和径流的双重影响。根据本节讨论，三角城剖面中全新世云杉花粉含量并未明显增加（图 8.5）表明了该时期没有明显径流增加，因此该时期高湖面形成的原因可能是由于较低的蒸发量所造成的。

通过对猪野泽不同位置沉积物重建环境结果的差异分析，位于湖盆边缘的三角城剖面可能反映了石羊河上游地区的降水及其古径流量的变化，而位于湖盆中央的 QTH01、QTH02 和 QTL-03 剖面主要反映了该区域湖泊演化的特征，即湖泊水位波动的情况。石羊河上游地区降水及其古径流与湖泊演化在时间尺度上的差异，尤其是中全新世期间（约 7.0～3.5cal. ka B. P.）湖泊水位较高的特征并不能与和该流域的古径流相联系，反映了该区域在千年尺度的湖泊演化过程中，除了受到千年尺度大气环流特征的影响，湖泊表面蒸发可能在湖泊演化中起了主导作用。

8.4　石羊河流域上、中、下游环境记录对比

为了更好地进行流域性气候变化过程对比，选择石羊河流域上、中、下游不同地貌单元的古环境记录，进行流域性的气候变化重建及对比。

HX 剖面位于石羊河上游分支——哈溪河的一级阶地上，西北距甘肃省武威市哈溪镇 1.5km，地理坐标为 37°30′10″N，102°24′33″E，全剖面自下至上，以 0.02m 间隔系统采样，采集深度为 3.24m，沉积岩性见图 8.7（邬光剑等，1998）。这里海拔在 2400m 以上，年平均温度不足 2.0℃，年平均降水量为 632mm。由于气候湿润，土壤发育较好。该剖面除顶部现代土壤外，可明显分为 5 层古土壤层。古土壤指在古自然环境下形成的土壤，在一定程度上保存有成土过程中所获得的特征而与现代土壤相异，常以埋藏形式出现于第四纪地层剖面中。古土壤既是古环境的组成，又是反映气候变化的良好标志。祁连山东段是青藏高原高寒区向西北干旱区和东部季风区的过渡地带，是对气候变化敏感的区域之一，因而全新世气候变化在古土壤方面留下了鲜明的烙印。

JDT 剖面位于石羊河中游分支——红水河左岸的一级阶地上，地理坐标为 38°10′46″N，102°45′53″E，剖面顶部海拔 1460m，采样深度为 5.8m。沉积物岩性见图 8.7。剖面上可以看到河流相与湖沼相的沉积地层。下部（5.0～5.8m）为河床相中、细砂杂色建造，泥质透镜体和小砾块共存，说明河流水量不稳定；3.9～5.0m 可能为河流相泛滥平原堆积，系氧化环境，沉积特征为红色、灰白色，无纹理，不含黄铁矿，有机质含量较少。传统见解认为，气候的急剧变冷变干能引起进入河流的砾石与泥沙数量的急剧增加；气候的变暖变湿则使进入河流的砾石与泥沙数量减少。由此可见，此时的气候环境表现为冷干。剖面中间部分（0.7～3.9m）为湖沼相沉积，多为黏土、粉砂，含黄铁矿及大量有机质，无砾石碎块，其中 3.1～3.4m 的泥炭层，由于积水浅，草类茂盛，一部分游离的氧可沿植物根系进入湖积物中，使部分亚铁化合物被氧化成三价铁，因而在根系周围的沉积物中形成黄褐色的锈纹、锈斑。表明此时下游湖泊水面扩张，河谷平原上水流不畅，处在一种湖泊沼泽阶段。同时河流稳定，以侵蚀作用以侧向侵蚀和裁弯取直为主，造成许多牛轭湖和洼地，发育湖沼相、甚至形成泥炭。气候环境表现为暖湿。

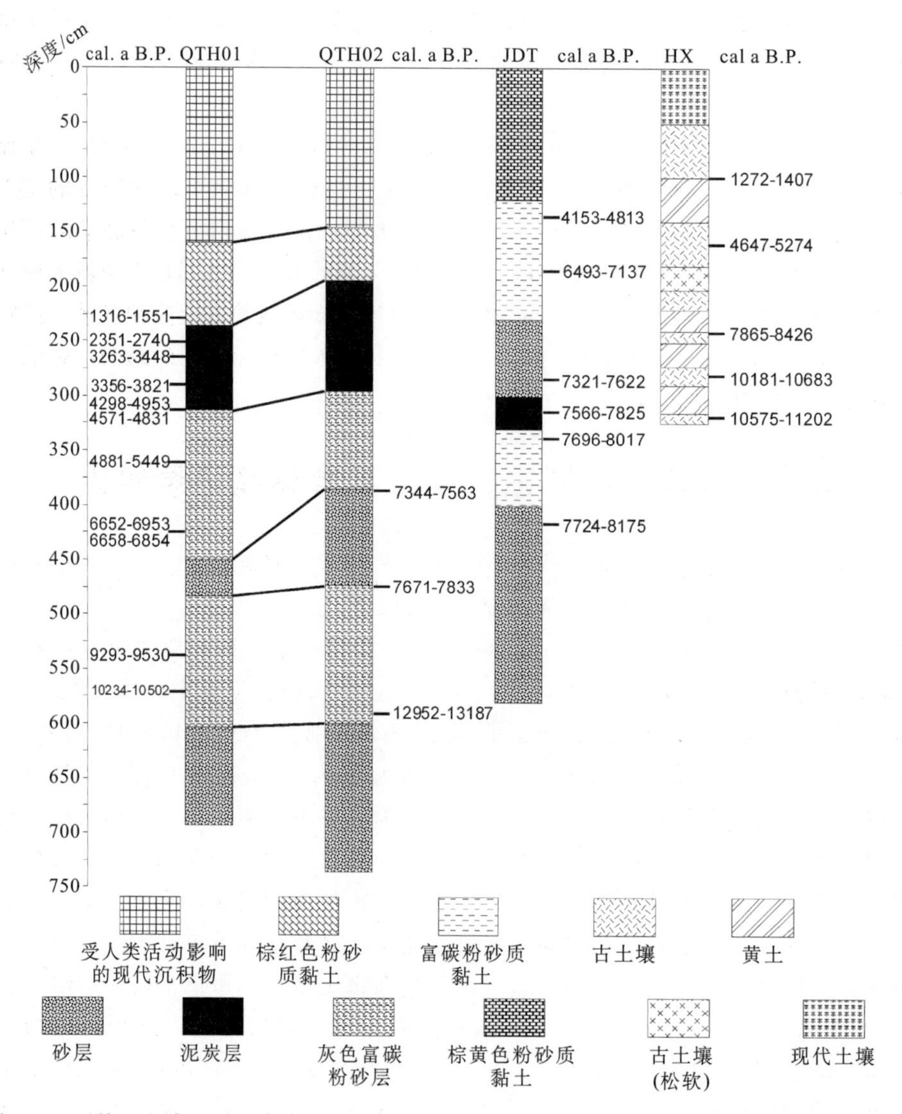

图 8.7 石羊河流域不同地貌单元环境记录的岩性及年代，HX 黄土剖面（邬光剑等，1998）

对比石羊河流域上、中、下游气候记录（图 8.8），可以看出石羊河流域全新世环境变化过程在该流域具有一致性，“全新世适宜期”出现在中全新世，开始于 7～8cal. ka B. P. 之间，该阶段的沉积记录证据有，下游地区：植被覆盖度高，湖泊稳定并且湖泊面积较大，初级生产力高；中游地区：沉积物粒径较细，形成泥炭或湖相沉积物，环境较为湿润；上游地区：剖面中形成古土壤沉积物，而且有机质及磁化率值均较高（邬光剑等，1998）。关于“全新世适宜期”的开始时间，上、中、下游记录有一定的误差，但是都在^{14}C测年的误差范围之内。据此推断，石羊河流域全新世中期的环境适宜期的出现，在流域不同部位具有同步性。根据流域性记录，早全新世流域性的有效水分较低，初级生产力较低，终端湖湖泊面积较小，随着中晚全新世，亚洲季风的减弱，石羊河流域气候逐渐向干旱化转变，其中终端湖对干旱化趋势的响应较为明显，从约4.7cal. ka B. P. 开始，湖泊逐渐退缩，从沉积物的孢粉记录来看，流域性的植被覆盖度也大大减小；中、上游的沉积剖面也记录了中晚全新世以来的干旱化趋势，但是响应较弱，比较明显的干旱化出现在3～4cal. ka B. P. 。下游地区终端湖对干旱化趋势响应较为明显可能受到蒸发量大、降水量少、水补给来源单一的影响。

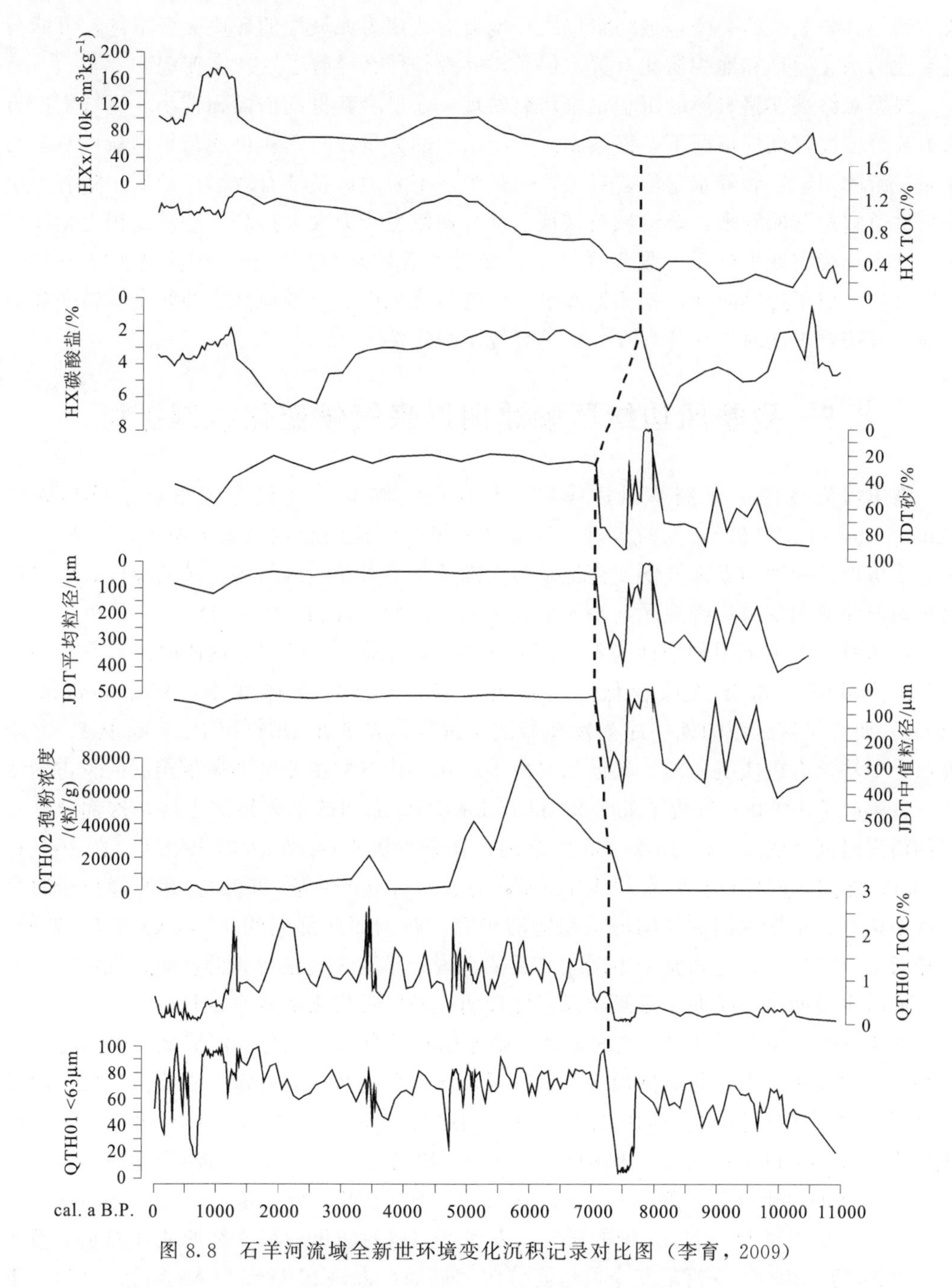

图 8.8 石羊河流域全新世环境变化沉积记录对比图（李育，2009）

根据终端湖猪野泽和中游 JDT 剖面的沉积记录，全新世中期约 7.5cal. ka B. P. 左右，在中下游地区出现了一次百年尺度的环境突变事件，持续时间大概是 300～500 年，起初认为这次环境突变事件是全球尺度的“8.2 ka 冷事件”在该区域的表现形式，但是测年结果，两个剖面无一例外地都将指针指向了约 7.5cal. ka B. P. 这个点，在整理了东亚季风区和西风带的大部分全新世记录后，发现这次突变事件在大区域尺度上几乎找不到与其相关联的突变，最终将这次环境突变认定为流域性的环境突变事件，可能与流域性的水文循环和地貌演化有关。但是，究竟是什么导致了这次突变呢？

根据对终端湖猪野泽的沉积记录研究发现，在早全新世湖泊面积较小，流域生产力和植被覆盖度较低的情况下，终端湖沉积物出现的大量云杉花粉可能与早全新世石羊河流域上游冰川融化和降水量增多有关，但是中、下游地区整体有效水分较低，随着“中全新世适宜期”的到来，全流域植被覆盖度、初级生产力大大提高，湖泊面积也相应扩大。这个环境突变事件正好发生在“早全新世低有效水分期”和“中全新世环境适宜期”之间，属于过渡时期，推测这次事件可能与流域中、下游地区水补给来源转变和地貌演化有关，过渡时期往往存在一定的环境不稳定性。

8.5 夏季风边缘区晚冰期以来气候变化机制探讨

石羊河流域位于亚洲季风边缘区，其现在气候变化过程受到东亚季风的影响（Zhang and Lin，1992），同时也有可能受到西风带气流的影响（王可丽等，2005），通过对比该地区晚冰期以来气候变化记录与周围及整个东亚地区气候记录的异同，可以探讨中国西北亚洲季风边缘地区，晚冰期以来的气候变化机制（图 8.9）。

从猪野泽湖泊沉积物剖面来看，剖面底部到约 13cal. ka B. P. 这段时间，气候相对干旱，流域有效水分条件较低。在临近区域——巴丹吉林沙漠，Wünnemann 等（1998）研究了该区域的地层序列及地貌演化过程，发现在 18.6 和 12.8 ka B. P. 之间地层，中缺乏有机质沉积物，气候相对冷干；在现代气候主要受西风带控制的蒙古国地区，Owen 等（1998）发现了处于 22 和 15 ka B. P. 之间的永久性冻土层，这部分冻土层的消失时间大约在 13～10 ka B. P. 之间；在蒙古国 Uvs-Nuur 以东地区，在 20～13 ka B. P. 之间，同样也有巨大的沙丘形成的证据（Grunert 等，2000）。猪野泽位于腾格里沙漠边缘，根据我们对其湖泊沉积物的研究，在剖面底部到约 13cal. ka B. P. 期间，其相对干旱的气候，受到整个中国北方及蒙古国干旱区大气候背景的影响，气候相对干旱，同时也说明这一时期东亚夏季风强度较弱；西风带带来的降水也较少。

在 13 和 7.7cal. ka B. P. 之间，处于晚冰期和早全新世，石羊河流域有效水分条件增加，湖泊面积扩大，相对剖面底部的砂层，该阶段气候相对变湿。在周围地区，同样出现了该时期气候开始变湿润的证据。在巴丹吉林沙漠，从 11.3ka B. P. 开始，湖泊面积扩大（Wünnemann et al.，1998）；Naumann 和 Walther（2000）研究了蒙古国的 Bajan Nuur 湖的演化过程，湖面从 13.2 ka B. P. 开始上升；Walther（1999）和 Grunert 等（2000）根据对 Uvs Nuur 湖的研究，发现了相似的演化过程。在西北部的东亚季风区，Zhou 等（2001）分析了 9 个典型高分辨率剖面，发现在 13～11 ka B. P. 之间，季

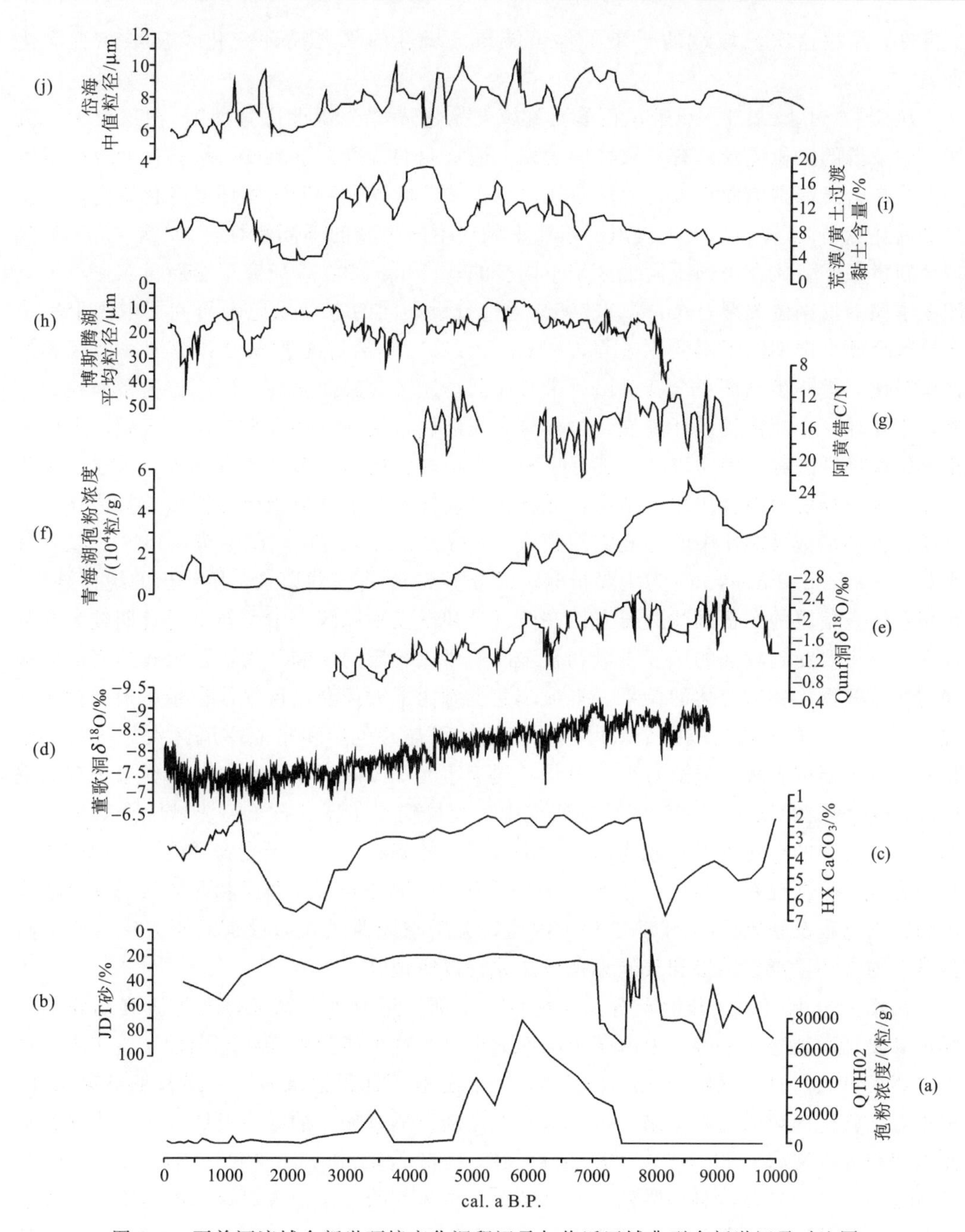

图 8.9　石羊河流域全新世环境变化沉积记录与临近区域典型全新世记录对比图

风降水显著增加。根据 COHMAP（1988）的研究，这些结果可能与地球轨道尺度的太阳辐射量增加有关，从 12000 年前开始，增加的太阳辐射量加强了海陆热力差异，同时导致了东亚地区的季风强度。

在 7.7 和 7.4cal. ka B. P. 之间，在石羊河流域中下游剖面沉积物中都发现了一次三百年尺度的干旱事件，在这个时间尺度上，东亚季风区和西风带并未有如此剧烈的干旱事件，所以这次流域性的干旱事件可能与流域性的水文循环变化及流域地貌演化有关。

从 7～8cal. ka B. P. 开始，石羊河流域开始进入“全新世适宜期”，在这点上，流域上中下游的沉积记录具有一致性的表现。适宜期的特点是全流域植被覆盖度及初级生产力较高，终端湖泊面积大，流域有效水分较多。中国全新世气候环境变化研究，一直是研究热点，An 等（2000）提出了东亚季风在不同区域的不同步性，He 等（2004）发现全新世气候变化在中国不同地区是不同步的，Hong (2005) 研究了全新世东亚季风与印度季风的反相位关系，An 等（2005）通过分析不同的古气候记录研究了中国干旱半干旱区全新世中期的干湿变化过程，Chen 等（2008）通过对西风带和亚洲季风区典型记录对比，进一步论证了全新世西风带和亚洲季风区气候变化的不同相位关系。综合来看，东亚地区全新世气候环境变化过程具有复杂性，这种复杂性来源于古气候、古环境重建的准确性限制，因为现在大部分重建结果很难直接恢复温度或者降水，重建结果往往是各种气候要素综合作用的结果，无法直接反推某一个气象指标，所以这就造成了古气候、古环境记录对比中的不确定性因素。Herzschuh（2006）在中东亚地区，以有效水分——effective moisture 为主要指标，综合了 75 个古气候记录，所作出的统计结果，是相对让人信服的。根据他的研究，在西风带和东亚季风区，中全新世适宜期较为普遍存在，这主要受到较强的东亚季风和较湿润的西风气流的影响。为了了解石羊河流域和周围区域气候、环境变化的关系，本项研究也对比了大量全新世气候记录，根据对比发现（图 8.9），石羊河流域中全新世气候变化过程与西风带和东亚季风区大量研究结果相符，中全新世表现气候适宜期，但是不同于印度季风区。印度季风的强盛早于东亚季风区，这一点在 Chen 等（2008）的研究中，也得到了印证。石羊河流域中全新世适宜期建立在较强的东亚季风和较为湿润的西风环流的基础上，可能受到了两股湿润气流的共同影响。根据现有的结果，还无法在本研究中详细分辨东亚季风和西风带对季风边缘区的影响过程及季风-西风互动过程。因此，关于季风西风互动过程的研究还需要更高分辨率的古环境重建结果和气候模拟方法才得以实现。

从 4.7cal. ka B. P. 开始，石羊河流域“全新世适宜期”结束，在下游终端湖的气候记录要稍微敏感于中游及上游黄土剖面的记录。这可能是由于终端湖地区，年降水量小，蒸发量大，对于气候变化反应敏感，中上游地区沉积记录显示的适宜期结束稍晚。根据对比其他区域的气候记录，该地区“中全新世适宜期”的结束可能与东亚季风的整体退缩有关（Xiao et al.，2002；Peng et al.，2005；Zhai et al.，2006；An et al.，2003；Huang et al.，2004），但是要稍早于典型东亚季风区的气候记录，这可能是季风边缘区对气候变化的敏感性所致，也可能由于终端湖地区极端干旱的气候状况所致。根据终端湖的沉积记录，在 1.5cal. ka B. P. 左右，环境进一步干旱，湖泊基本完全退出剖面位置，对比西风带晚全新世记录（Peck et al.，2002；Fowell et al.，2003；陈发虎等，2006），这次进一步干旱化，可能与西风气流变干有关。

根据 Li 和 Morrill（2010）在中、东亚地区湖泊水位模拟方面的研究（图 8.10，8.5ka—PI，6ka—PI 和 6ka—8.5ka 三张图分别显示了三个时期之间湖泊水位的高低变化和造成这种变化的原因。白色表示湖泊水位没有变化；品红色表示有降水量减少引起的湖泊水位降低；红色表示由湖泊表面蒸发量增加引起的湖泊水位降低；深红色表示由降水和蒸发共同引起的湖泊水位下降；浅蓝色表示由降水量增多引起的湖泊水位上升；蓝色表示由蒸发量减小引起的湖泊水位上升；深蓝色表示由降水和蒸发共同引起的湖泊水位升高。模拟的结果显示图中大量的区域全新世 8.5ka、6ka 和 PI 三个时间段之间湖泊水位的变化受到湖泊表面蒸发量的影响），全新世期间湖泊水位的变化在很大程度上取决于湖泊表面蒸发量；亚洲季风区全新世早、中全新世的高湖面，与早、中全新世期间较低的湖泊表面蒸发量有关，这主要受控于较弱的冬季太阳辐射和较强的亚洲夏季风造成的高云量。而中纬度地区的中全新世高湖面也受该区域冬半年蒸发量较小的影响，主要原因是中全新世期间该区域冬半年湖泊表面被冰覆盖的时间较长，从而蒸发量较小。虽然该项模拟工作使用了全球尺度的 CCSM3 模型，尺度较大，不能针对具体湖泊和具体区域讨论，只能在大范围上讨论湖泊演化的机制。但总体来讲湖泊模型的研究也证明了全新世期间湖泊表面蒸发量对于湖泊演化的作用。

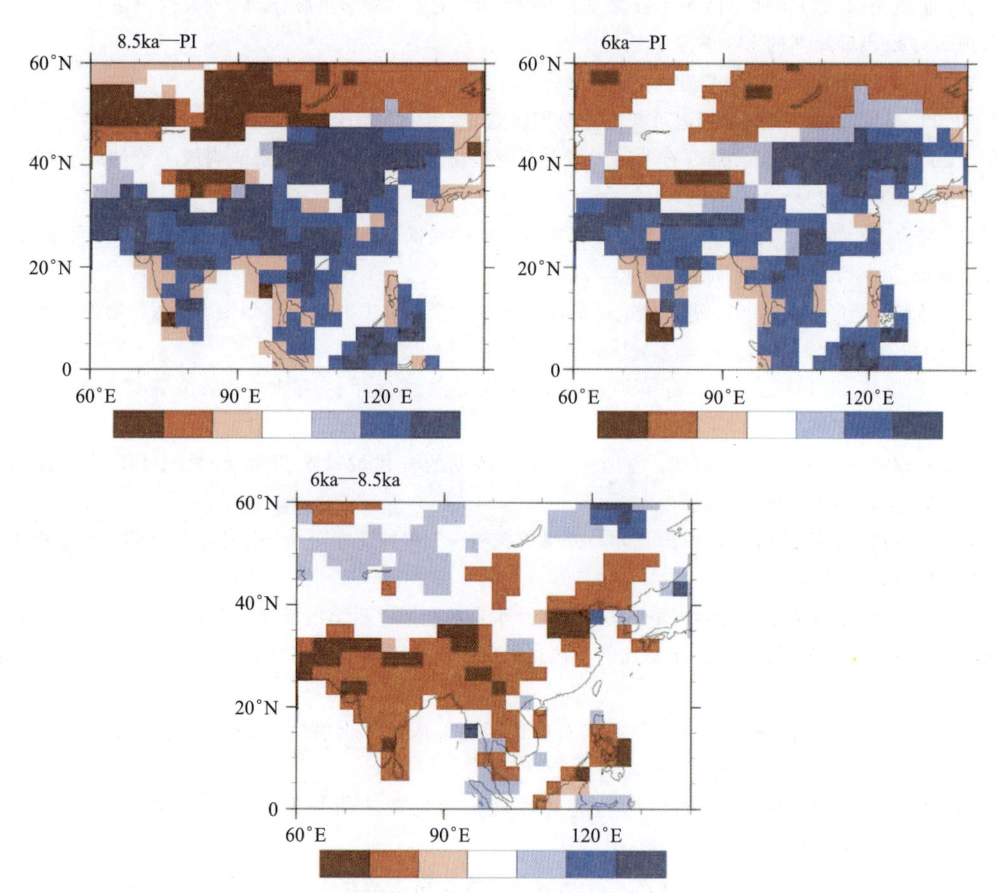

图 8.10　根据 CCSM3 模型结合湖泊能量平衡模型和湖泊水量平衡模型得到的全新世 8.5ka、6.0ka 和 PI（Pre-industry 工业革命之前）之间东、中亚地区湖泊水位变化模式（Li and Morrill，2010）

根据进一步分析，石羊河流域全新世古径流量受控于季风环流，而猪野泽全新世的演化过程可能主要受控于湖泊表面蒸发量，环流因素与蒸发因素在该区域全新世环境变化过程中相互博弈，各自体现在不同位置的沉积物指标上。我国干旱、半干旱区以及中亚干旱区许多湖泊都显示了中全新世高湖面的特征，已有研究认为这主要受到西风环流的影响（Chen et al.，2008），但该区域不同位置的环境重建结果差异性可能指示了该区域湖面的波动主要是受控于蒸发和径流的双重影响。

参考文献

陈发虎，黄小忠，杨美林. 2006. 亚洲中部干旱区全新世气候变化的西风模式. 第四纪研究，26（6）：881～887.

陈发虎，吴薇，朱艳，等. 2004. 阿拉善高原中全新世干旱事件的湖泊记录研究. 科学通报，49（1）：1～9.

陈发虎，朱艳，李吉均. 2001. 民勤盆地湖泊沉积记录的全新世千百年尺度夏季风快速变化. 科学通报，46：1414～1419.

陈隆亨，曲耀光. 1992. 河西地区水土资源及其开发利用. 北京：科学出版社：77～78.

冯绳武. 1963. 民勤绿洲的水系演变. 地理学报，29（3）：241～249.

李并成. 1993. 猪野泽及其历史变迁考. 地理学报，48（1）：55～59.

李育. 2009. 季风边缘区湖泊孢粉记录与气候模拟研究. 兰州大学博士毕业论文.

李育，王乃昂，李卓仑，等. 2011. 石羊河流域全新世孢粉记录及其对气候系统响应争论的启示. 科学通报，56（2）：161～173.

刘兴起，沈吉，王苏民，等. 2007. 晚冰期以来青海湖地区气候变迁受西南季风控制的介形类壳体氧同位素证据. 科学通报，51（22）：2690～2694.

隆浩，王乃昂，李育，等. 2007. 猪野泽记录的季风边缘区全新世中期气候环境演化历史. 第四纪研究，27（3）：371～381.

马宏伟，王乃昂. 2010. 近 50 年石羊河出山口径流对气候变化的响应. 干旱区资源与环境，24（1）：113～117.

施雅风，孔昭宸，王苏民，等. 1992. 中国全新世大暖期的气候波动与重要事件. 中国科学：B 辑，22（12）：1300～1308.

孙湘君，王琫瑜，宋长青. 1996. 中国北方部分科属花粉～气候响应面分析. 中国科学 D 辑：地球科学，26（5）：431～436.

汤奇成，曲耀光，周聿超. 1992. 中国干旱区水文及水资源利用. 科学出版社，北京：44～80.

田芳，许清海，李月丛，等. 2009. 中国北方季风尾闾区不同类型湖泊表层沉积物花粉组合特征. 科学通报，54（4）：479～487.

王可丽，江灏，赵红岩. 2005. 西风带与季风对中国西北地区的水汽输送. 水科学研究进展，16（3）：432～438.

王乃昂，李卓仑，程弘毅，等. 2011. 阿拉善高原晚第四纪高湖面与大湖期的再探讨. 科学通报，56（17）：1367～1377.

王乃昂，李卓仑，李育，等. 2011. 河西走廊花海剖面晚冰期以来年代学及沉积特征研究. 沉积学报，29（3）：552～560.

邬光剑，潘保田，管清玉，等. 1998. 祁连山东段北麓近 10ka 来的气候变化初步研究. 中国沙漠，18（3）：193～200.

邬光剑，潘保田，管清玉，等. 2000. 祁连山东段全新世与现代水热组合特征研究. 地理科学. 20（2）：160～165.

张克存，屈建军，马中华. 2004. 近 50 a 来民勤沙尘暴的环境特征. 中国沙漠，24 (3)：257～260.
中国植被编辑委员会主编. 1980. 中国植被. 北京：科学出版社：195～197.
朱艳，程波，陈发虎，等. 2004. 石羊河流域现代孢粉传播研究. 科学通报，49 (1)：15～21.
An C B, Feng Z D, Barton L. 2006. Dry or humid? Mid-Holocene humidity changes in arid and semi-arid China. Quaternary Science Reviews, 25 (3)：351～361.
An C, Feng Z, Tang L. 2003. Evidence of a humid mid～Holocene in the western part of Chinese Loess Plateau. Chinese Science Bulletin, 48 (22)：2472～2479.
An Z, Porter S C, Kutzbach J E, et al. 2000. Asynchronous Holocene optimum of the East Asian monsoon. Quaternary Science Reviews, 19 (8)：743～762.
Bond G, Kromer B, Beer J, et al. 2001. Persistent solar influence on North Atlantic climate during the Holocene. Science, 294 (5549)：2130～2136.
Chen F, Yu Z, Yang M, et al. 2008. Holocene moisture evolution in arid central Asia and its out-of-phase relationship with Asian monsoon history. Quaternary Science Reviews, 27 (3)：351～364.
Chen C T, Lan H C, Lou J Y, et al. 2003. The dry Holocene megathermal in inner Mongolia. Palaeogeography Palaeoclimatology Palaeoecology, 193 (2)：181～200.
Chen F, Cheng B, Zhao Y, et al. 2006. Holocene environmental change inferred from a high～resolution pollen record, Lake Zhuyeze, arid China. The Holocene, 16 (5)：675～684.
Chen F, Shi Q, Wang J M. 1999. Environmental changes documented by sedimentation of Lake Yiema in arid China since the Late Glaciation. Journal of Paleolimnology, 22 (2)：159～169.
COHMAP Members. 1988. Climatic changes of the last 18000 years: observations and model simulations. Science, 241：1043～1052.
Dykoski C A, Edwards R L, Cheng H, et al. 2005. A high～resolution, absolute～dated Holocene and deglacial Asian monsoon record from Dongge Cave, China. Earth and Planetary Science Letters, 233 (1)：71～86.
Fleitmann D, Burns S J, Mudelsee M, et al. 2003. Holocene forcing of the Indian monsoon recorded in a stalagmite from southern Oman. Science, 300 (5626)：1737～1739.
Fowell S J, Hansen B, Peck J A, et al. 2003. Mid to late Holocene climate evolution of the Lake Telmen Basin, North Central Mongolia, based on palynological data. Quaternary Research, 59 (3)：353～363.
Grunert J, Lehmkuhl F, Walther M. 2000. Palaeoclimatic evolution of the Uvs Nuur Basin and adjacent areas, Western Mongolia. Quaternary International, 65/66：171～192.
Guo Z, Petit-Maire N, Kröpelin S. 2000. Holocene non-orbital climatic events in present-day arid areas of northern Africa and China. Global and Planetary Change, 26 (1)：97～103.
Gupta A K, Anderson D M, Overpeck J T. 2003. Abrupt changes in the Asian southwest monsoon during the Holocene and their links to the North Atlantic Ocean. Nature, 421 (6921)：354～357.
He Y, Wilfred H, Zhang Z, et al. 2004. Asynchronous Holocene climatic change across China. Quaternary Research, 61 (1)：52～63.
Herzschuh U. 2006. Palaeo～moisture evolution in monsoonal Central Asia during the last 50, 000 years. Quaternary Science Reviews, 25 (1)：163～178.
Hong Y, Hong T, Lin Q, et al. 2005. Inverse phase oscillations between the East Asian and Indian Ocean summer monsoons during the last 12000 years and paleo～El Niño. Earth and Planetary Science Letters, 231 (3)：337～346.
Hu C, Henderson G M, Huang J, et al. 2008. Quantification of Holocene Asian monsoon rainfall from

spatially separated cave records. Earth and Planetary Science Letters, 266 (3): 221～232.

Huang C C, Pang J, Zhou Q, et al. 2004. Holocene pedogenic change and the emergence and decline of rain-fed cereal agriculture on the Chinese Loess Plateau. Quaternary Science Reviews, 23 (23): 2525～2535.

Huang C C, Zhou J, Pang J, et al. 2000. A regional aridity phase and its possible cultural impact during the Holocene Megathermal in the Guanzhong Basin, China. The Holocene, 10 (1): 135～142.

Jiang W, Liu T. 2007. Timing and spatial distribution of mid～Holocene drying over northern China: Response to a southeasttward retreat of the East Asian Monsoon. Journal of Geophysical Research: Atmospheres (1984～2012), 112 (D24).

Jin Z, Li F, Cao J, et al. 2006. Geochemistry of Daihai Lake sediments, Inner Mongolia, north China: implications for provenance, sedimentary sorting, and catchment weathering. Geomorphology, 80 (3): 147～163.

Li X, Zhou W, An Z, et al. 2003. The vegetation and monsoon variations at the desert～loess transition belt at Midiwan in northern China for the last 13 ka. The Holocene, 13 (5): 779～784.

Li Y, Morrill C. 2010. Multiple factors causing Holocene lake～level change in monsoonal and arid central Asia as identified by model experiments. Climate Dynamics, 35 (6): 1119～1132.

Li Y, Wang N, Cheng H, et al. 2009a. Holocene environmental change in themarginal area of the Asian monsoon: A record from Zhuye Lake, NW China. Boreas, 38: 349～361.

Li Y, Wang N A, Morrill C, et al. 2009b. Environmental change implied by the relationship between pollen assemblages and grain～size in NW Chinese lake sediments since the Late Glacial. Review of Palaeobotany and Palynology, 154 (1): 54～64.

Liu H, Xu L, Cui H. 2002. Holocene history of desertification along the woodland～steppe border in northern China. Quaternary Research, 57 (2): 259～270.

Liu X, Shen J, Wang S, et al. 2007. Southwest monsoon changes indicated by oxygen isotope of ostracode shells from sediments in Qinghai Lake since the late Glacial. Chinese Science Bulletin, 52 (4): 539～544.

Long H, Lai Z, Wang N, et al. 2010. Holocene climate variations from Zhuyeze terminal lake records in East Asian monsoon margin in arid northern China. Quaternary Research, 74 (1): 46～56.

Long H, Lai Z, Wang N, et al. 2011. A combined luminescence and radiocarbon dating study of Holocene lacustrine sediments from arid northern China. Quaternary Geochronology, 6 (1): 1～9.

Lu H, Wu N, Yang X, et al. 2008. Spatial pattern of Abies and Picea surface pollen distribution along the elevation gradient in the Qinghai-Tibetan Plateau and Xinjiang, China. Boreas, 37 (2): 254～262.

Madsen D B, Chen F, Oviatt C G, et al. 2003. Late Pleistocene/Holocene wetland events recorded in southeast Tengger Desert lake sediments, NW China. Chinese Science Bulletin , 48 (14): 1423～1429.

Mischke S, Demske D, Schudack M E. 2003. Hydrologic and climatic implications of a multidisciplinary study of the Mid to Late Holocene Lake Eastern Juyanze. Chinese Science Bulletin, 48 (14): 1411～1417.

Naumann S, Walther M. 2000. Mid-Holocene lake-level fluctuations of Bayan Nuur, north-west Mongolei. Marburger Geographische Schriften, 135: 15～27.

Owen L, Spencer J, Ma H, et al. 2003. Timing of Late Quaternary glaciation along the southwestern slopes of the Qilian Shan, Tibet. Boreas, 32 (2): 281～291.

Pachur H J, Wünnemann B, Zhang H. 1995. Lake evolution in the Tengger Desert, Northwestern China, during the last 40, 000 years. Quaternary Research, 44 (2): 171～180.

Peck J, Khosbayar P, Fowell S, et al. 2002. Mid to Late Holocene climate change in North Central Mongolia as recorded in the sediments of Lake Telmen. Palaeogeography Palaeoclimatology Palaeoecology, 183 (1): 135～153.

Peng Y, Xiao J, Nakamura T, et al. 2005. Holocene East Asian monsoonal precipitation pattern revealed by grain-size distribution of core sediments of Daihai Lake in Inner Mongolia of north-central China. Earth and Planetary Science Letters, 233 (3): 467～479.

Porter S C, Zhisheng A. 1995. Correlation between climate events in the North Atlantic and China during the last glaciation. Nature, 375: 305～308.

Pradit S, Wattayakorn G, Angsupanich S, et al. 2010. Distribution of trace elements in sediments and biota of Songkhla Lake, Southern Thailand. Water, air, and soil pollution. 206 (1～4): 155～174.

Shi Q, Chen F, Zhu Y, et al. 2002. Lake evolution of the terminal area of Shiyang River drainage in arid China since the last glaciation. Quaternary International, 93 (1): 31～43.

Steig E J. 1999. Mid-Holocene climate change. Science, 286 (5444): 1485～1487.

Sugita S. 1993. A model of pollen source area for an entire lake surface. Quaternary Research, 39 (2): 239～244.

Walther M. 1999. Befunde zur jungquart. aren Klimaentwicklung rekonstruiert am Beispiel der Seespiegelst. ande des Uvs～Nuur～Beckens, NW～Mongolei. Die Erde, 130 (1): 131～150.

Wang Y, Cheng H, Edwards R L, et al. 2005. The Holocene Asianmonsoon: links to solar changes and North Atlantic climate. Science, 308 (5723): 854～857.

Wünnemann B, Pachur H, Zhang H. 1998. Climatic and environmental changes in the deserts of Inner Mongolia, China, since the Late Pleistocene. In: Alsharan, Glennie, A, Whittle, G. (Eds.): Quaternary Deserts and Climatic Change. Bakema, Rotterdam, 381～394.

Xiao J, Nakamura T, Lu H, et al. 2002. Holocene climate changes over the desert/loess transition of north～central China. Earth and Planetary Science Letters. 197 (1): 11～18.

Xu Q, Li Y, Yang X, et al. 2005. Source and distribution of pollen in the surface sediment of Daihai Lake, Inner Mongolia. Quaternary International, 136 (1): 33～45.

Yang X, Karl T, Frank L, et al. 2004. The evolution of dry lands in northern China and in the Republic of Mongolia since the Last Glacial Maximum. Quaternary International, 118～119: 69～85.

Yu Y, Yang T, Li J, et al. 2006. Millennial～scale Holocene climate variability in the NW China drylands and links to the tropical Pacific and the North Atlantic. Palaeogeography Palaeoclimatology Palaeoecology, 233 (1): 149～162.

Zhai Q, Guo Z, Li Y, et al. 2006. Annually laminated lake sediments and environmental changes in Bashang Plateau, North China. Palaeogeography Palaeoclimatology Palaeoecology, 241 (1): 95～102.

Zhang H C, Peng J L, Ma Y Z, et al. 2004. Late quaternary palaeolake levels in Tengger Desert, NW China. Palaeogeography Palaeoclimatology Palaeoecology, 211 (1): 45～58.

Zhang H, Ma Y, Li J, et al. 2001. Palaeolake evolution and abrupt climate changes during last glacial period in NW China. Geophysical Research Letters, 28 (16): 3203～3206.

Zhang H, Ma Y, Wünnemann B, et al. 2000. A Holocene climatic record from arid northwestern China. Palaeogeography Palaeoclimatology Palaeoecology, 162 (3): 389～401.

Zhang H, Wünnemann B, Ma Y, et al. 2002. Lake level and climate changes between 42, 000 and 18,

000 C～14a BP in the Tengger Desert, Northwestern China. Quaternary Research, 58 (1): 62～72.

Zhang J, Chen F, Holmes J A, et al. 2011. Holocene monsoon climate documented by oxygen and carbon isotopes from lake sediments and peat bogs in China: a review and synthesis. Quaternary Science Reviews, 30 (15): 1973～1987.

Zhang J, Lin Z. 1992. Climate of China. Wiley, New York, 376.

Zhao Y, Yu Z, Chen F, et al. 2008. Holocene vegetation and climate change from a lake sediment record in the Tengger Sandy Desert, northwest China. Journal of Arid Environment, 72 (11): 2054～2064.

Zhou W, Head M J, Deng L. 2001. Climate changes in northern China since the late Pleistocene and its response to global change. Quaternary International, 83 (1): 285～292.

Zhou W, Yu X, Jull A J, et al. 2004. High-resolution evidence from southern China of an early Holocene optimum and a mid～Holocene dry event during the past 18, 000 years. Quaternary Research, 62 (1): 39～48.

附　录

猪野泽及河西走廊晚第四纪文献索引及引用指南

Reference guide of the Late Quaternary climate change for Zhuye Lake and the Hexi Corridor in the Asian monsoon marginal zones，northwest China

河西走廊及猪野泽位于青藏高原北缘的祁连山南麓，处于戈壁大漠和高原之间的过渡地带。在气候上，该区域处于亚洲夏季风的西北缘，部分夏季降水来源于夏季风水汽输送，同时主要受控于中纬度西风带环流，是季风-西风相互作用的关键区域。近年来，该区域晚第四纪环境变化研究取得了大量进展，推动了长时间尺度季风和西风演化的研究，但还存在一些争议。一个主要问题就是该区域文献量比较大，与第四纪相关的论文较多，且学科较杂，不利于相关学者了解该区域的研究状况。本索引旨在整理该区域近年来各相关学科的主要文献，便于第四纪科学研究者了解该区域状况，同时该索引也代表了兰州大学晚第四纪研究在该区域的进展情况。

Zhuye Lake and the Hexi Corridor are located in the northern edge of the Qinghai-Tibetan Plateau，on the northern side of the Qilian Mountains，while in a transition zone between the Gobi desert and highland. The area is in the northwest margin of the Asian summer monsoon. Some summer precipitation is from the summer monsoon moisture transport，while the area is mainly controlled by the mid-latitude westerly circulation，which is a key area for studies on the interactions between the summer monsoon and the westerlies. In recent years，scientists have made a lot of progress on the late Quaternary environmental changes in the area，and promoted the study of long-term monsoon and westerly winds changes，but there are still some controversies. A major problem is that there are a large volume of papers in the area that are related to the Quaternary science while various subjects are involved. That is not conducive for scholars to understand the late Quaternary conditions in the area. The reference guide is designed to organize literatures in relevant disciplines，whichis good for scientists to understand the late Quaternary environments easily，while the guide also represents the research progress of Lanzhou University on the late Quaternary environments.

1. 猪野泽千年尺度环境变化

猪野泽湖泊沉积物环境代用指标记录显示，猪野泽地区早全新世环境相对湿润，中全新世阶段水热组合较为适宜，而晚全新世环境趋于干旱。中全新世期间存在一次百年尺度的干旱事件，不同位置的沉积剖面的砂层沉积是这次干旱事件的主要标志物。猪野泽全新世环境变化主要受亚洲夏季风演化控制，同时也受到中纬度西风带气候变化的影响，体现了季风边缘区湖泊演化的特殊性。

[1] Chen F, Zhu Y, Li J, Shi Q, Jin L, Wünemann B. 2001. Abrupt Holocene changes of the Asian monsoon at millennial-and centennial-scales: Evidence from lake sediment document in Minqin Basin, NW China. Chinese Science Bulletin, 46 (23): 1942～1947

[2] Chen F, Cheng B, Zhao Y, Zhu Y, Madsen D B. 2006. Holocene environmental change inferred from a high-resolution pollen record, Lake Zhuyeze, arid China. The Holocene, 16 (5): 675～684

[3] Li Y, Wang N A, Cheng H, Long H, Zhao Q. 2009. Holocene environmental change in the marginal area of the Asian monsoon: A record from Zhuye Lake, NW China. Boreas, 38 (2): 349～361

[4] Li Y, Wang N, Morrill C, Cheng H, Long H, Zhao Q. 2009. Environmental change implied by the relationship between pollen assemblages and grain-size in NW Chinese lake sediments since the Late Glacial. Review of Palaeobotany and Palynology, 154 (1): 54～64

[5] Long H, Lai Z, Wang N, Li Y. 2010, Holocene climate variations from Zhuyeze terminal lake records in East Asian monsoon margin in arid northern China. Quaternary Research, 74 (1): 46～56

2 盐池千年尺度气候变化

盐池晚冰期以来湖泊演化过程与青藏高原区和典型季风区的古气候记录具有一致性，晚冰期及早全新世湖泊扩张，中、晚全新世期间湖泊退缩明显，这种变化显示了千年尺度亚洲夏季风对该区域的影响，证明了夏季风北部边界摆动的事实。

[1] Li Y, Wang N, Morrill C, Anderson D. M Li, Z, Zhang C, Zhou X. 2012. Millennial-scale erosion rates in three inland drainage basins and their controlling factors since the Last Deglaciation, arid China. Palaeogeography Palaeoclimatology Palaeoecology, 365 (1): 263～275

[2] Li Y, Wang N, Li Z, Zhou X, Zhang C. 2013. Climatic and environmental change in Yanchi Lake, Northwest China since the Late Glacial: A comprehensive analysis of lake sediments. Journal of Geographical Sciences, 23 (5): 932～946

[3] Yu Y, Yang T, Li J, Liu J, An C, Liu X, Su X. 2006. Millennial-scale Holocene climate variability in the NW China drylands and links to the tropical Pacific and the North Atlantic. Palaeogeography Palaeoclimatology Palaeoecology, 233 (1): 149～162

[4] 李育，王乃昂，李卓仑，周雪花，张成琦．2013. 河西走廊盐池晚冰期以来沉积地层变化综合分析——来自夏季风西北缘一个关键位置的古气候证据．地理学报，68 (7): 933～944. [Li Y, Wang N, Li Z, Zhou X, Zhang C. 2013. A comprehensive analysis of Yanchi sedimentary strata changes since the Late Glacial in Hexi Corridor——

paleoclimate evidence from a key position of summer monsoon northwest edge. Acta Geographica Sinica，68（7）：933～944.（in Chinese）］

［5］申建梅，张光辉，聂振龙，王金哲，严明疆，张俊牌，瑞林．2008. 西北内陆高台盐池孢粉组合与古气候变化．中国生态农业学报，16（2）：323～326.［Shen J，Zhang G，Nie Z，Wang J，Yan M，Zhang J，Rui L. 2008. Characteristics of spore-pollen and ancient climate changes in inlands of Northwest China. Chinese Journal of Eco-Agriculture，16（2）：323～326.（in Chinese）］

3 花海千年尺度气候变化

花海沉积物记录的千年尺度环境变化表现为，早全新世环境流域径流较大，流域性侵蚀及沉积过程较剧烈；中全新世有效湿度较高，晚全新世环境趋于干旱。这种水分条件的变化与早全新世较强的亚洲季风所带来的较多降水有关，从而增加了径流量和流域性的侵蚀量。这种全新世水分条件变化模式，也受到了中纬度西风带的影响。

［1］Li Y，Wang N，Morrill C，Anderson D. M，Li Z，Zhang C，Zhou X. 2012. Millennial-scale erosion rates in three inland drainage basins and their controlling factors since the Last Deglaciation，arid China. Palaeogeography Palaeoclimatology Palaeoecology，365（1）：263～275

［2］Wang N，Li Z，Li Y，Cheng H，Huang R. 2012. Younger Dryas event recorded by the mirabilite deposition in Huahai Lake，Hexi Corridor，NW China. Quaternary International，250（1）：93～99

［3］Wang N，Li Z，Li Y，Cheng H. 2013. Millennial-scale environmental changes in the Asian monsoon margin during the Holocene，implicated by the lake evolution of Huahai Lake in the Hexi Corridor of northwest China. Quaternary International，313（1）：100～109

［4］胡刚，王乃昂，罗建育，高顺尉，李巧玲．2001. 花海湖泊古风成砂的粒度特征及其环境意义．沉积学报，19（4）：642～647.［Hu G，Wang N，Luo J，Gao S，Li Q. 2001. The grain size characteristics of aeolian sand and its environmental significance. Acta Sedimentologica Sinica，19（4）：642～647.（in Chinese）］

［5］胡刚，王乃昂，赵强，程弘毅，谌永生，郭剑英．2003. 花海湖泊特征时期的水量平衡．冰川冻土，25（5）：485～490.［Hu G，Wang N，Zhao Q，Cheng H，Chen Y，Guo J. 2003. Water balance of Huahai Lake Basin during a special phase. Journal of Glaciology and Geocryology，25（5）：485～490.（in Chinese）］

4 猪野泽气候变化周期

猪野泽湖泊沉积物古环境代用指标记录显示，该区域有明显的～256、～512、～1024年气候循环周期，这与典型亚洲夏季风区全新世千年尺度和百年尺度气候循环周期一致。同时，该区域湖泊沉积物中也记录了明显的北大西洋浮冰碎屑事件（Bond Events），这与该事件的全球性有关，体现了季风边缘区环境变化对全球尺度气候变化周期的响应。

[1] Li Y, Wang N, Li Z, Zhou X, Zhang C. 2012. Holocene climate cycles in northwest margin of Asian monsoon. Chinese Geographical Science, 22 (4): 450～461

[2] 李育，李卓仑，王乃昂. 2012. 蒸发和环流因素对湖泊演化的影响——河西走廊猪野泽不同位置全新世沉积物古环境意义探讨. 湖泊科学，24 (3): 474～479. [Li Y, Li Z, Wang N. 2012. Impacts of evaporation and circulation on lake evolution: paleoenvironmental implications for Holocene sediments at different locations of Lake Zhuye, Hexi Corridor. Journal of Lake Sciences, 24 (3): 474～479. (in Chinese)]

[3] Chen F, Zhu Y, Li, J, Shi Q, Jin L, Wünemann B. 2001. Abrupt Holocene changes of the Asian monsoon at millennial-and centennial-scales: Evidence from lake sediment document in Minqin Basin, NW China. Chinese Science Bulletin, 46 (23): 1942～1947

[4] Chen F, Wu W, Holmes J A, Madsen D B, Zhu Y, Jin M, Oviatt C G. 2003. A mid-Holocene drought interval as evidenced by lake desiccation in the Alashan Plateau, Inner Mongolia China. Chinese Science Bulletin, 48 (14): 1401～1410

[5] 靳立亚，陈发虎，朱艳. 2004. 西北干旱区湖泊沉积记录反映的全新世气候波动周期性变化. 海洋地质与第四纪地质，24 (2): 101～108. [Jin L, Chen F, Zhu Y. 2004. Holocene Climatic Periodicities Recorded from Lake Sediments in the/Arid-Semiarid Areas of Northwestern China. Marine Geology and Quaternary Geology, 24 (2): 101～108. (in Chinese)]

5 猪野泽中全新世干旱事件

季风边缘区的湖泊沉积物中广泛存在一次中全新世干旱事件，但是关于这次事件的年代和机制还存在争议。根据猪野泽湖泊沉积物的岩性、年代和代用指标探索，这次干旱事件主要发生在约 8.0～7.0 cal. ka B. P. 之间，其影响范围主要在石羊河中、下游地区，对石羊河上游地区影响较小，这次干旱事件可能主要受控于流域性水热配比变化及季风与西风互动。

[1] Chen F, Zhu Y, Li J, Shi Q, Jin L, Wünemann B. 2001. Abrupt Holocene changes of the Asian monsoon at millennial-and centennial-scales: Evidence from lake sediment document in Minqin Basin, NW China. Chinese Science Bulletin, 46 (23): 1942～1947

[2] Chen F, Wu W, Holmes J A, Madsen D B, Zhu Y, Jin M, Oviatt C G. 2003. A mid-Holocene drought interval as evidenced by lake desiccation in the Alashan Plateau, Inner Mongolia China. Chinese Science Bulletin, 48 (14): 1401～1410

[3] Chen F, Cheng B, Zhao Y, Zhu Y, Madsen D B. 2006. Holocene environmental change inferred from a high-resolution pollen record, Lake Zhuyeze, arid China. The Holocene, 16 (5): 675～684

[4] Li Y, Wang N, Li Z, Zhang H. 2011. Holocene palynological records and

their responses to the controversies of climate system in the Shiyang River drainage basin. Chinese Science Bulletin，56（6）：535～546

[5] Li Y，Wang N，Zhang C. 2014. An Abrupt Centennial-Scale Drought Event and Mid-Holocene Climate Change Patterns in Monsoon Marginal Zones of East Asia. PLoS ONE，9（3）：e90241

6 猪野泽年代学

猪野泽湖泊沉积物晚第四纪年代结果主要来自孢粉浓缩物、全样有机质、全样无机质、软体动物壳体 AMS ^{14}C 和常规^{14}C 测年，光释光测年也应用于部分湖泊沉积剖面。通过多种物质的测年物质和测年方法结果对比，猪野泽晚第四纪湖泊沉积物碳库效应较小，部分层位年代有倒置现象，年代混乱现象主要集中在晚冰期和早全新世地层中，这主要受湖泊再沉积作用影响。根据猪野泽东北岸古湖泊岸堤光释光及^{14}C 测年的年代结果，猪野泽全新世高湖面期主要存在于早、中全新世，晚全新世体现了干旱化趋势。古湖泊岸堤年代结果所显示的湖泊水位变化过程与湖泊沉积物指标研究一致。

[1] Li Y，Wang N，Li Z，Zhang C，Zhou X. 2012. Reworking effects in the Holocene Zhuye Lake sediments：A case study by pollen concentrates AMS ^{14}C dating. Science China Earth Sciences，55（10）：1669～1678

[2] Long H，Lai Z，Wang N，Li Y. 2010. Holocene climate variations from Zhuyeze terminal lake records in East Asian monsoon margin in arid northern China. Quaternary Research，74（1）：46～56

[3] Long H，Lai Z，Fuchs M，Zhang J，Li Y. 2012. Timing of Late Quaternary palaeolake evolution in Tengger Desert of northern China and its possible forcing mechanisms. Global and Planetary Change，92（1）：119～129

[4] Zhang H，Peng J，Ma Y，Chen G，Feng Z，Li B，Fan H，Chang F，Lei G，Wünemann B. 2004. Late Quaternary palaeolake levels in Tengger Desert，NW China. Palaeogeography Palaeoclimatology Palaeoecology，211（1）：45～48

[5] Zhang H. C，Wünemann B，Ma Y. Z，Pachur H. -J，Li J. J，Qi Y，Chen G. J，Fang H. B. 2002. Lake level and climate change between 40,000 and 18,000 14C years BP in Tengger Desert，NW China. Quaternary Research，58（1）：62～72

7 猪野泽孢粉

伴随着流域性千年尺度环境变化和古生态-古植被变化，猪野泽沉积物孢粉记录较好地反映了流域性植被的变化。但是猪野泽湖盆地形复杂，不同位置孢粉组合存在差异，湖盆西侧受冲积相花粉影响较大，中、东部花粉组合较好地反映了湖泊水动力充分混合后的花粉组合。总体来讲，早全新世上游乔木花粉含量较高，表现了较高的径流量和降水量，中全新世花粉组合较丰富、孢粉浓度达到最高，晚全新世湖泊花粉组合变化显示了干旱化趋势。猪野泽地区全新世孢粉谱与其他指标对应较好，可靠地记录了湖泊及流域的环境变化。

[1] Li Y, Wang N, Morrill C, Cheng H, Long H, Zhao Q. 2009. Environmental change implied by the relationship between pollen assemblages and grain-size in NW Chinese lake sediments since the Late Glacial. Review of Palaeobotany and Palynology, 154 (1): 54～64

[2] Li Y, Wang N, Li Z, Zhang H. 2011. Holocene palynological records and their responses to the controversies of climate system in the Shiyang River drainage basin. Chinese Science Bulletin, 56 (6): 535～546

[3] Chen F, Cheng B, Zhao Y, Zhu Y, Madsen D B. 2006. Holocene environmental change inferred from a high-resolution pollen record, Lake Zhuyeze, arid China. The Holocene, 16 (5): 675～684

[4] Zhao Y, Yu Z, Chen F, Li J. 2008. Holocene vegetation and climate change from a lake sediment record in the Tengger Sandy Desert, northwest China. Journal of Arid Environments, 72 (11): 2054～2064

[5] Zhu Y, Chen F, David M. 2002. The environmental signal of an early Holocene pollen record from the Shiyang River basin lake sediments, NW China. Chinese Science Bulletin, 47 (4): 267～273

8 猪野泽沉积物岩性、矿物及石英砂扫描电镜分析

湖泊沉积物岩性、矿物及石英砂微形态也是反映湖泊演化过程的良好指标。猪野泽湖相沉积物以青灰色粉砂为主，部分层位夹杂褐色锈斑和黑色泥炭沉积层，湖相沉积层之间夹杂青灰色或黄褐色砂层，剖面顶部通常沉积了厚度不均的风成沉积物，这些岩性特征指示了湖泊水动力条件的变化过程以及区域的风沙活动。碳酸盐类矿物是该区域主要的盐类矿物，其千年尺度盐类矿物演化过程，体现了盐湖演化的一般规律，与其他指标能形成良好对应。该区域沉积地层富含碳酸盐类矿物，从而形成了一个巨大的无机碳库。猪野泽地区砂层沉积物石英砂扫描电镜分析揭示了该区域砂层沉积物来源的多元化，既带有风成砂的特点，又经过水下环境的沉积，表明该区域砂层形成的复杂性。

[1] Li Y, Wang N, Morrill C, Cheng H, Long H, Zhao Q. 2009. Environmental change implied by the relationship between pollen assemblages and grain-size in NW Chinese lake sediments since the Late Glacial. Review of Palaeobotany and Palynology, 154 (1): 54～64

[2] Li Y, Wang N, Li Z, Zhou X, Zhang C. 2012. Holocene climate cycles in northwest margin of Asian monsoon. Chinese Geographical Science, 22 (4): 450～461

[3] Li Y, Li Z, Zhou X, Zhang C, Wang Y. 2013. Carbonate formation and water level changes in a paleo-lake and its implication for carbon cycle and climate change, arid China. Frontiers of Earth Science, 7 (4): 487～500

[4] Li Y, Wang N, Li Z, Zhang C, Zhou X. 2012b. Reworking effects in the Holocene Zhuye Lake sediments: A case study by pollen concentrates AMS ^{14}C dating. Science China Earth Sciences, 55 (10): 1669～1678

[5] 李育，周雪花，李卓仑，王乃昂．2013. 基于扫描电镜分析的猪野泽全新世砂层成因探讨．沉积学报，31（1）：149～156. [Li Y，Zhou X，Li Z，Wang N. 2013. Formation of Holocene sand layers by SEM analyses in the Zhuye Lake sediments. Acta Sedimentologica Sinica，31（1）：149～156.（in Chinese）]

9 猪野泽沉积物地球化学

常用的湖泊沉积物有机地球化学指标有总有机碳（TOC）、碳氮比（C/N）和有机碳同位素（$\delta^{13}C_{org}$）。它们可以反映湖泊及流域的初始生产力和植被类型，也反映了有机质随沉积物沉积后的保存状况，是湖泊及流域生态环境和古气候、古环境变化信息的良好载体。猪野泽沉积物 TOC 与 C/N 变化趋势一致，高值指示了较高的流域生产力，$\delta^{13}C_{org}$与其他两种指标变化趋势相反，其偏负指示较高的有效湿度。猪野泽沉积物地球化学指标研究结果与其他代用指标结果形成了良好对应，体现了早全新世径流量及降水量较高，中全新世流域性初级生产力达到最大和晚全新世干旱化的特点。

[1] Li Y，Wang N，Cheng H，Long H. Zhao Q. 2009a. Holocene environmental change in the marginal area of the Asian monsoon：a record from Zhuye Lake，NW China. Boreas，38（2）：349～361

[2] Li Y，Zhou X，Zhang C，Li Z，Wang Y，Wang N. 2014. Relationship between pollen assemblages and organic geochemical proxies and the response to climate change in the Zhuye Lake sediments. Sciences in Cold and Arid Regions，6（1）：37～43

[3] 李育，王乃昂，李卓仑，程弘毅．2011. 河西猪野泽沉积物有机地化指标之间的关系及古环境意义．冰川冻土，33（2）：334～341. [Li Y，Wang N，Li Z，Cheng H. 2011. The relationships among Organic Geochemical Proxies and their palaeoenvironmental significances in the Zhuye Lake Sediments. Journal of Glaciology and Geocryology，33（2）：334～341.（in Chinese）]

[4] 李育，周雪花，李卓仑，王乃昂．2013. 猪野泽沉积物有机地球化学指标与花粉组合的关系及其对环境变化的响应．中国沙漠，33（1）：87～93. [Li Y，Zhou X，Li Z，Wang N. 2013. Relationship between pollen assemblages and organic geochemical proxies. Journal of Desert Research，33（1）：87～93.（in Chinese）]

[5] 隆浩，王乃昂，李育，马海州，赵强，程弘毅，黄银洲．2007. 猪野泽记录的季风边缘区全新世中期气候环境演化历史．第四纪研究，27（3）：371～381. [Long H，Wang N，Li Y，Ma H，Zhao Q，Cheng H，Huang Y. 2007. Mid-Holocene climate variations from lake records of the East Asian monsoon margin：A multi-proxy and geomorphological study. Quaternary Sciences，27（3）：371～381.（in Chinese）]

10 猪野泽晚第四纪古湖泊地貌学

古湖泊岸堤高程测量和 OSL 及^{14}C 测年可更好地了解中国西北地区晚第四纪高湖面的形成和演化。经实地调查表明，猪野泽东北缘有 9 级古湖泊岸堤和一级阶地，这些古湖泊岸堤的年代结果体现了猪野泽从早、中全新世到晚全新世湖泊退缩的过程。全新世千年尺度上 OSL 及^{14}C 测年虽然存在差异，但共同显示了早、中全新世的高湖面。MIS3 和 MIS5 阶段高湖面的情况，两种方法结果存在差异，有待进一步研究。

[1] Li Y, Wang N, Li Z, Zhang C, Zhou X. 2012. Reworking effects in the Holocene Zhuye Lake sediments: A case study by pollen concentrates AMS ^{14}C dating. Science China Earth Sciences, 55 (10): 1669～1678

[2] Wang N, Li Z, Cheng H, Li Y, Huang Y. 2011. High lake levels on Alashan Plateau during the Late Quaternary. Chinese Science Bulletin, 56 (1): 1799～1808

[3] Long H, Lai Z, Fuchs M, Zhang J, Li Y. 2012. Timing of Late Quaternary palaeolake evolution in Tengger Desert of northern China and its possible forcing mechanisms. Global and Planetary Change, 92 (1): 119～129

[4] Zhang H. C, Wünemann B, Ma Y. Z, Pachur H. -J, Li, J. J, Qi, Y, Chen, G. J, Fang H. B. 2002. Lake level and climate change between 40,000 and 18,000 14C years BP in Tengger Desert, NW China. Quaternary Research, 58 (1): 62～72

[5] Zhang H. C, Peng J, Ma Y, Chen G, Feng Z, Li B, Fan H, Chang F, Lei G, Wünemann B. 2004. Late Quaternary palaeolake levels in Tengger Desert, NW China. Palaeogeography Palaeoclimatology Palaeoecology, 211 (1): 45～48

11 猪野泽水量平衡及 GIS

千年尺度湖泊演化除了受大气环流特征的影响外，蒸发也起了重要作用。湖泊蒸发量主要与相对湿度、温度、水汽压和日照时间有关。根据猪野泽地区现代观测结果，温度和相对湿度的变化可能在全新世千年尺度湖泊水位的变化中起重要作用。进一步研究显示，猪野泽湖泊水位变化受控因素较多，流域及湖面降水是最主要的控制因素，但是流域性蒸散发和湖面蒸发也会影响千年尺度湖泊面积变化。

[1] Li Y, Wang N, Li Z, Ma N, Zhou X, Zhang C. 2013. Lake evaporation: A possible factor affecting lake level changes tested by modern observational data in arid and semi-arid China. Journal of Geographical Sciences, 23 (1): 123～135

[2] 李育，李卓仑，王乃昂．2012. 蒸发和环流因素对湖泊演化的影响——河西走廊猪野泽不同位置全新世沉积物古环境意义探讨．湖泊科学，24 (3): 474～479. [Li Y, Li Z, Wang N. 2012. Impacts of evaporation and circulation on lake evolution: paleoenvironmental implications for Holocene sediments at different locations of Lake Zhuye, Hexi Corridor. Journal of Lake Sciences, 24 (3): 474～479. (in Chinese)]

[3] Zhao Q, Li X, Wang N. 2008. Lacustrine strata sedimentology and lake-level history in ancient Zhuyeze Lake since the Last Deglaciation. Frontiers of Earth Science in China, 2 (2): 199～208

[4] 郭晓寅，陈发虎，施祺．2000. GIS 技术和水热平衡模型在古湖泊水文重建研究中的应用——以石羊河流域为例．地理科学，20 (5): 422～426. [Guo X, Chen F, Shi Q. 2000. The application of GIS and water and energy budget to the study on the water rebuilding of Paleo-lake—a case in Shiyang River drainage. Scientia Geographica

Sinica，20（5）：422～426.（in Chinese）]

[5] 颉耀文，王君婷．2006. 基于TM影像和DEM的白碱湖湖面变化模拟．遥感技术与应用，21（4）：284～287. [Xie Y，Wang J. 2006. A Study on the changes of Baijian Lake based on TM image and DEM. Remote Sensing Technology and Application，21（4）：284～287.（in Chinese）]

12 猪野泽及夏季风西北缘现代气候过程

气候变化的现代过程是研究古气候变化的基础。亚洲季风边缘区受到季风与西风气流的双重影响，其古气候变化体现出了一定的复杂性，通过该区域气候现代过程的研究，短时间尺度上季风-西风相互作用明显，而且这种短尺度的联系可以推测该区域长时间尺度气候变化中两大气候系统的相互作用。

[1] Li Y，Wang N，Chen H，Li Z，Zhou X，Zhang C. 2012. Tracking millennial-scale climate change by analysis of the modern summer precipitation in the marginal regions of the Asian monsoon. Journal of Asian Earth Sciences，58（1）：78～87

[2] Li Y，Wang N，Li Z，Ma N，Zhou X，Zhang C. 2013. Lake evaporation：A possible factor affecting lake level changes tested by modern observational data in arid and semi-arid China. Journal of Geographical Sciences，23（1）：123～135

[3] Li Z，Wang N，Li Y，Zhang Z，Li M，Dong C，Huang R. 2013. Runoff simulations using water and energy balance equations in the lower reaches of the Heihe River，northwest China. Environmental Earth Sciences，70（1）：1～12

[4] 李育，李卓仑，王乃昂．2012. 蒸发和环流因素对湖泊演化的影响——河西走廊猪野泽不同位置全新世沉积物古环境意义探讨．湖泊科学，24（3）：474～479. [Li Y，Li Z，Wang N. 2012. Impacts of evaporation and circulation on lake evolution：paleoenvironmental implications for Holocene sediments at different locations of Lake Zhuye，Hexi Corridor. Journal of Lake Sciences，24（3）：474～479.（in Chinese）]

[5] 李卓仑，王乃昂，李育，来婷婷，路俊伟．2012. 近50年来黑河出山径流对气候变化的响应．水土保持通报，32（2），7～11. [Li Z，Wang N，Li Y，Lai T，Lu J. 2012. Variations of runoff in responding to climate change in mountainous areas of Heihe River during last 50 years. Bulletin of Soil and Water Conservation，32（2）：7～11.（in Chinese）]

13 季风边缘区湖泊演化模拟

古气候模拟与湖泊所记录的古气候信息提取是研究过去全球变化的两种重要手段。模拟方法侧重于古气候变化机制研究，而湖泊记录主要用于古气候重建，将二者结合起来灵活运用是理解古气候变化和长尺度水循环过程及机制的重要途径。根据CCSM 3.0古气候模式、湖泊水量 & 能量平衡模型结果，季风边缘区末次盛冰期以来的湖泊演化过程与模拟结果匹配较好。猪野泽湖泊记录是季风边缘区的典型记录，其与模拟结果匹配较好，模拟方法进一步解释了猪野泽千年尺度演化的机制问题。

[1] Li Y, Morrill C. 2010. Multiple factors causing Holocene lake-level change in monsoonal and arid central Asia as identified by model experiments. Climate dynamics, 35 (6): 1119~1132

[2] Li Y, Wang N, Chen H, Li Z, Zhou X, Zhang C. 2012. Tracking millennial-scale climate change by analysis of the modern summer precipitation in the marginal regions of the Asian monsoon. Journal of Asian Earth Sciences, 58 (1): 78~87

[3] Li Y, Morrill C. 2013. Lake levels in Asia at the Last Glacial Maximum as indicators of hydrologic sensitivity to greenhouse gas concentrations. Quaternary Science Reviews, 60 (1): 1~12

[4] Li Y, Wang N, Li Z, Ma N, Zhou X, Zhang C. 2013. Lake evaporation: A possible factor affecting lake level changes tested by modern observational data in arid and semi-arid China. Journal of Geographical Sciences, 23 (1): 123~135

[5] Li Y, Wang N, Zhou X, Zhang C, Wang Y. 2014. Synchronous or asynchronous Holocene Indian and East Asian summer monsoon evolution: a synthesis on Holocene Asian summer monsoon simulations, records and modern monsoon indices. Global and Planetary Change, 116 (1): 30~40

图　版

图1　猪野泽现代湖盆。图中可见现存季节性湖泊，干涸湖底，及远方沙丘

图2　猪野泽干涸湖盆，可见明显的沙漠化趋势

图3　猪野泽现存季节性湖泊

图4　作者在猪野泽进行实地徒步考察

图5　猪野泽中部沙梁，将猪野泽分为东、西两个子湖盆

图6　猪野泽青土湖湖泊面积退缩，湖水矿化度升高，土地盐碱化加剧

图7　猪野泽青土湖保护区一。人工种植的防风固沙林

图8　猪野泽青土湖保护区二。防止牛羊进入啃食植物的铁丝网

图9　猪野泽现代生态景观。湖中的水鸟和岸边茂盛的植被，与远处的荒漠灌丛和沙丘形成强烈对比